高等职业教育机电类专业系列教材

产品逆向设计

主　编　李　宏　王科荣

副主编　赵先锐　陈晓明

西安电子科技大学出版社

内 容 简 介

　　本书是介绍物体的三维扫描、点云处理、逆向建模技术的机械工程类书籍。书中综合介绍了逆向工程技术的概念和工作流程；然后介绍了天远三维扫描仪和思看(HSCAN)手持式激光三维扫描仪的使用；接着讲述了 Geomagic Studio 软件的点云处理和三角网格面修补；最后详细介绍了 Geomagic Studio 软件的 NURBS 曲面创建以及当下主流软件 Creo 和 UG 逆向建模的详细过程与操作技巧。

　　本书可作为高等职业教育机电、工业设计、CAD/CAM 等相关专业的教材，也可作为相关企业职工培训的参考资料。

图书在版编目(CIP)数据

产品逆向设计/李宏，王科荣主编. —西安：西安电子科技大学出版社，2023.5(2024.5 重印)
ISBN 978–7–5606–6824–6

Ⅰ.①产…　Ⅱ.①李…　②王…　Ⅲ.①产品设计—计算机辅助设计—应用软件
Ⅳ.①TB472-39

中国国家版本馆 CIP 数据核字(2023)第 044325 号

策　　划　高 樱
责任编辑　高 樱
出版发行　西安电子科技大学出版社(西安市太白南路 2 号)
电　　话　(029) 88202421　88201467　　　　邮　编　710071
网　　址　www.xduph.com　　　　　　　　电子邮箱　xdupfxb001@163.com
经　　销　新华书店
印刷单位　陕西博文印务有限责任公司
版　　次　2023 年 5 月第 1 版　2024 年 5 月第 2 次印刷
开　　本　787 毫米×1092 毫米　1/16　印张 16.75
字　　数　397 千字
定　　价　46.00 元
ISBN　978–7–5606–6824–6 / TB

XDUP 7126001–2
如有印装问题可调换

前　言

本书从逆向设计工程师的岗位职能出发，以生活中的常见物品及"工业产品数字化设计与制造大赛"赛题作为案例，按照"工学结合、项目导向、任务驱动"的编写模式，通过数据采集、数据处理和逆向设计三个步骤具体介绍了逆向建模技术的操作流程，系统地讲述了逆向设计的思路与方法，重点突出了逆向设计技术、技能的培养。

本书以产品为对象，以产品逆向设计的流程为脉络设计任务。作者总结多年从事 Geomagic Studio、Creo、UG 工程设计的经验及逆向建模的教学和培训经验，按照真实工作流程设计从简单到复杂的教学过程，采用图文相结合的形式，详细介绍了产品逆向建模的全过程和常用的设计技巧，每个案例配备了视频教学文件，以方便学习。

全书共 4 个项目。项目 1 综述了逆向工程的概念、3D 测量基础知识、测量数据处理及三角网格面修补等内容，简单介绍了逆向工程的常用软件、曲面类型及模型构建中应注意的问题；项目 2 阐述了逆向工程的关键技术之一——产品的三维扫描技术，着重介绍了天远三维扫描仪和 HSCAN 手持式激光三维扫描仪的使用；项目 3 介绍了逆向工程的关键技术之二——点云处理及三角网格面修补操作，详细讲述了 Geomagic Studio 软件的点云降噪、拼合、精简等预处理技术，最终获得了完整、完美的网格面；项目 4 介绍了逆向工程的关键技术之三——产品曲面逆向建模，详细讲述了 Geomagic Studio 软件的 NURBS 曲面创建以及当下主流软件 Creo 和 UG 逆向建模的详细过程与操作技巧。

本书由李宏、王科荣任主编，赵先锐、陈晓明任副主编。在编写本书的过程中，胡新华等多位教授给出了宝贵的建议，在此向各位专家表示衷心的感谢。同时，感谢江苏海事职业技术学院的大力支持。

本书提供有配套的源文件及其他相关资源，需要者可登录西安电子科技大学出版社官网(www.xduph.com)下载。

　　由于作者水平有限，书中可能还有不足之处，恳请广大读者批评指正。

作　者

2023 年 2 月

目　　录

项目 1   产品逆向设计简介

本项目首先介绍逆向设计(也称为逆向工程设计)的定义、工作流程,然后介绍本书所涉及的设备、软件以及与本书相关的一些数学概念和知识。

任务 1.1   逆向工程的概念

随着工业技术的进步以及经济的发展,在消费高质量的要求下,产品的功能需求已不再是其赢得市场的唯一条件。产品不仅要具有先进的功能,还要有流畅的造型和富有个性的产品外观,以吸引消费者的注意。流畅的造型和富有个性的产品外观由复杂的自由曲面组成,传统的产品开发模式很难用严密、统一的数学语言来描述这些自由曲面。

现代先进制造技术可以将实物样件或手工模型转化为 CAD 数据,以便利用计算机辅助制造系统、产品数据管理等先进技术对其进行处理和管理,并进一步修改和再优化设计,此时产品的设计流程为“样件→CAD 数模→产品”。

逆向工程(Reverse Engineering,RE)为制造业提供了一个全新、高效的重构手段,可实现从实物到 CAD 数模的直接转换。作为产品设计制造的一种手段,在 20 世纪 90 年代初,逆向工程技术开始引起各国工业界和学术界的高度重视。特别是随着现代计算机技术及测量技术的发展,利用 CAD/CAM 技术、先进制造技术来实现产品实物的逆向工程,已成为 CAD/CAM 领域的一个研究热点,并成为逆向工程技术应用的主要内容。

逆向工程也称反求工程、反向工程等,基于正向工程(Forward Engineering,FE)的传统设计流程相反,它是指通过一定的途径将实物、样件或图像转变为产品的 CAD 模型并制造得到新产品的技术。它是将已有产品或实物模型转化为工程设计模型和概念模型,在此基础上对已有产品进行解剖、深化和再创新的过程。逆向工程并不等于仿制,它是在模仿的基础上进行改进和创新。改进和创新是逆向设计的核心。逆向设计的过程就是继承与发展的过程。

逆向工程工作流程有两条路径:

(1) 3D 数据采集→点云处理→创建 STL 模型→3D 打印;

(2) 3D 数据采集→点云处理→创建 STL 模型→NURBS 曲面模型重建→进一步修改→3D 打印。

STL(STereoLithography)是网格曲面(即 Mesh 曲面)的一种文件格式,是一种通用的三维图形数据交换文件格式,是 3D 打印领域事实上的约定标准格式。它有二进制(Binary)和 ASCII 文本两种输出形式(二进制格式比较紧凑,文件大小只有 ASCII 格式文件的 1/5)。

Mesh 曲面由很多折面组成，类似于有限元的网格划分，它将物体表面划分成许许多多的小三角形，当细分足够多时就趋近于真正的曲面。Mesh 曲面在建立自由曲面时优势显著，编辑时更加容易和直观，但不具备高精度的尺寸控制，而且不能导出 CAD 所需的二维矢量图形。Mesh 曲面建模软件有 CINEMA 4D、3DMAX、Maya、ZBrush、3D Coat、Blender 等。NURBS 曲面全称是非均匀有理 B 样条，是基于数学公式的一种曲面，是真正的曲面，它也是 CAD/CAM 软件普遍采用的曲面描述方法。NURBS 曲面建模可以导出矢量图形，但是不能做太复杂的三维立体浮雕。NURBS 曲面建模软件有 UG、Catia、Creo、Alias、SolidEdge、Solidworks、AutoCAD 等。

　　工业产品制作除了 3D 打印外，现阶段更多的是常规的 CAM 数控机床加工和注塑模具成型。把这两种方式考虑进去，可以得到一个完整的工业产品逆向设计开发流程图，具体工作流程如图 1-1 所示。

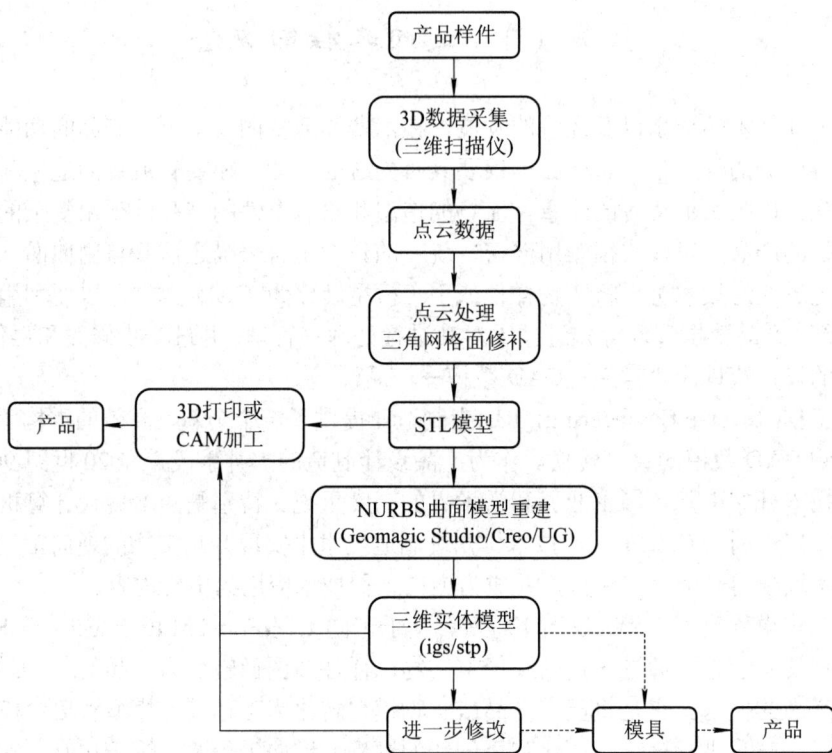

图 1-1　逆向工作流程

思考与练习

1. 逆向工程是什么？它的核心是什么？
2. 逆向工程的工作流程是怎样的？

任务 1.2　逆向设计的流程

本书介绍逆向工程工作流程中的模型 3D 测量、测量数据处理及三角网格面修补、曲面逆向建模及实体化等内容，不涉及 3D 打印和数控加工制造方面的内容。本书详细叙述了将原始样件转化为点云，再通过 Geomagic Studio、Creo、UG 三种不同的软件创建 CAD 数模的操作过程和技巧。

1.2.1　模型的 3D 测量

模型的 3D 测量是通过特定的测量设备和测量方法来获取模型表面离散点的三维几何坐标数据。一般来说，三维表面数据采集方法可分为接触式数据采集方法和非接触式数据采集方法两大类。

接触式数据采集设备有三坐标测量机，图 1-2(a)所示为一种简易的国产三坐标测量机，图 1-2(b)所示为瑞典海克斯康三坐标测量机。图 1-3(a)所示的电钻外壳，图 1-3(b)所示的玩具熊，都是用三坐标测量机采集的点云图案。

(a)

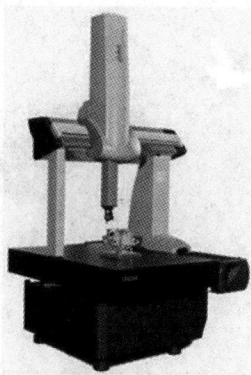
(b)

图 1-2　三坐标测量机

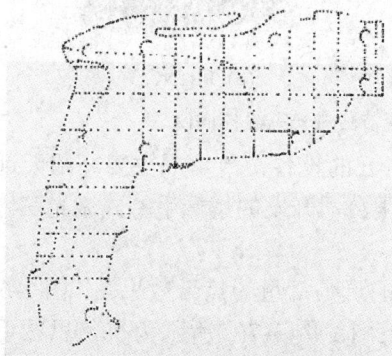
(a) 电钻外壳点云

(b) 玩具熊点云

图 1-3　三坐标测量机采集的点云

非接触式数据采集设备主要是指运用光学原理进行三维数据采集的三维光学扫描仪。三维光学扫描仪按照其原理分为两类，一类是"照相式"，另一类是"激光式"。

(1) "照相式"三维扫描仪设备：图 1-4(a)所示为三维天下科技有限公司开发的三维扫描仪，图 1-4(b)所示为北京天远三维科技有限公司开发的三维扫描仪。

(2) "激光式"三维扫描仪设备：图 1-5 所示为杭州思看科技有限公司开发的思看手持式激光三维扫描仪。

(a) 三维天下的三维扫描仪　　　　　　　(b) 北京天远的三维扫描仪

图 1-4　三维扫描仪

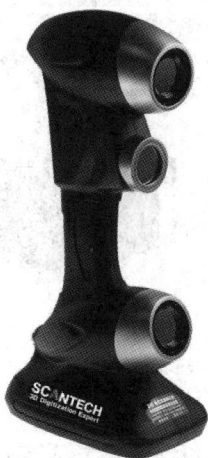 

(a) HSCAN　　　　　　　　　　　(b) PRINCE

图 1-5　两种型号的思看手持式激光三维扫描仪

鉴于目前三维光学扫描仪是主要的获取点云的设备，故本书主要介绍天远三维科技有限公司开发的三维扫描仪和杭州思看科技有限公司开发的思看手持式激光三维扫描仪的使用。

图 1-6(a)所示为北京天远三维扫描仪扫描的玩具章鱼的点云效果图，图 1-6(b)所示为玩具章鱼点云构建三角网格面及修补后的效果图。图 1-7(a)所示为杭州思看手持式激光三维扫描仪扫描的头盔点云效果图，图 1-7(b)所示为头盔点云构建三角网格面及修补后的效果图。

(a)   (b)

图 1-6 玩具章鱼点云

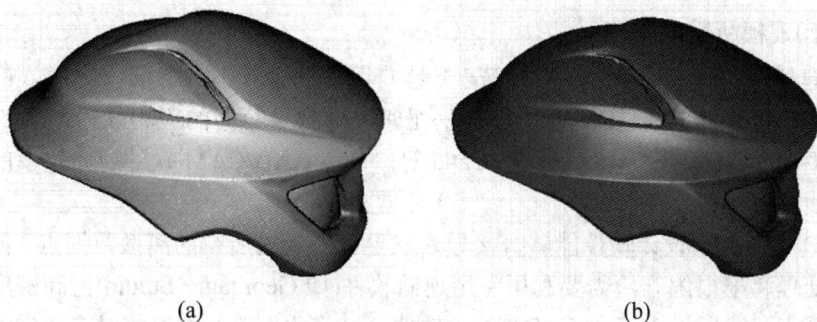

(a)   (b)

图 1-7 头盔点云

1.2.2 测量数据处理及三角网格面修补

可用于测量数据(称之为点云)处理及三角网格面修补的软件很多，如 Imageware、CopyCAD、MeshLab、PointShape、CloudCompare、PolyWorks、3D Coat 等，但最流行的是美国 Raindrop Geomagic 软件公司推出的 Geomagic Studio 软件。本书主要介绍 Geomagic Studio 软件的使用与操作技巧。

测量数据处理主要包括以下五个方面。

1. 删除异常数据

非模型表面的数据皆为异常数据。在扫描过程中，不可避免地会产生一些异常数据，如扫描时会把工作台等外部零件也一并扫入，Geomagic Studio 软件可以自动删除此类异常数据。

2. 数据精简

由于三维扫描设备采集的点云数据庞大，对后续处理，如存储、显示、传输等极为不利，且处理时占用大量的计算机资源，因此有必要减少冗余数据。数据精简就是在减少冗余数据的同时能保持原始曲面的几何特征的数据处理技术。

3. 降噪

降噪就是将偏离模型表面点集的点移动到使用统计方法能够计算的正确位置。

4. 多视点云拼合

多视点云拼合就是同一模型、不同视角下扫描得到的若干块点云的拼接。

5. 构建三角网格面

数据处理好以后，首先构建三角网格面模型。构建出三角网格面模型后，就可以利用 Geomagic Studio 软件强大的编辑功能对三角网格面进行修补，弥补因视觉死区而产生扫描不全带来的形状缺陷，使模型处理得更完美。

三角网格面修补操作有补孔、去除特征、松弛、裁剪等操作。

1.2.3 模型的逆向建模

模型的逆向建模涉及两方面内容：一是逆向建模所用的软件；二是模型构建的质量。

1. 逆向建模所用的软件

逆向建模软件划分为两大类：第一类是专用逆向建模软件，如 Geomagic Studio、Geomagic Design、Imageware 等一些专业处理三维测量数据的应用软件；第二类是正向 CAD/CAM 设计软件，如 Pro/E、UG、Catia 等。正向 CAD/CAM 软件逆向建模的一般流程是：点→线→面→体。

正向 CAD/CAM 设计软件能够直接导入三坐标测量机所得的离散数据点，但对于高密度点云，处理起来很困难，需要利用专用逆向软件(如 Geomagic Studio)把高密度点云处理成离散数据点，然后导入正向 CAD/CAM 软件。目前业界流行的方式是在正向 CAD/CAM 软件的基础上配备专用的逆向造型软件，如 UG + Geomagic Studio 软件。

用正向 CAD/CAM 设计软件创建曲线时，曲线的阶次(Degree 值)推荐采用 3 阶次(3 阶次曲线是较低阶次的曲线)。采用较低的阶次时，完成片体的后续工序如加工、显示会更快。采用较高的阶次时，可减少片体被转换到其他系统的机会，而且阶值高的片体通过大量的数据点，可能导致出现不期望的结果。

曲线内部的节点数量对曲面也有不同的影响：过多的节点将使将来的曲面产生褶皱，而太少的节点则有可能让曲面不能表达想要的形状。

Bezier 曲面是简单曲面并且有较高的曲率。它的内部不包含任何节点，但可能有许多控制点，而且控制点的数量等于它的阶次。内部包含节点的曲面是 B-Spline 或 NURBS 曲面。NURBS 曲面可以转化为 B-Spline 曲面，B-Spline 曲面又可以转化为 Bezier 曲面。用正向 CAD/CAM 设计软件创建的曲面都是 NURBS 曲面。

对于模型的逆向建模，本书主要通过实例来介绍 Geomagic Studio 软件的 NURBS 曲面逆向建模，首先对 Geomagic Studio 软件中非常有特色的两个曲面建模流程——shape phase 和 fashion phase 进行了透彻的讲解，其次介绍了 Creo 软件中与逆向工程相关的几个模块及相对应的几种逆向建模方法，最后介绍了 UG 软件逆向建模的一般规律。

模型构建成以 NURBS 曲面为基础的曲面后，如果曲面是封闭的，则模型即为实体。

2. 模型构建的质量

逆向建模常常会涉及曲面建模，若要使曲面建模质量高，即美观、漂亮，则需要注意以下几个问题：

1) 曲线的光顺处理

光顺是指曲线、曲面具有光滑、顺眼的性质。光顺是一个模糊的概念，很难给它下一个准确的定义。因为光顺涉及几何外形的美观性，难免会受主观因素的影响。因此，到目前为止光顺还没有一个统一的标准。

光顺也有客观性的一面，即光顺性具有以下共同点：

(1) 曲线至少要做到一阶连续，没有多余拐点，即如果曲线有 N 个拐点，而在拟合时出现了多于 N 个的拐点，也就是说，不应该出现拐点的地方出现了拐点，这是不允许的。

如图 1-8 所示，图(a)与图(b)、图(c)与图(d)两条曲线的形状差不多，但图(a)比图(b)的拐点少、图(c)比图(d)的拐点少，所以图(a)曲线、图(c)曲线的曲率变化均匀，质量好。

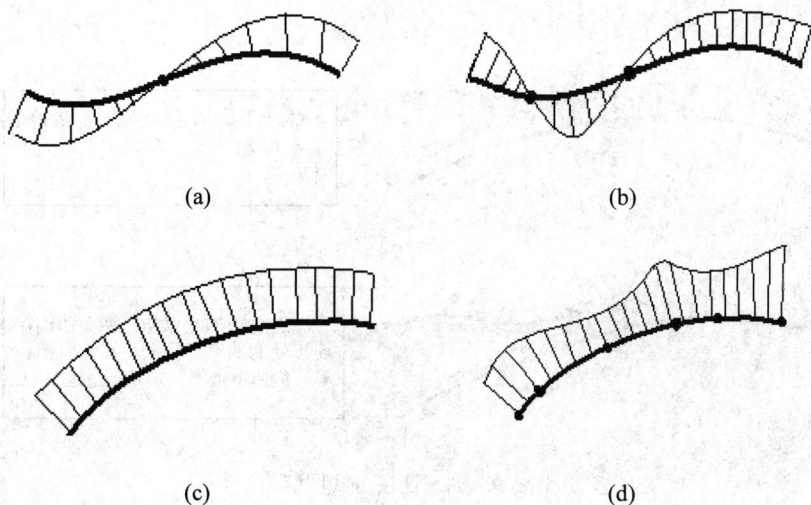

(a)   (b)

(c)   (d)

图 1-8   曲线曲率分析

(2) 在逆向建模中，曲线的光顺性调节也非常重要。设计准则是曲线上曲率极值点尽可能少，且相邻两个极值点之间的曲率尽可能接近线性变化。

2) 曲面的光顺处理

对于曲面，曲面上的关键曲线(如骨架线)要光顺，高斯曲率变化要均匀，没有凸区和凹区。曲面的光顺性可按组成曲面网格的曲线的光顺准则判断，曲面的光顺往往归结为网格的光顺。其含义是指网格的每一条曲线都是光顺的，而光顺的曲面应该是没有凸区和凹区的。

3) 曲线曲面连接方式

在数学定义上，曲线的连接用 Cn 来表达(C 为 Curvature 的缩写，即曲率)，而曲面的连接用 Gn 来表达(G 为 Gauss 的缩写，即高斯)，不过现在一般都用 Gn 来表达，也就是说曲线曲面都可以说是 G0、G1、G2、…、Gn 的连接。所谓的 G0、G1、G2、…、Gn 连接，在数学上的含义是 0 阶导数连续、1 阶导数连续、2 阶导数连续、…、n 阶导数连续。G0 也就是位置连续，只要两条曲线两个连接的端点是重合的就达到了 G0 连接的要求。G1 也就是一般所说的相切，只要两条曲线在连接点处的斜率是一样的就可以达到 G1 连接的要求。G2 也就是一般所说的曲率连续，只要两条曲线在连接处的曲率大小和方向是一致的就可以达到 G2 连接。

在实际使用中，G2 以上连接是比较高的要求了，极少需要 G3 以上，所以做到 G1、G2 连接就可以了。

在 Creo 中，分析曲线的连续情况主要用曲率分析来进行判别。图 1-9 给出了曲线的 G0、G1 和 G2 连接的区别。

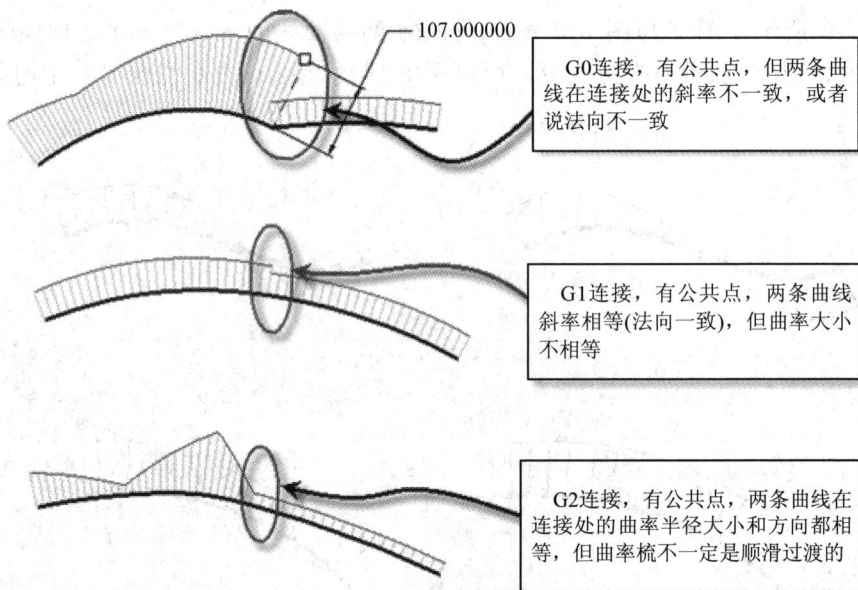

107.000000

G0连接，有公共点，但两条曲线在连接处的斜率不一致，或者说法向不一致

G1连接，有公共点，两条曲线斜率相等(法向一致)，但曲率大小不相等

G2连接，有公共点，两条曲线在连接处的曲率半径大小和方向都相等，但曲率梳不一定是顺滑过渡的

图 1-9　曲线连接方式图解

判断曲面是否满足上述条件的依据是高斯曲率。在一般 CAD 软件中，可以在分析模块中使用高斯曲率法对曲面进行分析，如图 1-10 所示。

G1连接

G2或以上连接

高斯曲率突变

高斯曲率渐变

图 1-10　曲面连接高斯曲率分析方式图解

颜色表示该处曲面的曲率大小，所以颜色的分布就是曲率的分布。如果整个曲面的颜色都是缓慢渐变的就表明曲面比较光滑(质量高)，如果曲面某部分有颜色的突变就表明该

处变化大(变形)，如果颜色发生正负的变化就表明该处有小凹或上凸。

曲面连接方式还可以用斑马纹对曲面进行分析评价。图 1-11 为两个曲面拼接后的斑马线评价情况。图 1-11(a)的两曲面是 G0 连续，所以斑马线在公共边界处相互错开，除非有特殊要求，此种情况是不允许出现的；图 1-11(b)的两曲面是 G1 连续，两曲面的斑马线是对齐的，但在拼接的公共边界处有尖角，在进行车身 A 级曲面大面拼接时也是不允许的；图 1-11(c)是两曲面 G2 连续的情况，两曲面的斑马线在拼接处光滑过渡，车身 A 级曲面就必须要达到这样的要求。

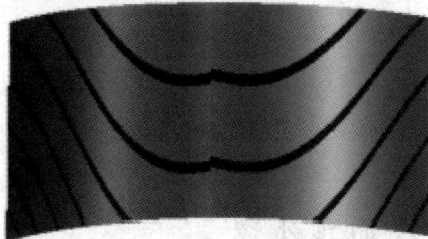

(a) 曲面 G0 连续

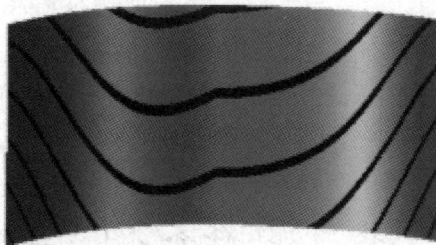

(b) 曲面 G1 连续

(c) 曲面 G2 连续

图 1-11 曲面连接斑马纹分析方式图解

思考与练习

1. 三维表面数据采集方法可分为哪几类？
2. 逆向建模软件有哪些？
3. 如何判断曲线曲面的一阶、二阶连续？

项目 2　产品的三维扫描

　　本项目介绍三维扫描仪的扫描原理、点云的概念、三维扫描前扫描件的预处理、两种三维扫描仪(天远三维扫描仪、思看三维扫描仪)的使用,并用实例讲授三维扫描零件的具体步骤。

任务 2.1　三维扫描的预处理

2.1.1　三维扫描的原理

　　三维扫描仪是一种利用双目视觉原理来获得空间三维点云的仪器。该仪器工作时借助于贴在被扫描模型表面的反光标记点来定位,通过激光发射器发射激光,照射在被扫描模型的表面,由两个经过厂家校准的相机来捕捉反射回来的光,再经过计算得到模型的外形数据。

　　扫描仪的两个相机之间存在一定角度,两个相机的视野相交形成一个公共视野,在扫描过程中要保证公共视野内存在四个及四个以上定位标记点,同时满足被扫描表面在相机的公共焦距范围内。扫描仪的公共焦距称为基准距,公共焦距范围称为景深。该设备基准距为 300 mm,景深为 250 mm,分布为 −100~ + 150 mm,所以扫描仪工作时距离被扫表面距离范围为 200~450 mm。对于思看激光三维扫描仪,距离因素会在软件的颜色浮标中显示,如图 2-1 所示。

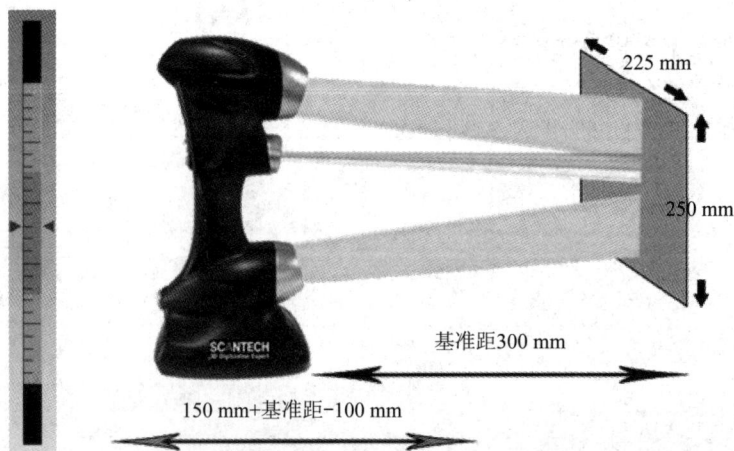

图 2-1　景深和基准距

2.1.2　点云的概念

点云是指极为密集的测量数据。天上的云是由水珠构成的，而这里的云是由点构成的，所以称之为点云。

现在凡是通过测量仪器(一般为三坐标测量仪、三维扫描仪)得到的产品外观表面的点数据集合都称为点云。通常使用三坐标测量仪测量所得到的点数量比较少，点与点的间距也比较大，称为稀疏点云；而使用三维激光扫描仪或照相式扫描仪得到的点云，点数量比较大并且比较密集，称为密集点云。

2.1.3　标记点的粘贴

什么是标记点(又称标志点)？图 2-2 所示即为两种标记点，它们都具有相同的作用。

标记点的作用是扫描过程中的拼接点云。拼接原理是通过坐标系的变换。

扫描仪的类型决定了标记点的类型、大小和粘贴的位置。标记点可以是反射性或非反射性粘贴纸。激光式扫描仪要用高反光标记点。

图 2-2　标记点

标记点可以粘贴在模型上也可以粘贴在工作台上，或者在模型和工作台上都粘贴上。标记点粘贴在模型上的好处是，可以随意地移动、旋转零件进行多次扫描拼接。标记点粘贴在工作台上，模型与工作台就必须保持相对静止，不可以随意移动，否则，点云就不能拼接。

标记点拼接扫描是利用两次拍摄之间的公共标记点信息来实现两次拍摄的数据的拼接。使用标记点前，要对待测物体进行分析，在需要、合适的位置上贴上标记点，通过多次的扫描及拼接得到需要的数据。

粘贴标记点(贴点)注意事项如下：

(1) 标记点要粘贴在物体较平坦的面上，如果贴在曲率较大的面上，则会产生较大的误差。

(2) 每两颗标记点之间的间距为 30～250 mm，具体要根据模型的实际情况确定。如果表面曲率变化较小，则距离可以适当大一些，最大距离为 250 mm，如果模型特征较多、曲率变化较大，则可以适当减小距离，最小距离为 30 mm，如图 2-3 所示。

≈30 mm最小距离
250 mm最大距离

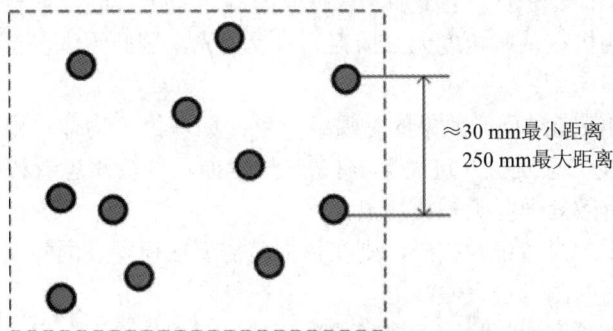

图 2-3　贴点间距旋转

(3) 标记点的布置要使每相邻两次扫描得到的公共标记点个数不少于 4 个，如果公共标记点个数少于 4 个，那么系统会提示标志点不够。

(4) 标记点要随机分布，避免规律排布，如图 2-4 所示。因为扫描仪是通过识别标记点组成的位置结构进行相对定位的，若标记点排布规律，则会增大标记点位置读取错误的概率，从而使数据采集出现错误。

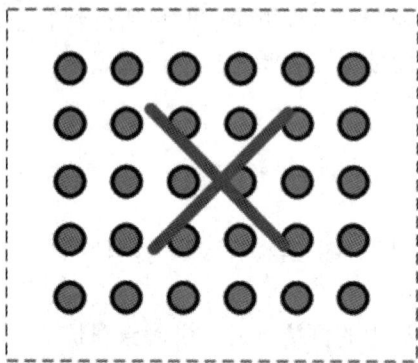

图 2-4　错误贴点方式

(5) 标记点不宜贴在模型边缘。为了保证数据的质量和精度，模型上贴标记点的位置在最后输出点云数据的时候会被删除，形成一个孔。所以在贴点时，标记点须离开边缘 2 mm 以上，便于后期数据修补处理。

(6) 贴标记点时还需注意避免弄脏、隐藏或损坏标记点。

2.1.4　显像剂的喷涂

三维扫描仪是使用激光进行探测扫描的，因此，当被检测物体的材质或表面颜色属于下列情况时，扫描结果会受到一定的影响。

(1) 透明材质：如玻璃等。若待扫描模型为玻璃材质，由于激光会穿透玻璃，使得相机无法准确地捕捉到玻璃所在的位置，因而无法对其进行扫描。

(2) 渗光材质：如玉石、陶瓷等。对于玉石、陶瓷等材质模型，激光线投射到物体表面时会渗透到物体内部，导致相机所捕捉到的激光线位置并非物体的表面轮廓，从而影响扫描数据的精度。

(3) 高反光材质：如镜子、金属加工高反光面等。镜子等高反光材质会对光线产生镜面反射，从而导致相机在某些角度无法捕捉到其反射光，因此无法获得这些照射条件下的扫描数据。

(4) 其他会影响激光漫反射效果的材质或颜色：如深黑色物体。由于黑色物体吸光，使反射到相机的光线信息变少，进而影响扫描效果(提示：杭州思看科技特有的"黑色物体"扫描模式，可有效处理此类扫描场景)。

若要对以上材质的模型进行扫描，则在扫描前需要在模型表面喷反差增强剂，使模型可以对照射在其表面的激光进行漫反射。

零件喷涂显像剂时要均匀喷涂，要喷得越薄越好。因为喷了一层粉末就会在扫描时影响零件的厚度。显像剂容易脱落，且容易粘上指印。零件如有螺纹孔之类，可以安装一个螺栓，便于用手抓住，方便喷涂。也可以先喷一部分，留下一部分用作手持，待完成第一次扫描后，要清洁部件，重新喷涂用作手持的区域，然后根据需要重新扫描。

显像剂喷涂于零件的一般过程如下：

(1) 喷涂前先贴标记点，否则标记点会从白粉上滑落。

(2) 如有必要，安装零件或决定将哪个部分用作手持。

(3) 喷涂时手持喷罐距离零件 30～40 cm，不要靠得太近，如果太近则会喷得太厚或不均匀。

(4) 给零件喷涂轻薄的第一层涂料，然后，将物体放在一边干燥几分钟。

(5) 显影剂完全干燥后，重新喷涂需要补充喷涂的区域。

(6) 如有必要，在扫描前用棉签清洁所有的标记点。

2.1.5　三维扫描仪的标定

三维扫描仪的原理是基于计算机的立体视觉技术。计算机立体视觉研究的问题是从摄像机获取的两幅或多幅图像出发，计算三维空间中物体的几何信息，从而重构和识别物体。而三维空间某点的位置与其在图像中对应点之间的相互关系是由摄像机成像的几何模型参数和摄像机所处的位置参数决定的。在大多数条件下这些参数必须通过实验和计算得到，这个过程称为标定。

三维扫描仪的标定就是为了得到三维世界中物体点的三维坐标与其图像上对应点的函数关系的过程。标定可以校正未对准的光学元件。若使用不正确标定的扫描仪进行扫描则会导致扫描数据的波动。标定应定期进行。在系统每次调整后，或经过长途运输，或使用过程中发生严重震动等，都要重新标定，以保证设备的精度。

每台扫描仪都有独特的标定方法。例如，天远三维扫描仪的标定方法与杭州思看三维扫描仪的标定方法就完全不同。

对于三坐标测量机，校定也是确定三坐标测针在空间中与坐标系的关系或位置。无论何时更改测针尺寸，都必须验证测量软件是否列出了正确的测针尖端直径并重新校准。如果未校准测针尖端，则软件可能会将测件(测量零件)放在错误的位置。软件根据测针尖端的半径计算点位置。例如，如果使用的是 6 mm 探头且软件的设置指示 3 mm 探头，则探测点将偏离 1.5 mm。

思考与练习

1. 什么是点云？

2. 标记点的作用是什么？如何粘贴标记点？

3. 什么样的零件在扫描前需要喷涂显像剂？如何正确地喷涂显像剂？

4. 三维扫描仪标定的作用是什么？是否每一次扫描模型事先都需要标定？什么情况下，三维扫描仪要重新标定？

任务2.2　天远三维扫描仪的使用

天远三维扫描仪
扫描软件介绍

2.2.1　天远扫描仪及扫描软件简介

1. 扫描仪介绍

天远扫描仪如图 2-5 所示，它有左、右两个相机，中间是光栅发射器。标号①为控制云台上下旋转的螺杆；标号②为控制云台水平旋转的螺杆；标号③为控制云台左右旋转的螺杆；标号④为固定测量头的两个螺丝，用来把测量头固定到云台上。扫描仪的背面有电源插口、电源开关、VGA 接口以及左右相机数据线接口。左右相机数据线接口、VGA 接口要与配套的电脑主机相对应的接口相连。图 2-5 亦显示了数据线与接口的连接位置。

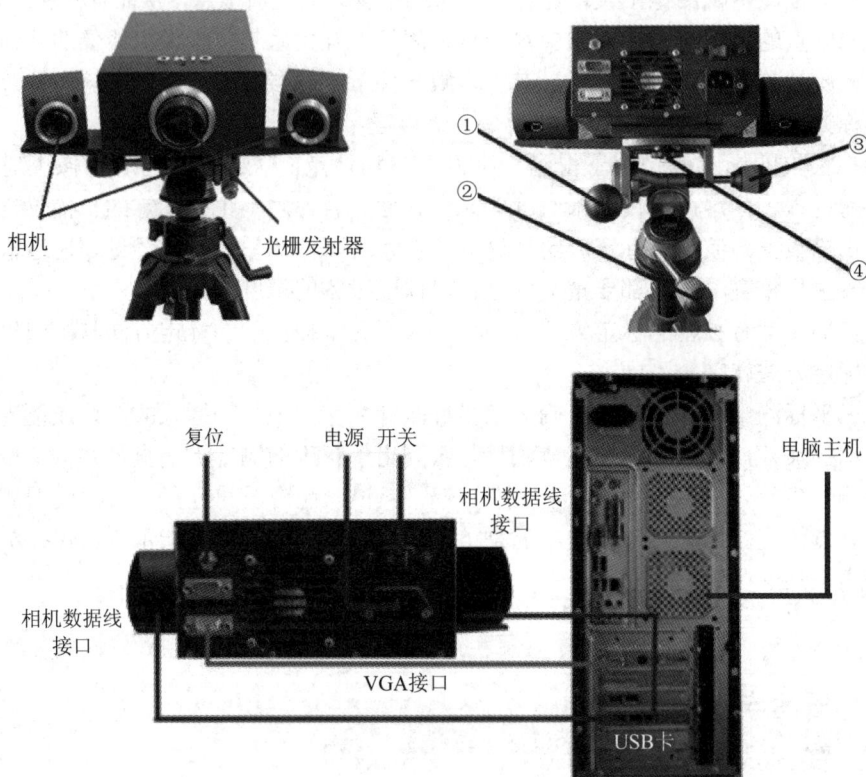

图 2-5　天远扫描仪的结构

2. 扫描软件 3DScan 介绍

启动计算机，插上 U 盘加密锁，打开扫描软件 3DScan。此时打开的软件界面上有主菜单栏、主工具栏、左相机实时显示子窗口和右相机实时显示子窗口，还有一个点云显示子窗口，各个子窗口都有相应的工具按钮，如图 2-6 所示。

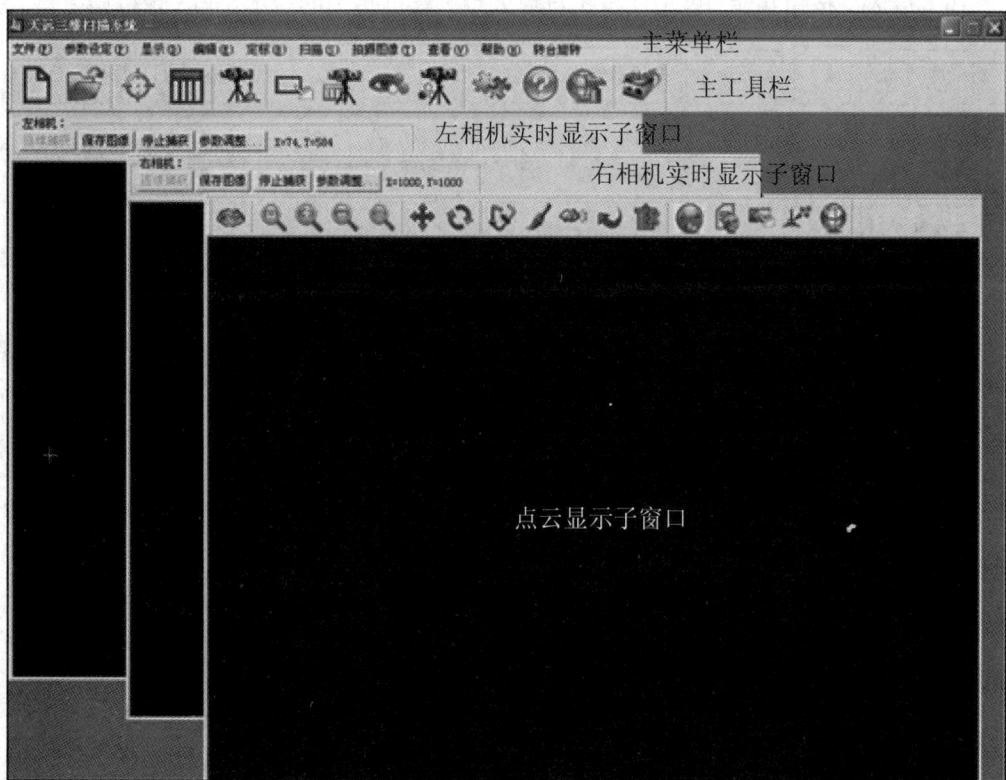

图 2-6　扫描软件 3DScan 界面

1) 主工具栏

主工具栏中各个按钮的含义如图 2-7 所示。

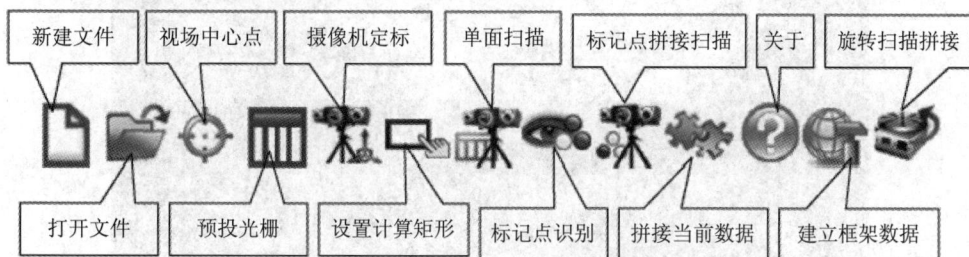

图 2-7　主工具栏按钮

本系统的数据显示提供了点云文件(.asc)显示，主要用在扫描完成时显示扫描结果，用户也可以打开 asc 类型的点云文件显示其数据。

2) 点云子窗口工具栏

点云子窗口工具栏按钮的含义如图 2-8 所示。下面对部分按钮的功能进行介绍。

(1) "点云显示"按钮功能：显示点的个数、测量的次数等信息，可以选择要显示的点云，也可以设置显示比例。

(2) "局部放大"按钮功能：通过鼠标左键框选来放大所选择的点云。

(3) "放大"按钮功能：单击此按钮可放大点云在屏幕中的显示，放大也可用"↑"键。

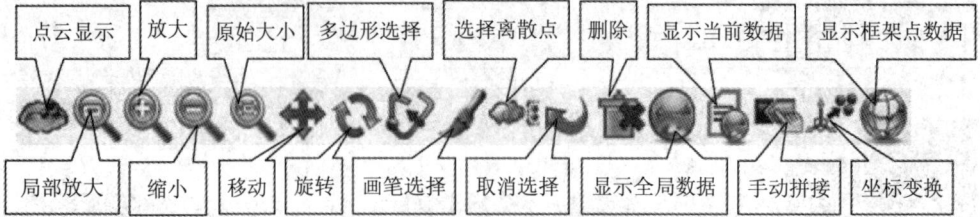

图 2-8　点云子窗口工具栏按钮

(4) "缩小"按钮功能：单击此按钮可缩小点云在屏幕中的显示，缩小也可用"↓"键。

(5) "原始大小"按钮功能：单击此按钮可将显示点云图形设置为原始显示大小。

(6) "移动"按钮功能：按住鼠标中键移动鼠标来移动点云。

(7) "旋转"按钮功能：按住鼠标中键移动鼠标来旋转点云。

(8) "多边形选择"按钮功能：通过在点云显示窗口画多边形来选择点云，如图 2-9 所示。

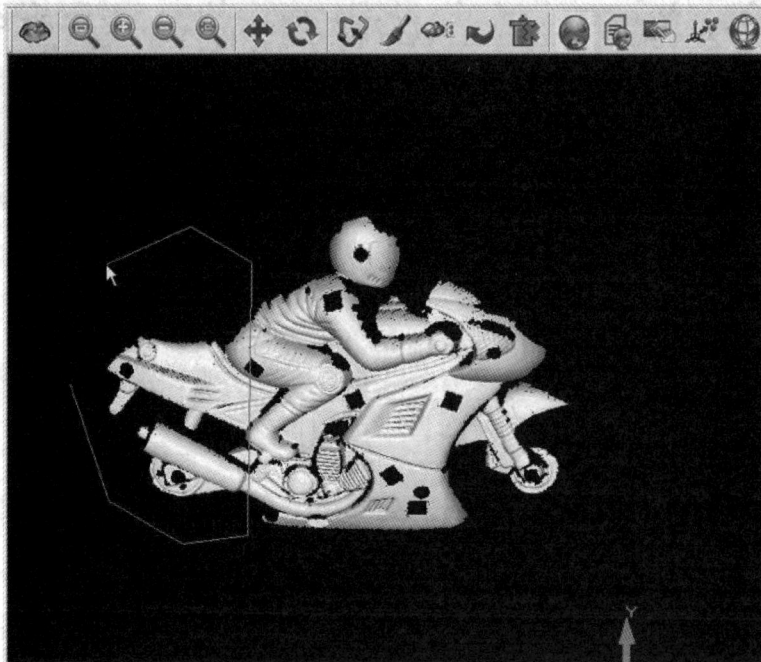

图 2-9　画多边形来选择点云

(9) "画笔选择"按钮功能：通过画笔在点云显示窗口选择点云。

(10) "选择离散点"按钮功能：单击此按钮选择离散的点，离散点的大小可以在系统设置里设定。

(11) "取消选择"按钮功能：单击此按钮可取消选中的点云。

(12) "删除"按钮功能：单击此按钮可删除选中的点云。

3) 左、右相机显示子窗口工具栏

左相机显示子窗口工具栏如图 2-10 所示，右相机显示子窗口工具栏与左相机的类同。

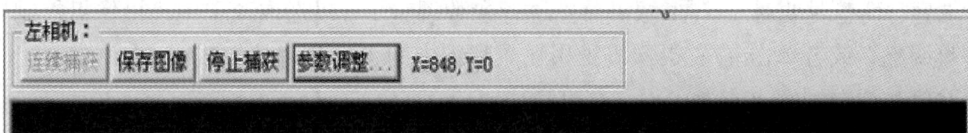

图 2-10　左相机显示子窗口工具栏

(1)"连续捕获"按钮功能：摄像机处于连续采集并实时显示模式。

(2)"保存图像"按钮功能：保存捕获的图像。

(3)"停止捕获"按钮功能：停止当前的连续采集。

(4)"参数调整"按钮功能：用于调整摄像机的参数值，包括曝光时间和增益。单击此按钮将弹出如图 2-11 所示的对话框。如果投射的光太暗，则可以调节曝光时间和增益。一般只需调整增益参数即可。

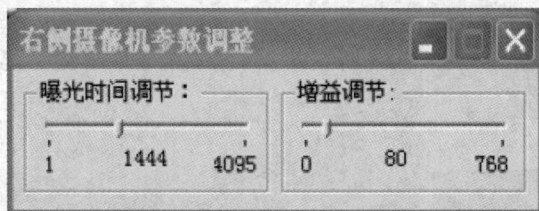

图 2-11　右相机参数调整对话框

2.2.2　天远三维扫描仪扫描操作流程

1. 系统启动

系统启动过程如下：

(1) 首先确保硬件接线正确，然后接通所有硬件的电源。

(2) 启动计算机，启动光栅发射器。

(3) 启动程序，在计算机上显示的有主程序界面、两个摄像机实时图像显示界面以及下部的光栅投影视窗。

(4) 根据需要调整摄像机的参数，以便得到满意的图像质量。

2. 系统预调整

1) 光栅发射器焦距调整

(1) 确认左/右摄像机的拍摄场景以及光栅视窗均已打开。

(2) 在视场中央放置一个待测物体，调整好测量头到物体的距离，选择菜单"参数设定"→"预投光栅"或者单击工具栏上的 ▦ 按钮，此时光栅发射器会在视场中投射光栅。观察光栅的清晰度，如果很模糊，可以调整光栅发射器的焦距至清晰为止。调整时，在左/右摄像机的拍摄视场会看到光栅的变化，如图 2-12 所示。在定标和测量前必须要把光栅调整清晰，否则会影响测量的质量。

2) 相机参数调整

光栅发射器的焦距调整好之后，如果标记点不够清晰或亮度不合适，则需要对摄像机进行调整。调整时要对左/右摄像机分别进行参数调整。可以选取菜单中"摄像机控制"→"参数调整"或者单击左/右摄像机拍摄场景视窗中的"参数调整"按钮。在调整曝光时间和增益值时要调到圆点清晰可见、亮度适中为止。

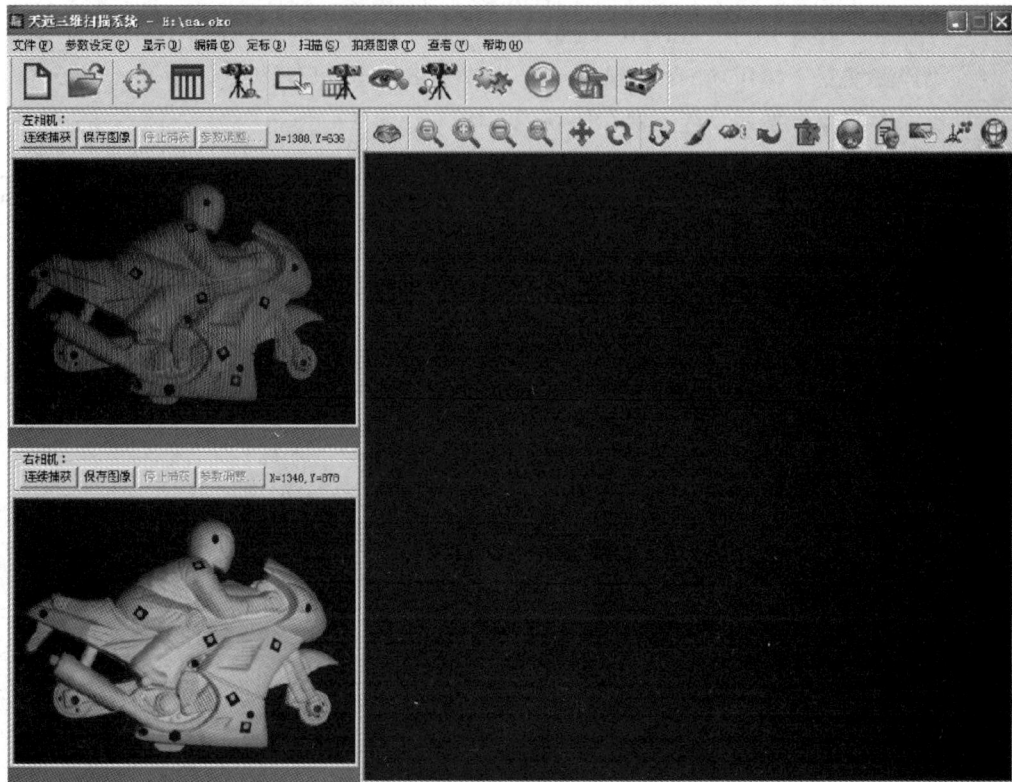

图 2-12 光栅发射器焦距调整

3. 扫描

根据待测物体的不同选择不同的测量模式，在选择菜单"参数设定(P)"→"测量模式设定…(S)"时，会弹出下一级菜单，如图 2-13 所示。

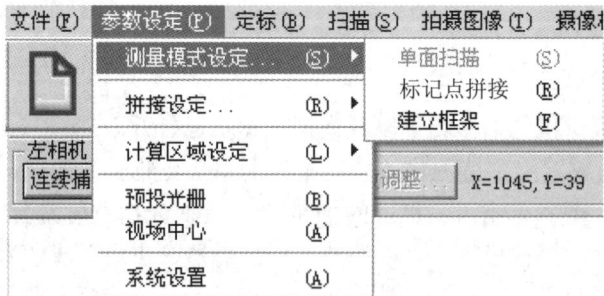

图 2-13 测量模式设定

在设定测量模式时，可以选择"单面扫描""标记点拼接""建立框架"三种模式，当前的模式呈灰色不可选。本次实验使用标记点拼接扫描方式。

标记点拼接的操作流程如下：

(1) 确认左/右摄像机拍摄场景及光栅视窗均打开，光栅视窗投射白光。

(2) 对待测物体进行分析，并贴上所需的标记点。

(3) 将待测物体放在视场中央，根据需要调整两个相机的曝光时间和增益值。

(4) 进行光栅发射器焦距的调整，使投出的光栅清晰可见。

(5) 选择菜单"扫描"→"标记点拼接"，系统将在物体上投射一系列光，在左/右摄像机视场中会有实时显示。

(6) 保存结果。光栅投射结束后，系统会弹出如图 2-14 所示的对话框，提示用户保存目标文件名，此对话框中用户还可输入隔几个点采一个点，如果每个点都采，那么其值为 1。此值越大，采点会越稀疏，但计算速度会快一些。标记点拼接模式时此对话框只在第一次扫描结束后弹出一次，系统会记住中间文件名和结果文件名，并将后面测量的结果自动生成和保存。其中输出文件扩展名均默认为".oko"，用户不输入时系统会自动加上。假设输出文件为 dest.oko，系统会把每次测量的结果写入 dest.oko，自动保存每次测量的结果。单击"确定"后，开始计算，计算过程会有进度条显示计算进度。

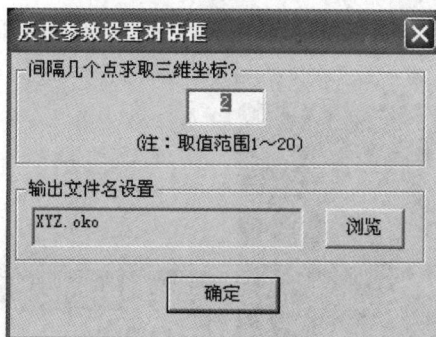

图 2-14　标记点拼接文件输出设置

(7) 显示结果。扫描完成后，会弹出结果显示窗口，显示扫描的结果，如图 2-15 所示。

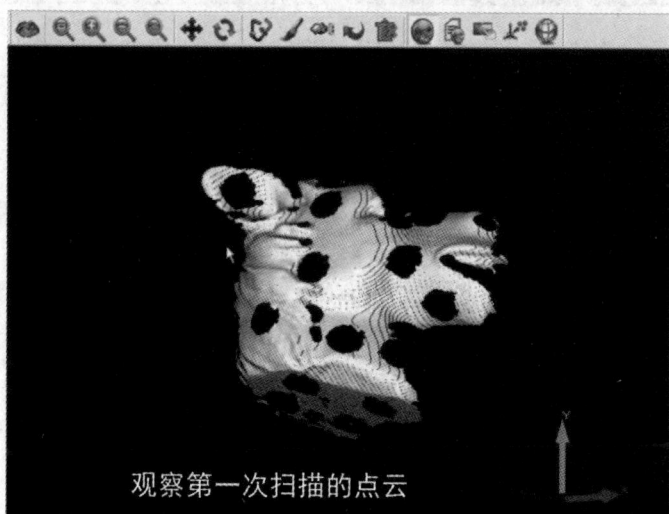

图 2-15　标记点拼接扫描单面结果显示

(8) 将待测物体旋转一个角度，然后单击图标 ，扫描仪则开始第二次扫描。等扫描完成后，扫描软件会显示第二次扫描的结果，如图 2-16 所示。再次单击拼接按钮 ，系统会自动拼接(绿色即为第二次扫描增加的点云)，拼接后会显示拼接精度，如图 2-17 所示。

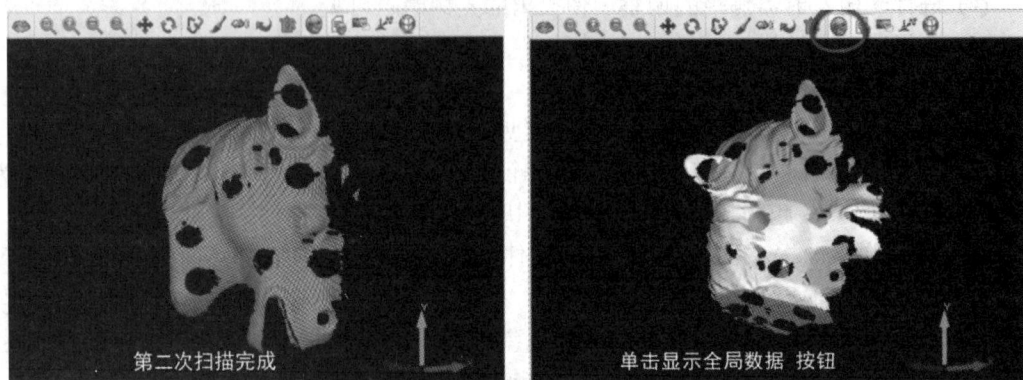

图 2-16　标记点拼接扫描第二次扫描结果和两面结果显示

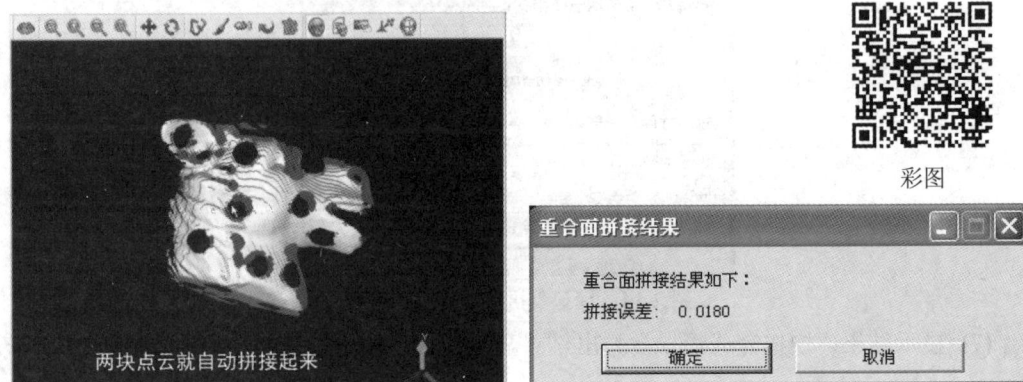

彩图

图 2-17　单击拼接按钮显示拼接结果及显示拼接精度

(9) 重复第(8)步，直到扫描出完整的物体。如果标记点拼接没有正确完成，则系统会弹出如图 2-18 所示的对话框。

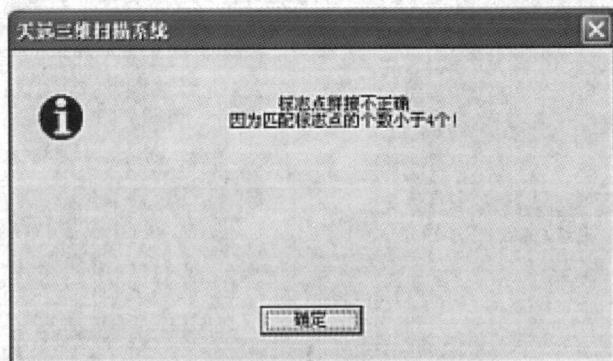

图 2-18　标记点拼接错误显示

(10) 导出结果。标记点拼接保存结果为 .oko 格式，为了与其他软件相兼容，扫描数据后，可以将结果导出成 asc 格式，方法为：选择"文件"→"导出"，或者在点云显示窗口单击鼠标右键，选择"导出"，系统会弹出如图 2-19 所示的对话框，提示用户输入导出 asc 文件的路径和文件名。

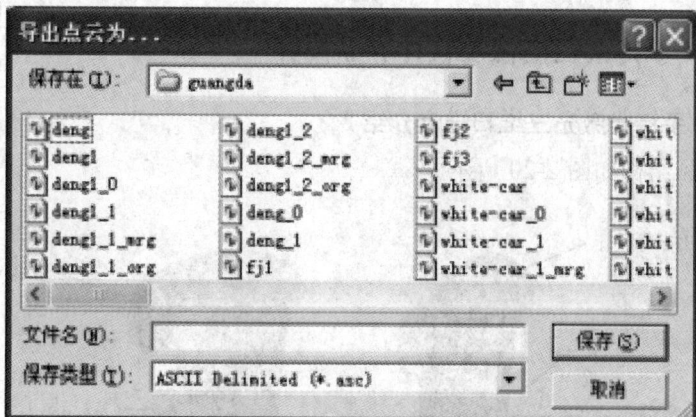

图 2-19　导出点云对话框

(11) 关闭系统。

① 关闭扫描软件。当关闭系统时，如果有未保存的图像，则系统会弹出对话框，可根据需要选择是否要对图像进行保存。

② 关闭光栅发射器。

③ 设备使用完毕后，要盖上 CCD 镜头盖和光栅发射器镜头盖。

④ 计算机使用完毕后关闭计算机。

⑤ 等光栅发射器的散热风扇停止后关闭电源。

思考与练习

1. 扫描仪由哪几部分组成？它们的作用是什么？
2. 天远扫描仪扫描模式有哪几种？
3. 扫描过程中，若出现扫描软件僵死，应如何处理？

任务 2.3　HSCAN 手持式激光三维扫描仪的操作与使用

2.3.1　HSCAN 手持式扫描仪及软件界面简介

1. HSCAN 手持式激光三维扫描仪介绍

HSCAN 产品结构如图 2-20 所示。

思看手持式激光
三维扫描仪介绍

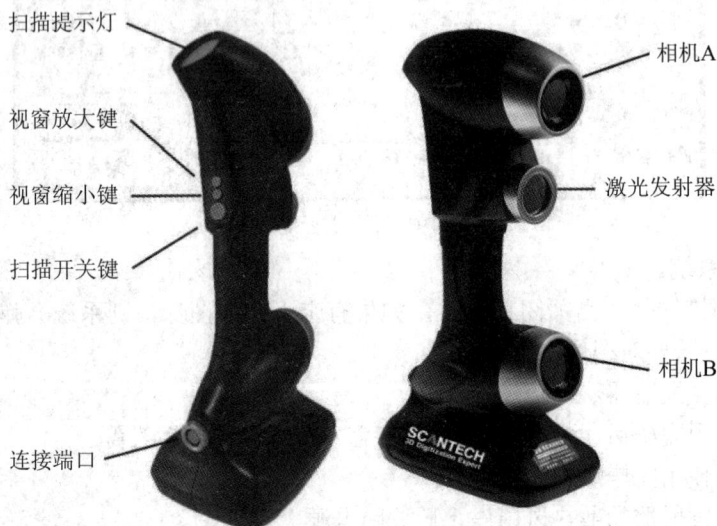

图 2-20　HSCAN 产品结构

主要按键功能如下：

(1) 视窗放大/缩小键——调整视窗的大小，便于查看扫描数据是否完整。

(2) 扫描开关键——单击打开或关闭扫描仪，双击切换激光器模式。

2. 设备连接

设备的连接包括将电源连接到扫描仪和将扫描仪连接到计算机等两步操作。连接线包括电源适配器连接线及电源数据线缆。电源适配器为扫描仪提供电源。电源数据线缆共 3 个接口，分别连接计算机、电源适配器和扫描仪端，具体连接方式如下(参考图 2-21)：

第一步：将电源适配器的三孔电源线插头连接到电源接口。

第二步：将电源适配器端口接入电源数据线缆的两芯金属接口中。

第三步：将电源数据线缆 RJ45 接口插入计算机端网口中。

第四步：检查以上步骤是否正确，最后将六芯接插口接入到扫描仪对应的接口。

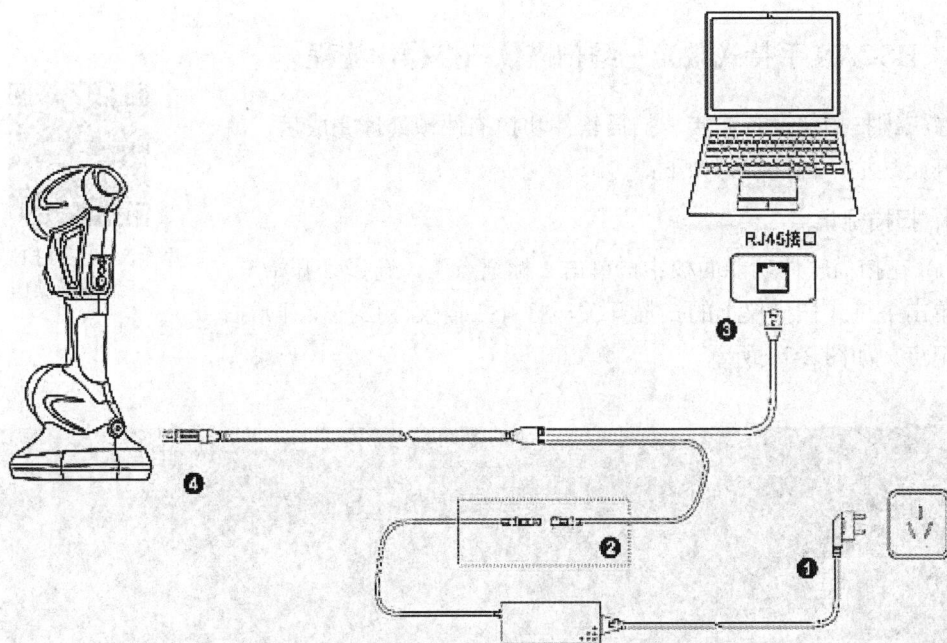

图 2-21　设备连接

3. HSCAN 扫描软件界面

本节主要介绍扫描软件界面及其图标，其中界面主要由菜单栏、工具栏、三维显示区域、功能面板以及状态栏等五个部分组成，如图 2-22 所示。

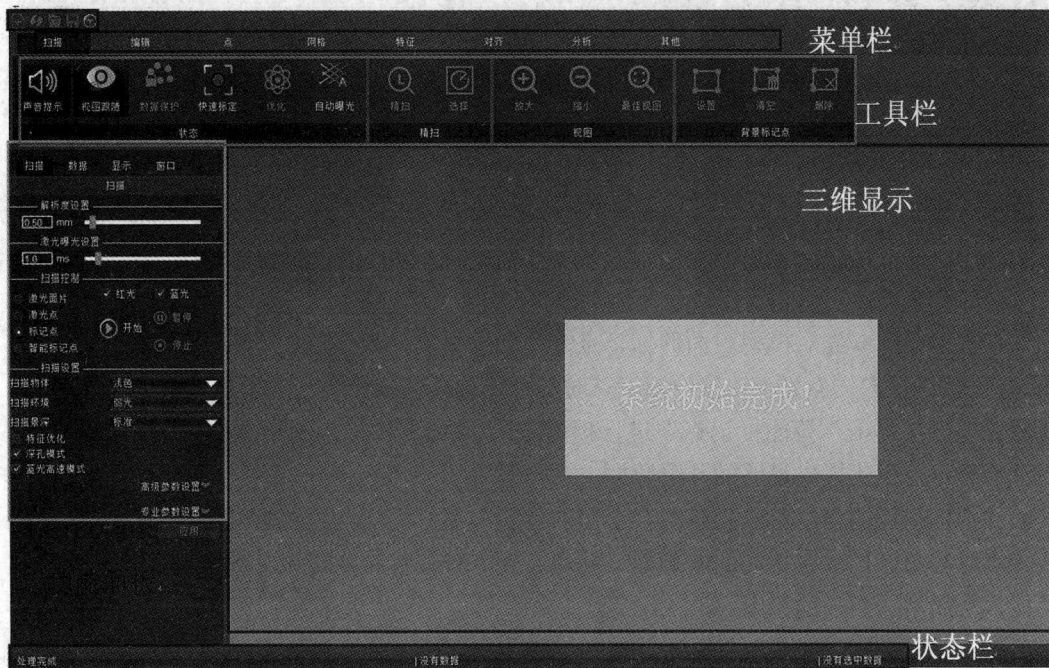

图 2-22　HSCAN 扫描软件界面

2.3.2 HSCAN 手持式激光三维扫描仪扫描操作流程

在三维扫描仪设备连接、扫描软件和扫描件预处理完成后，就可以开始扫描。扫描步骤如下：

思看激光三维扫描仪
三维扫描操作

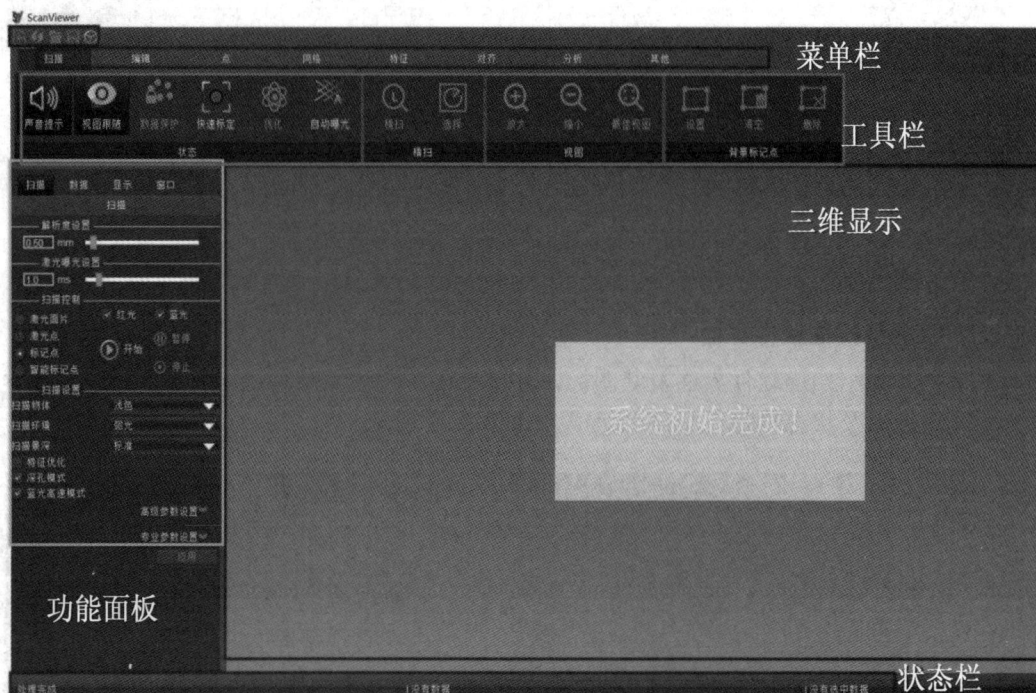

1. 扫描标记点

(1) 在扫描软件功能面板中，单击"标记点"，选择"开始"，然后单击手持式扫描仪上的扫描开关，打开扫描仪，扫描仪开始扫描标记点，如图 2-23 所示。

图 2-23　扫描标记点

扫描标记点即先对模型表面的标记点进行扫描采集，该步骤称为预扫标记点(该步骤可跳过，直接进行扫描激光点)。预扫标记点时尽可能地使用多个角度对标记点进行识别读取，或者可以直接单击"智能标记点"进行扫描(智能标记点扫描可不需要多个角度)。这样是为了给标记点优化提供足够的计算数据。

预扫标记点的作用是建立模型各个面的位置关系，采集定位的标记点，使得后续扫描激光点更容易进行，也使得从面到面过渡更方便。预扫标记点可以使用软件的标记点优化功能，从而增加扫描的精度。

(2) 标记点扫描完成后，先单击扫描软件功能面板中的"停止"按钮，然后单击"优化"按钮，进行标记点优化，如图 2-24 所示。

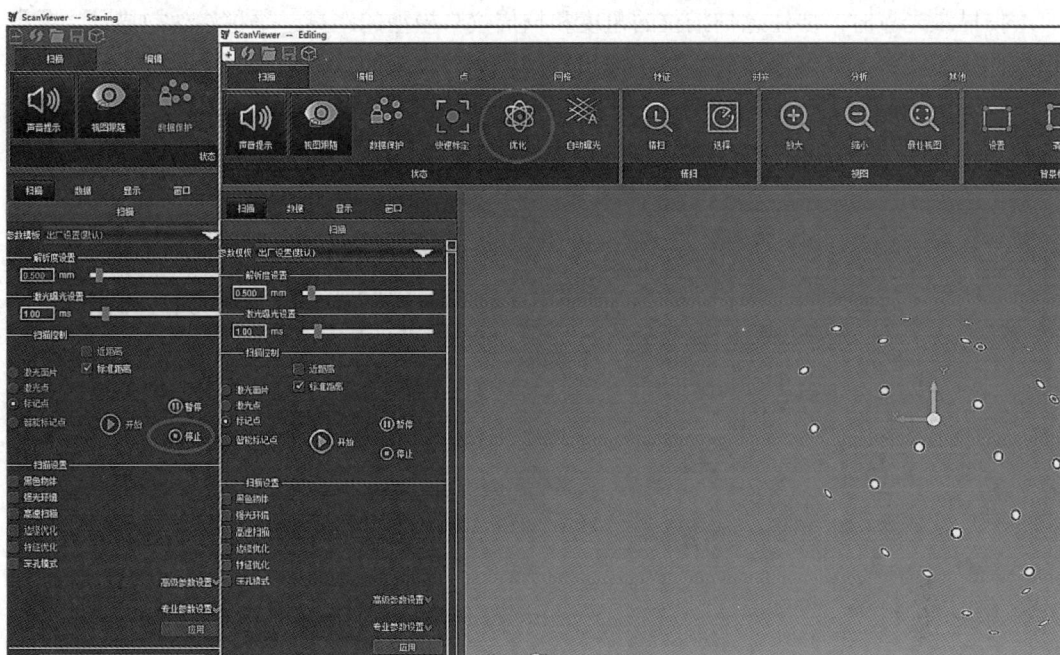

图 2-24　标记点优化

标记点优化完成后则可以进行激光点的扫描。

2. 扫描激光点

(1) 在扫描软件功能面板中，单击"激光点"按钮，选择"开始"，扫描仪即开始扫描激光点，如图 2-25 所示。

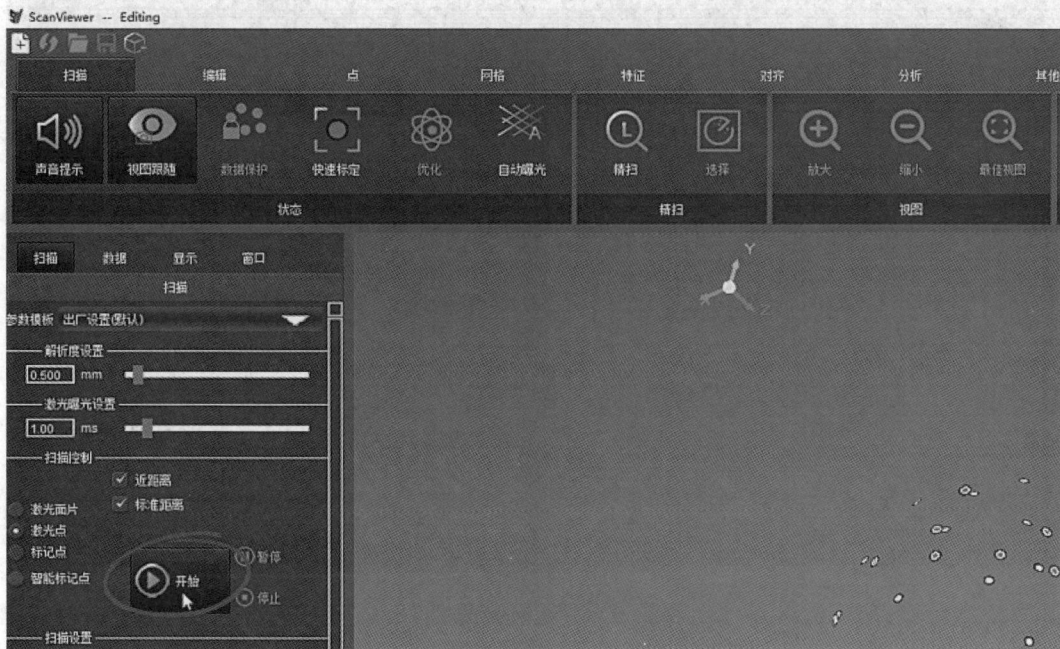

图 2-25　扫描激光点

扫描激光点时，要注意扫描仪的角度和扫描仪与模型的距离，平稳移动扫描仪，或把扫描件放在转台上，匀速转动转台，待扫描仪将空白位置的数据采集完全即可。

(2) 扫描激光点完成后，单击"停止"，软件即开始处理所扫描的数据，直到数据处理完成，如图 2-26 所示。

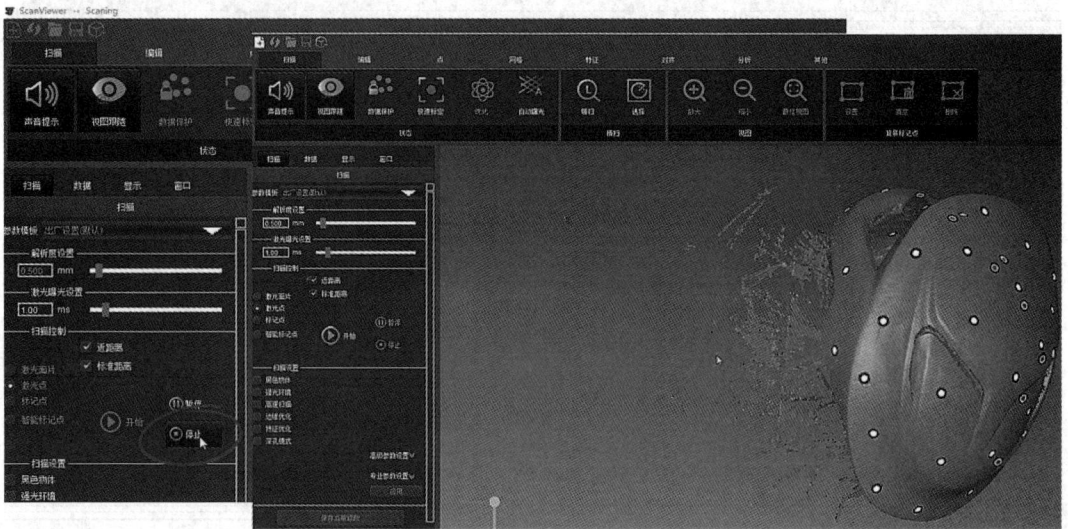

图 2-26　扫描激光点完成

扫描结束后，可以保存为"工程文件"或"激光点文件"，如图 2-27 所示。

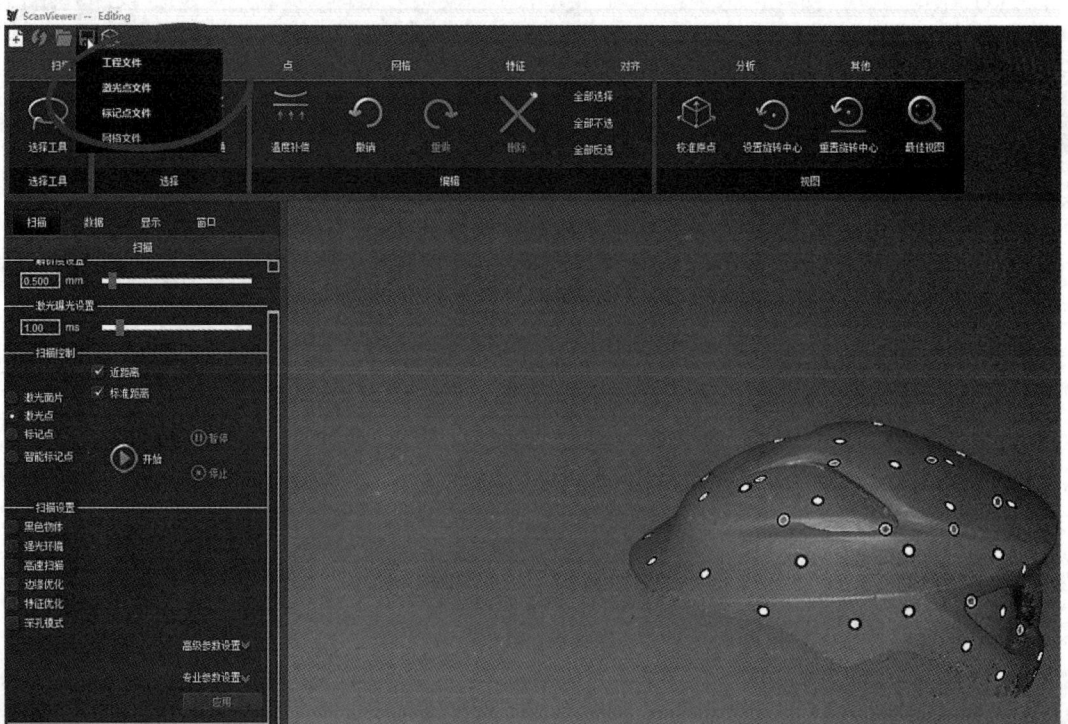

图 2-27　保存文件

思考与练习

1. HSCAN 手持式激光扫描仪需粘贴什么类型的标记点？

2. HSCAN 手持式激光扫描仪如何正确地连接数据线？

3. HSCAN 手持式激光扫描仪是否一定要先扫描标记点，再扫描激光点？是否可以直接扫描激光点？先扫描标记点，再扫描激光点有什么好处？

任务 2.4　生肖马首的三维扫描

2.4.1　方法一：一个文件扫描完整

扫描步骤如下：

1. 启动系统

(1) 启动计算机，插入加密锁，打开扫描软件 3DScan。

(2) 确保硬件接线正确，然后插上扫描仪电源插头，打开扫描仪上的电源开关。旋转扫描仪，使镜头朝下，以便投射光照射到平台上，稍后投射光就会亮起来。

(3) 确认主程序界面、两个摄像机的实时图像显示界面以及下部的光栅投影视窗均打开，光栅发射器投射白光。

2. 系统预调整

(1) 调节光栅发射器到待测物体的距离。

单击主工具栏中的"视场中心点"按钮，出现黑十字线和红十字线，为了看清黑十字线，可放一张白纸在平台上，如图 2-28 所示。调整测量头到物体的距离，使红十字线在黑色小方框内，则表示扫描仪处于适合的扫描范围。

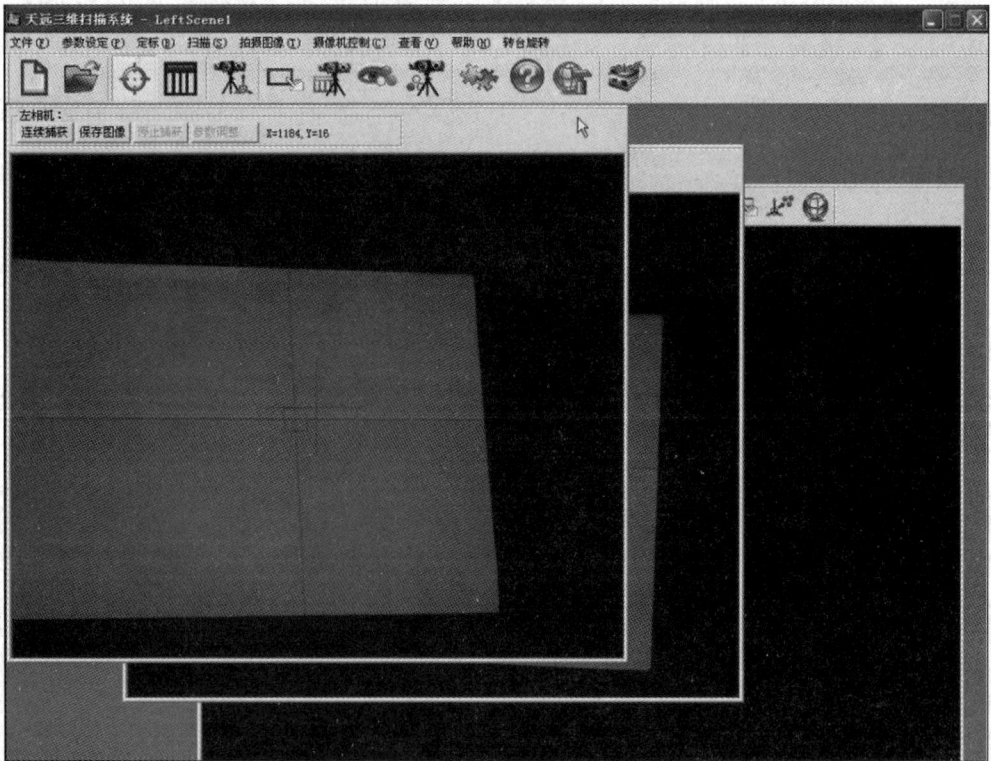

图 2-28　单击"视场中心"工作平台显示界面

(2) 调整相机参数。在视场中央放置一个待测物体，如果待测物体及上面的标记点不够清晰或亮度不合适，则需要对摄像机进行调整。对左、右摄像机分别进行参数调整。可以单击左/右摄像机拍摄场景视窗中的"参数调整"按钮，调整曝光时间和增益值到圆点清晰可见、亮度适中为止。

3. 零件扫描

(1) 选择菜单栏中的"扫描"→"标记点拼接"或单击工具栏中的图标 📹 进行第一次扫描，扫描仪的光栅发射器将在物体上投射一系列光，在左/右摄像机视场中会有实时显示。

(2) 扫描完成后，软件会弹出如图 2-29 所示的对话框，提示用户设置保存目标及文件名，假设输出文件为 dest.oko。其中输出文件扩展名均默认为 ".oko"，用户不输入时系统会自动加上。此对话框中用户还可输入隔几个点采一个点，如果每个点都采，那么其值为1。此值越大，采点会越稀疏，但计算速度会快一些。

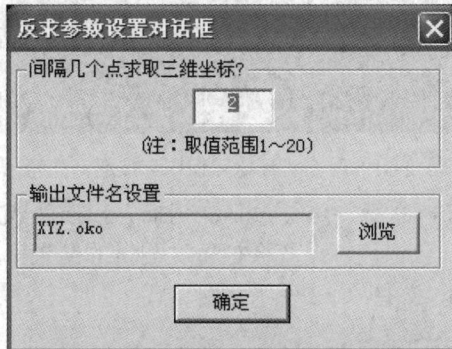

图 2-29　标记点拼接文件输出设置

(3) 单击"确定"按钮后，开始计算，计算过程会有进度条显示计算进度。计算完成后，会弹出结果显示窗口，显示扫描的结果，如图 2-30 所示。

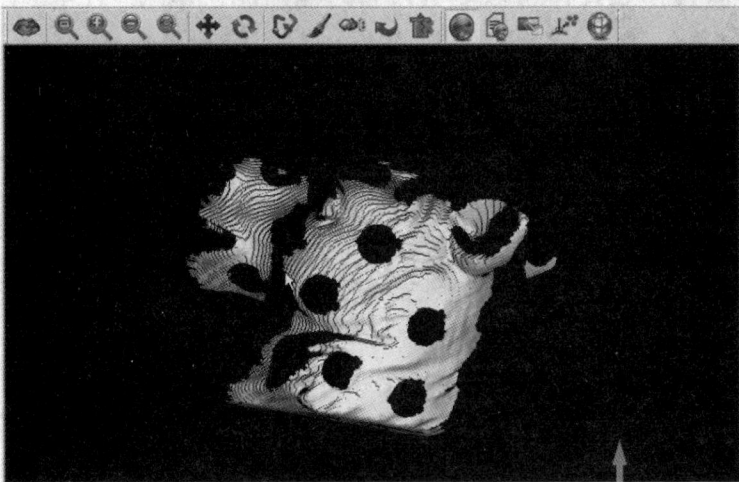

图 2-30　标记点拼接扫描结果显示

(4) 扫描完成后，调整待测物体的摆放(注意：若标记点粘贴在工作平台上，要转动工作平台，使待测物体和平台保持固定)。然后单击"标记点识别"按钮 🔵，检测下一次扫描与上一次扫描的公共标记点是否大于等于 4 个。图 2-31 显示大于 4 个，则再次单击"标记点识别"按钮 。

图 2-31　单击"标记点识别"按钮后显示

(5) 再一次单击图标 ，系统将进行第二次扫描。扫描完成后，因前面设置过一次保存目标及文件名后，系统就会记住，系统会把每次测量的结果都自动保存在相同的目录和文件名下，如写入 dest.oko，如图 2-32 所示。

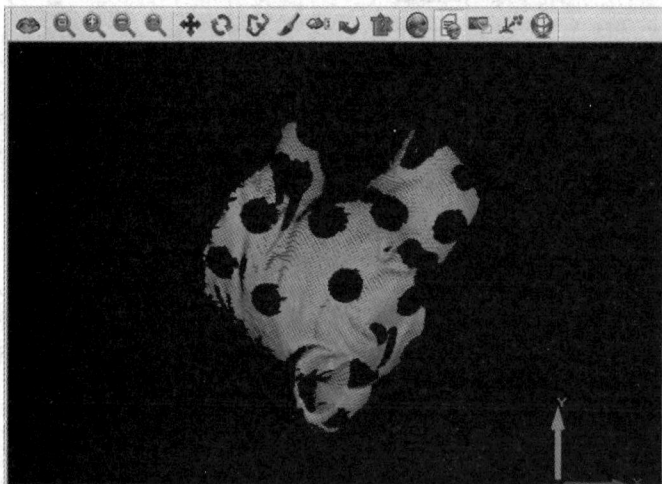

图 2-32　第二次扫描的点云　　　　　　　　　　彩图

(6) 第二次扫描完成后，"标记点拼接"按钮 显示可用。单击拼接按钮 ，系统会自动拼接，拼接结果如图 2-33 所示，绿色部分就是新增加的点云。

每次拼接后都会显示拼接精度，如图 2-34 所示。若精度不符合设计要求可单击"取消"按钮重新测量，直至测量得到需要的所有数据。注意在拼接前应根据情况，先进行点云的编辑——点的选择、删除，因为在扫描过程中可能会有很多杂点，不去除杂点不仅会增大点云文件的大小，而且也会增加系统的负担，降低运行速度。

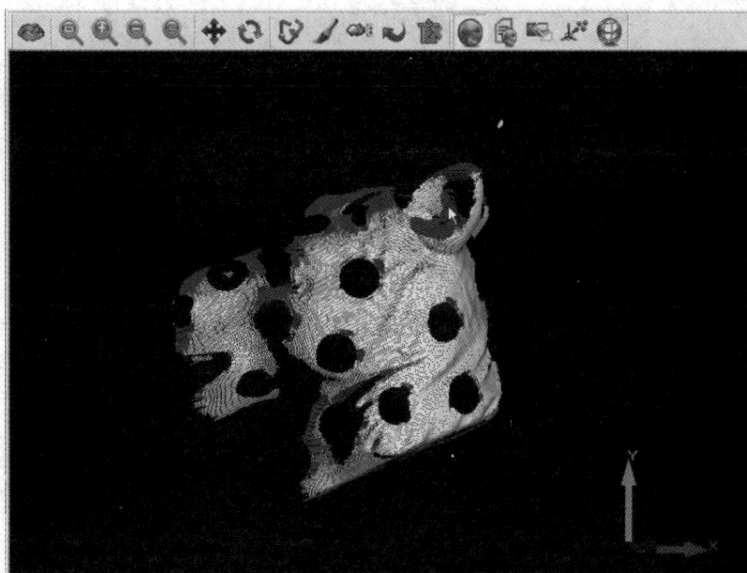

图 2-33 拼接结果

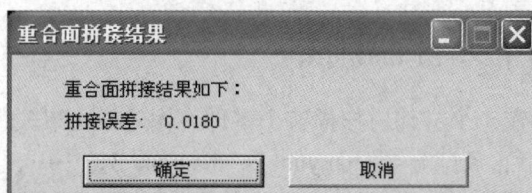

图 2-34 显示拼接精度

如果标记点拼接没有正确完成，则系统会弹出如图 2-35 所示的对话框，这时就需要调整待测物体的摆放位置，重新扫描。

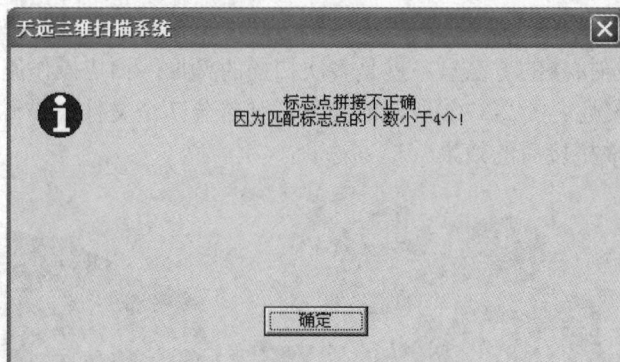

图 2-35 标记点拼接错误显示

(7) 重复第(4)～(6)步，直至扫描出该得到的全部点云。

(8) 导出结果。标记点拼接保存结果为 .oko 格式，为了与其他软件相兼容，扫描数据后，可以将结果导出成 asc 格式，方法为：选择"文件"→"导出"，或者在点云显示窗口单击鼠标右键，选择"导出"，此时系统会弹出如图 2-36 所示的对话框，提示用户输入导出 asc 文件的路径和文件名。

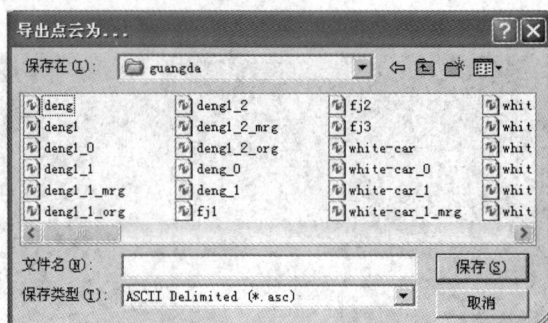

图 2-36　导出点云对话框

(9) 关闭系统。

① 关闭扫描软件。

② 关闭扫描仪电源开关。

③ 设备使用完毕后，要盖上 CCD 镜头盖和光栅发射器镜头盖。

④ 计算机使用完毕后关闭计算机。

⑤ 等光栅发射器散热后，拔掉电源插头。

2.4.2　方法二：分多个文件扫描拼接

对于有些零件，要在一个文件内扫描整个零件有困难，可以先保存部分点云文件，如命名为 dianyun_1，然后再新建一个 dianyun_2、dianyun_3、……、dianyun_n 等文件，让扫描仪分别对着没有扫描到的部位进行扫描并保存，再一起导入 Geomagic Studio 软件中进行拼接，组合成一个完整的点云。Geomagic Studio 软件具有非常优秀的点云拼接功能，关于点云拼接操作的详细教程参见 3.1.1 节。

分多个文件扫描拼接的方法可以使扫描零件变得非常简单，但是也会损失一些扫描精度。因此，如果零件能在一个文件内扫描完整，则尽量在一个文件内扫描。

分多个文件扫描拼接的方法只不过是多次扫描的叠加，扫描操作流程与方法是一模一样的，这里就不再赘述。图 2-37(a)所示的是生肖马首分 7 个文件扫描得到的 7 块点云。图 2-37(b)所示的是完成拼接后的效果。

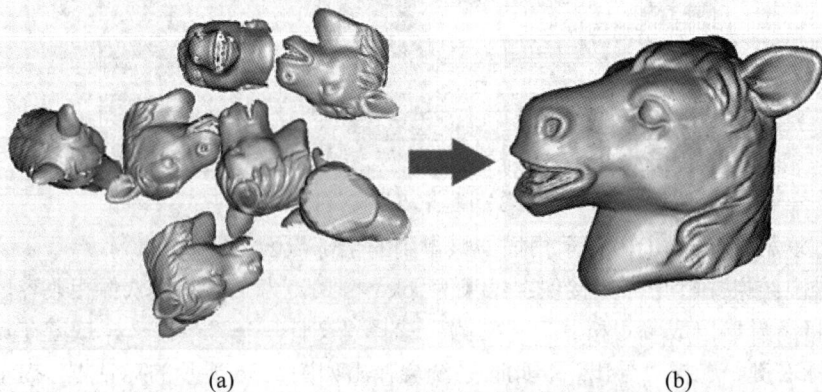

(a)　　　　　　　　　　　　　　　　(b)

图 2-37　生肖马首的 7 块点云及拼接效果

思考与练习

1. 采用一个文件扫描完整的方法时，标记点应该怎么贴？可以贴在工作台上吗？
2. 自己找几个塑料件，进行扫描练习。可以先采用方法一，然后再采用方法二。

项目3　点云处理及三角网格面修补

本项目介绍 Raindrop Geomagic 软件公司推出的 Geomagic Studio 软件、Creo 软件中逆向工程两模块——小平面特征和重新造型的使用和操作。Geomagic Studio 软件是目前市场上功能最强、速度最快的点云处理及三角网格面修补软件。Creo 软件中逆向工程两模块——小平面特征和重新造型与 Geomagic Studio 软件极其相似，可以结合起来学习。小平面特征和重新造型的功能弱于 Geomagic Studio 软件，相当于 Geomagic Studio 软件的一个简化版。

任务 3.1　Geomagic Studio 软件的使用

3.1.1　Geomagic Studio 软件简介

Geomagic Studio 是 Geomagic 公司的一款逆向软件产品，可将任何实物零部件通过扫描点云自动生成准确的数字模型。作为自动化逆向工程软件，Geomagic Studio 还为新兴应用提供了理想的选择，如定制设备的大批量生产、即定即造的生产模式以及原始零部件的自动重造。

Geomagic Studio
软件介绍

Geomagic Studio 可满足要求严格的逆向工程、产品设计和快速原型的需求。借助 Geomagic Studio 能够将三维扫描数据和多边形网络转换成精确的三维数字模型，并可以输出各种行业标准格式，包括 STL、IGES、STEP 和 CAD 等众多文件格式，为用户已经拥有的 CAD、CAE 和 CAM 工具提供完美补充。

因为 Geomagic Studio 是一款逆向工程软件，用于最大限度地恢复模型的原始形状，而非改变它，所以它不擅长塑造模型。如果要大幅度地改变模型，需用 ZBrush、Sculptris(免费软件)等雕刻软件以及 Autodesk 开发的三维模型设计软件 Meshmixer(免费软件)。

1. 鼠标操作

Geomagic Studio 产品使用三键鼠标定位设备，鼠标动作见表 3-1。

表 3-1　三键鼠标的操作

鼠标按键	键盘+鼠标按键	功　能
鼠标左键	鼠标左键	单击可选择用户界面上的大多数项目和活动对象的元素。 单击并拖动具有以下效果： • 选择活动对象的区域； • 在数字字段中，垂直拖动会增加和减少该值

鼠标按键	键盘+鼠标按键	功　　能
鼠标左键	Ctrl+鼠标左键	取消选择对象
	Alt+鼠标左键	灯光照射方向设置
	Shift+鼠标左键	设置活动模型(当使用多个模型时)
鼠标中键	滚动滚轮	• 缩放。要放大(或缩小)观察区域中对象的任何部分,将鼠标光标放在感兴趣的点上并使用滚轮。 • 在数字字段中,滚轮会增加或减少光标右侧数字的值
	中键	• 在"移动摄像机模式"(正常情况):旋转用户的视图。 • 在"移动模型模式":坐标空间中旋转对象
	Ctrl+中键	设置多个活动模型
	Alt+中键	平移
	Shift+Ctrl+中键	移动活动对象
鼠标右键	右键	单击可访问右键菜单,其中包含一组上下文相关的常用功能
	Ctrl+右键	旋转
	Alt+右键	平移
	Shift+右键	缩放

　　在 Geomagic Studio 软件中,用鼠标左键选择对象或对象的某些部分,有多个选择工具。如图 3-1 所示,在菜单栏中的"编辑"→"选择工具"或者在菜单栏中的"工具"中都可找到。"选择工具"有"矩形""椭圆""直线""画笔"和"套索"。

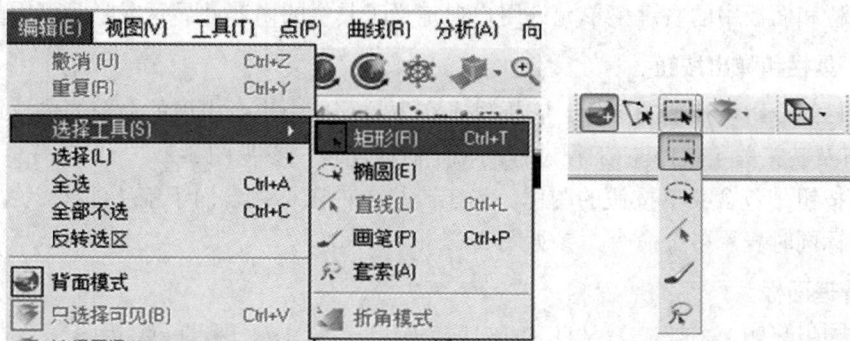

图 3-1　选择工具所在位置

　　⊠ **小技巧**:取消选择对象,用"Ctrl+鼠标左键",也可按组合快捷键"Ctrl+C"。

2. 菜单栏与右键菜单

Geomagic Studio 产品中有两类菜单:菜单栏中的菜单和右键菜单,如图 3-2 所示。

产品逆向设计

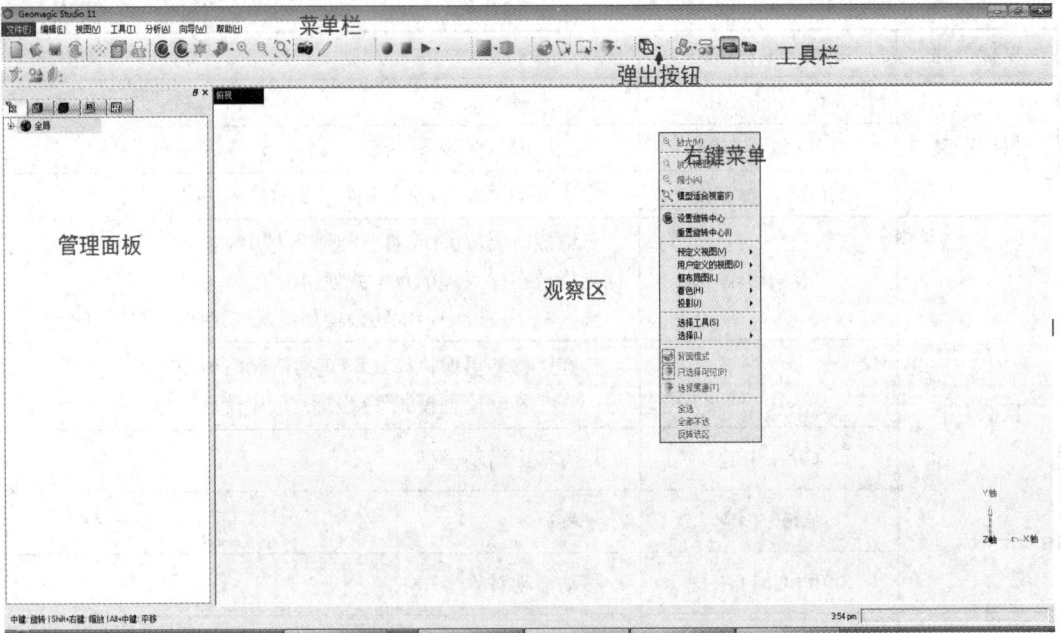

图 3-2 Geomagic Studio 软件界面

菜单栏包含默认菜单(如文件、视图、点、多边形、CAD 和分析)。某些菜单是相对于特定的阶段的:仅当模型处于工作过程的特定阶段(如"多边形"菜单)时,它们才处于活动状态。其他菜单例如"帮助"菜单则保持不变。菜单上的功能通常由右键菜单或工具栏上的命令图标调用。右键菜单中有三种菜单:模型管理器右键菜单、工具栏和面板右键菜单以及查看区域右键菜单。

右键菜单是一组与上下文相关的常用功能,菜单选项根据所选项目而变化。下面介绍从模型管理器、工具栏、面板和查看区域访问右键菜单时可用的基本选项。

工具栏和面板中的右键菜单允许用户自定义工具栏的内容并显示或隐藏可用的面板。

3. 工具栏和弹出按钮

工具栏是一组可点击的图标。它提供了在下拉菜单中也会出现的命令的快速访问。某些工具栏(及其相关菜单)仅在工程过程的特定阶段出现,参见图 3-2。

弹出按钮是包含菜单按钮的图标。当工具栏上的图标包含向下箭头(也称为菜单按钮)时,该图标同时表示多个命令,参见图 3-2。

4. 管理面板

管理面板如图 3-3 所示,它包括以下选项卡:

(1)"模型管理器"选项卡 🔲:呈现当前加载到应用程序内存中的对象的层次结构。

(2)"基本体素"选项卡 🔲:控制特定对象的图形显示的属性,如图 3-4 所示。

图 3-3 "模型管理器"选项卡

"基本体素"选项卡中的部分选项说明如下:

- 边界框：控制缩放显示包容盒。
- 模型坐标轴：控制缩放显示模型坐标轴。
- 点：控制缩放显示点。
- 边：控制是否加亮显示边。
- 孔：控制是否加亮显示孔。
- 三角形：控制是否显示三角形。
- 背面：控制是否用不同颜色显示背面。
- 边界：控制缩放加亮显示边界。
- 非流行边：控制是否高亮显示封装对象上的非流行边。
- 细分点：控制打开或关闭细分点(显示为黑点)。
- 自动材质：控制是否显示由材质管理器配置的材质。
- 纹理颜色：控制是否显示原始扫描的颜色。
- 顶点颜色：控制切换顶点颜色的显示。

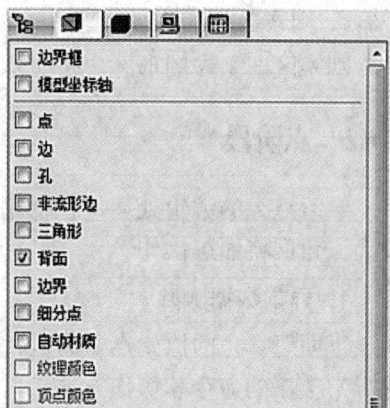

图 3-4　"基本体素"选项卡

(3) "材质"选项卡 ■：控制可视区域的属性。

(4) "显示"选项卡 🖱：控制叠加在物体上的色彩，主要是为了增强视觉效果。"显示"选项卡部分内容如图 3-5 所示。

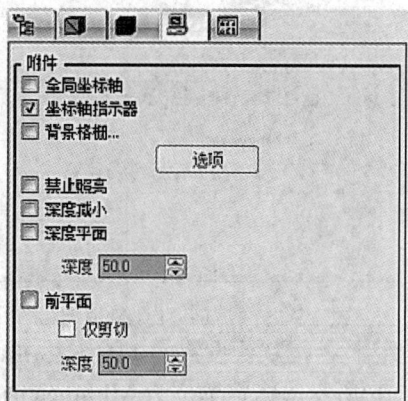

图 3-5　"显示"选项卡

"显示"选项卡中的部分选项说明如下：
- 全局坐标轴：指定是否将全局坐标系显示在观察区的对象上。
- 坐标轴指示器：把系统的坐标轴显示在观察区的右下角。
- 背景格栅：指定是否在对象后面显示网格，并控制网格的行为。
- 禁止照亮：指定是否禁用模拟光源，使"暗"对象没有可见轮廓。
- 深度减小：使得距离较远的模型特征看起来不像距离较近的模型特征那么明显。
- 深度平面：指定"深度平面"是否显示在观察区中。
- 前平面：用于修改对象的外观。只有位于平面一侧的对象部分在观察区中可见。

(5) 命令对话框 ▦：显示命令功能的对话框。不同的命令提供不同的控件和指示器。

5. 观察区

观察区即工作图形区，是显示活动对象的大型面板，参见图 3-1。

3.1.2　点阶段

学习点云的编辑处理，包括删除异常数据、降噪、数据精简、多视点云对齐拼合、转换为三角网格面等操作。

1. 异常数据删除

下面以章鱼的原始点云为例，介绍 Geomagic Studio 软件选择、删除异常数据的命令和操作方法。

删除杂点

(1) 单击工具栏上的"打开"命令 ，找到点文件 zhangyu.igs，单击"打开"按钮，如图 3-6 所示。

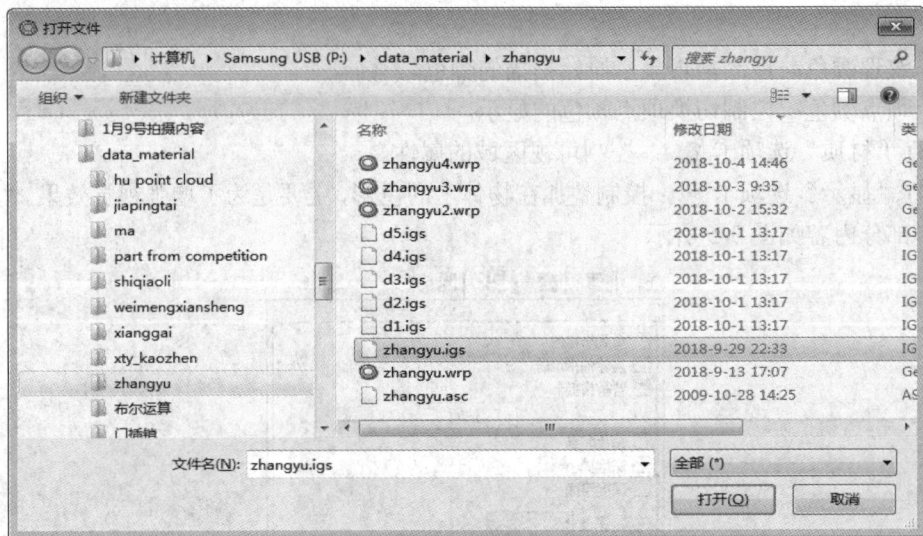

图 3-6　"打开文件"对话框

(2) 出现"文件选项"对话框，按默认设置，如图 3-7(a)所示。单击"确定"按钮，出现"单位"对话框，如图 3-7(b)所示。指定单位为 Millimeters(mm)，单击"确定"按钮，打开的 zhangyu.igs 文件如图 3-7(c)所示。

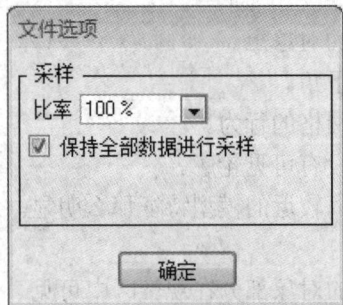

(a) "文件选项"对话框　　　　(b) "单位"对话框　　　　(c) 打开的 zhangyu.igs 文件

图 3-7　打开过程

(3) 现在点文件的颜色还是黑色，不利于观察。把鼠标的光标放在观察区，单击右键，弹出右键菜单，选择"着色"→"着色点"，如图 3-8(a)所示。显示结果如图 3-8(b)所示。

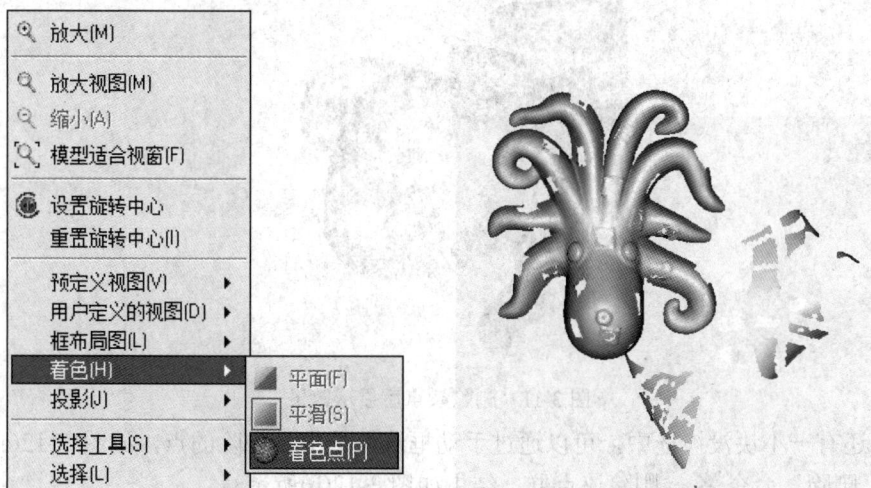

<table>
<tr><td>🔍 放大[M]</td></tr>
<tr><td>🔍 放大视图[M]</td></tr>
<tr><td>🔍 缩小[A]</td></tr>
<tr><td>🔍 模型适合视窗[F]</td></tr>
<tr><td>⚙ 设置旋转中心</td></tr>
<tr><td>重置旋转中心[I]</td></tr>
<tr><td>预定义视图[V]　▶</td></tr>
<tr><td>用户定义的视图[D]　▶</td></tr>
<tr><td>框布局图[L]　▶</td></tr>
<tr><td>着色[H]　▶</td></tr>
<tr><td>投影[J]　▶</td></tr>
<tr><td>选择工具[S]　▶</td></tr>
<tr><td>选择[L]　▶</td></tr>
</table>

平面[F]
平滑[S]
着色点[P]

(a) 着色点　　　　　　　　　　　　　　(b) 显示结果

图 3-8　右键快捷菜单

(4) 单击"选择非连接项"命令 ⁝⁝，打开"选择非连接项"对话框，如图 3-9 所示。

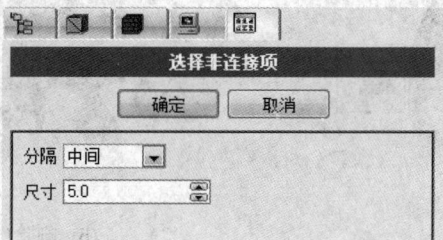

选择非连接项

确定　　取消

分隔 [中间 ▼]
尺寸 [5.0　⏶⏷]

图 3-9　"选择非连接项"对话框

(5) "分隔"下拉列表选择"低"，"尺寸"数值设为 5.0，如图 3-10(a)所示。显示结果如图 3-10(b)所示。

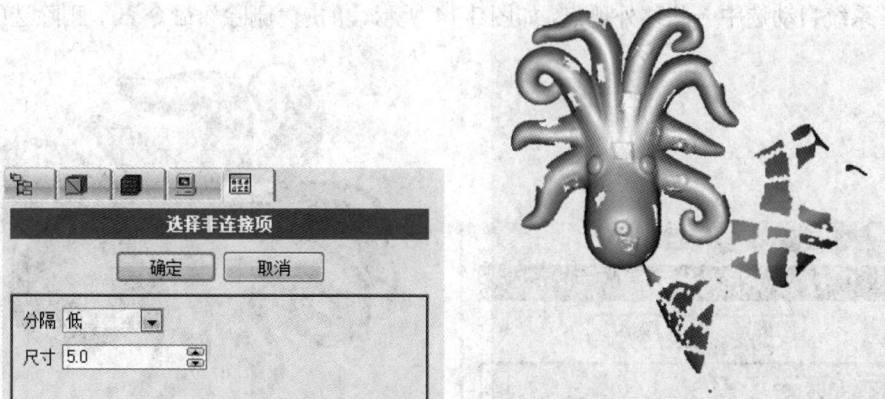

选择非连接项

确定　　取消

分隔 [低 ▼]
尺寸 [5.0　⏶⏷]

(a) "分隔"选择低　　　　　　　　　　　(b) 显示结果

图 3-10　"选择非连接项"命令参数选择

(6) 单击"确定"按钮，再单击"删除"命令 ✕，删除杂点，结果如图 3-11 所示。

图 3-11　删除杂点后显示效果

(7) 还有一小块没被选中，可以通过手动框选，选中要删除的点，如图 3-12(a)所示。再单击"删除"命令 ✕，删除该点群，结果如图 3-12(b)所示。

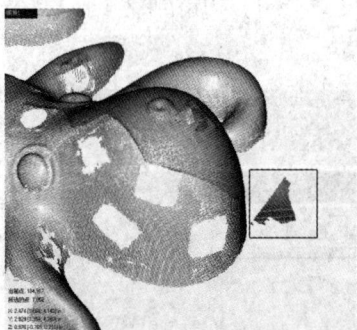　　　　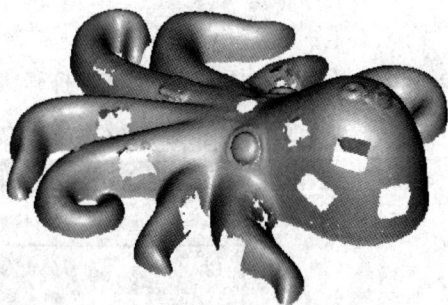

(a) 框选　　　　　　　　　　　　　　(b) 删除结果

图 3-12　框选图及删除结果

(8) 单击"选择体外孤点"命令 ⠿，自动转换到"选择体外孤点"对话框选项卡，"敏感性"值按默认设置，如图 3-13 所示，单击"确定"按钮。

(9) 系统自动选中一些体外孤点，如图 3-14 所示。单击"删除"命令 ✕，删除选中的点。

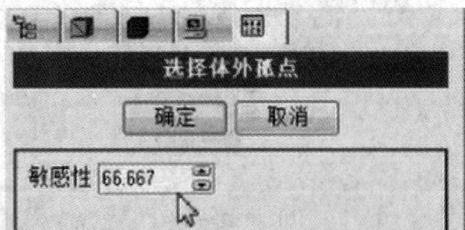　　　　　　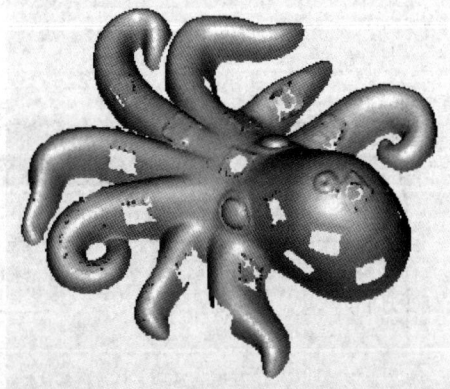

图 3-13　"选择体外孤点"对话框　　　　图 3-14　选中的体外孤点

(10) 单击"保存文件"命令 ![icon]，打开"另存为"对话框，如图 3-15 所示。输入要保存的文件名 zhangyu，保存类型为 wrp，选择保存的路径，再单击"保存"按钮。

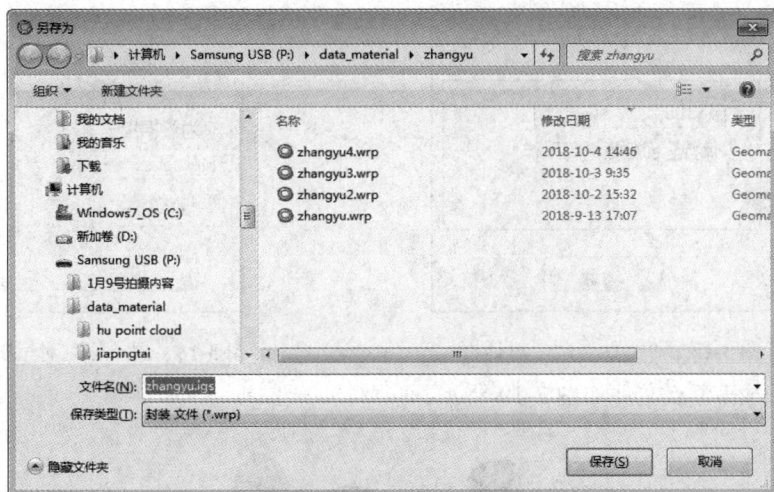

图 3-15　"另存为"对话框

总之，选择杂点可以通过三种方式，一是"选择非连接项"命令；二是"选择体外孤点"命令；三是手动选择。

2. 点云的拼接和合并

下面以三块不同视角的生肖虎首原始点云为例，介绍 Geomagic Studio 软件手动拼接命令、全局注册命令的操作方法及功能，以及把多块点云合并成一块点云的命令及操作方法。

生肖虎首扫描数据的拼接和合并操作如下：

点云拼接与合并

(1) 单击"打开"命令 ![icon]，找到生肖虎首的三块点云即 hu1.asc、hu2.asc 和 hu3.asc，一起选中，单击"打开"按钮，如图 3-16 所示。

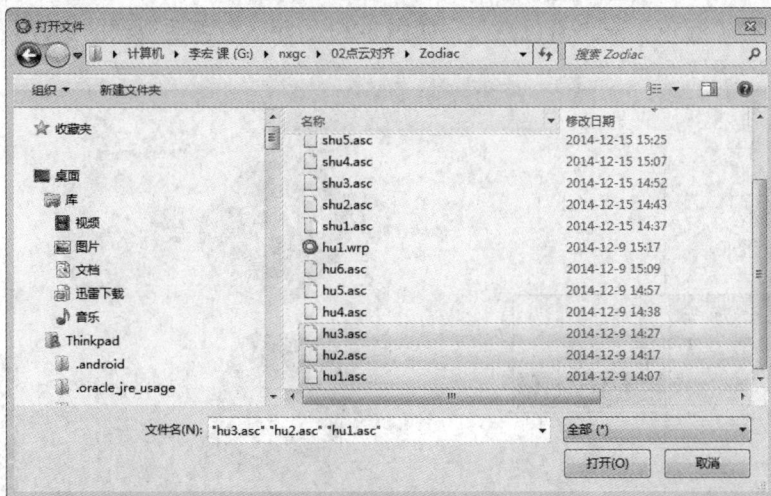

图 3-16　"打开"对话框

(2) 出现"文件选项"对话框，按默认设置，如图 3-17 所示。单击"确定"按钮，出现"单位"对话框，指定单位为 Millimeters(mm)，单击"确定"按钮，如图 3-18 所示。

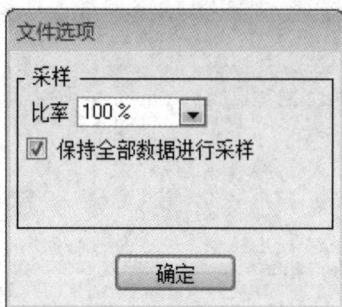

图 3-17　"文件选项"对话框　　　　　　　图 3-18　"单位"对话框

(3) 打开的三个点文件如图 3-19 所示。

图 3-19　打开的虎首点云

(4) 现在点文件的颜色还是黑色，不利于观察。将鼠标放在观察区，单击右键，弹出右键菜单，选择"着色"→"着色点"，如图 3-20 所示。着色后观察区点云显示结果如图 3-21 所示。

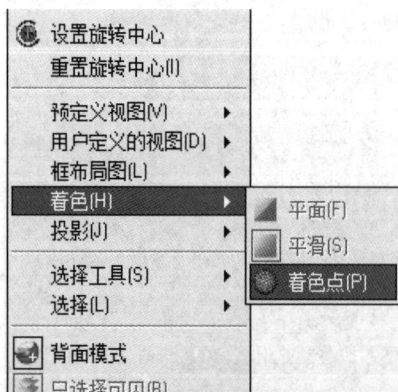

图 3-20　右键菜单中的着色点　　　　图 3-21　着色的虎首点云　　　　彩图

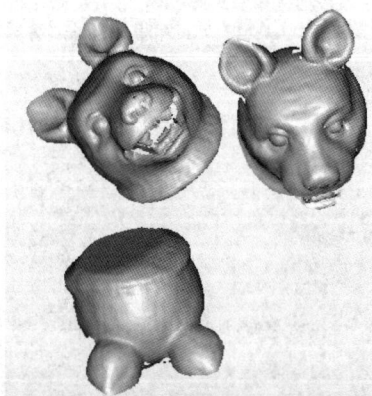

（5）在屏幕左边的"模型管理器"标签 下按住 Ctrl 键选择 hu1、hu2、hu3，高亮显示选中的三个点云数据，也可以按住组合键 Alt＋8 来全部选中，如图 3-22 所示。

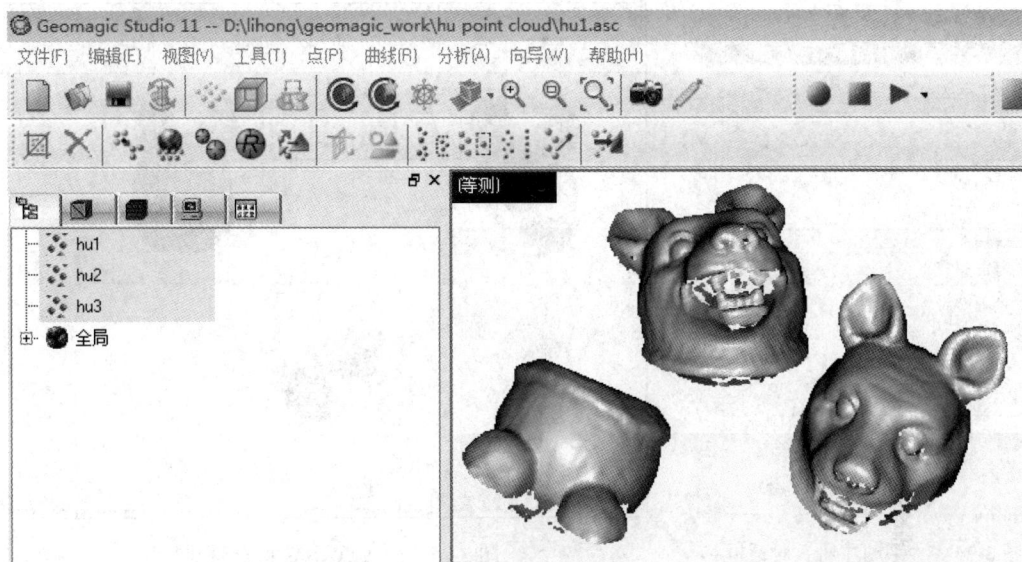

图 3-22　全选点云

（6）单击"手动注册"命令 ，打开"手动注册"对话框，如图 3-23 所示。

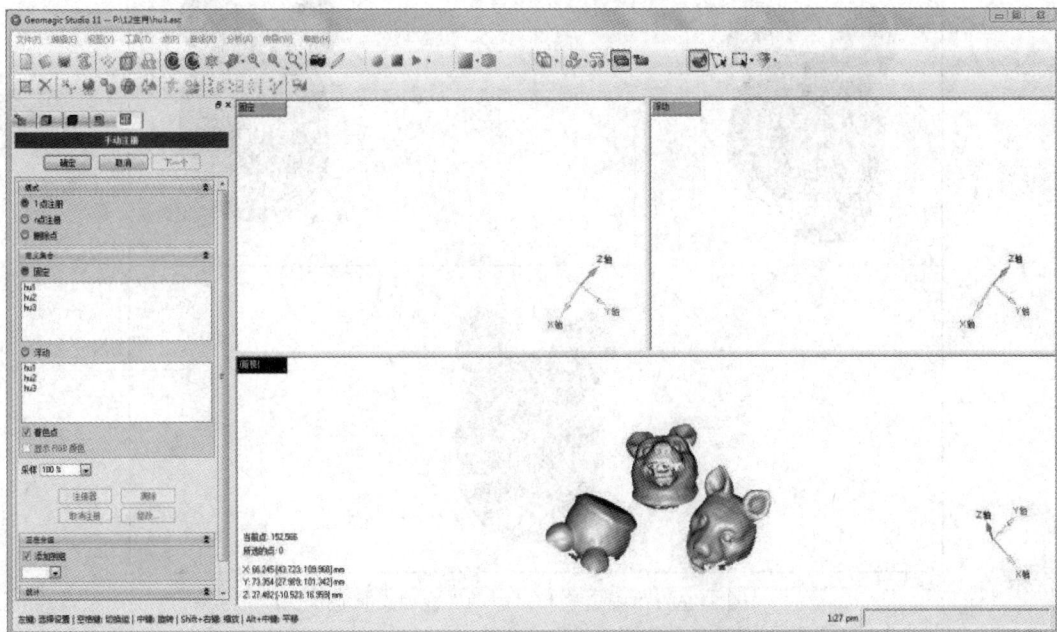

图 3-23　"手动注册"对话框

（7）在"模式"选项组选择"1 点注册"。在"定义集合"选项组中的"固定"列表框选择点云 hu1，"浮动"列表框选择点云 hu2，如图 3-24 所示。

⊠ **小技巧**：用"1 点注册"模式对齐的数据，首先需要粗略地将它们按同一方向放置，如图 3-25 所示。

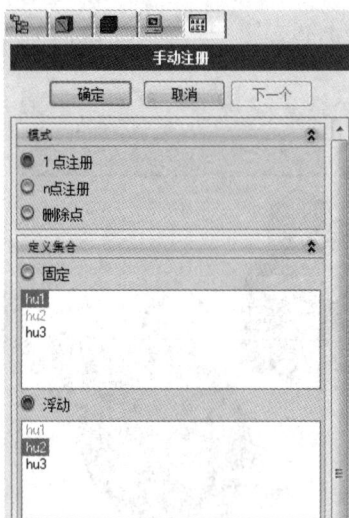

图 3-24　"手动注册"对话框　　　　图 3-25　两块点云放置方向相同

(8) 用鼠标左键在"固定"窗口取一点，如虎的鼻子尖，再用鼠标左键在"浮动"窗口也取虎的鼻子尖。取完之后，软件就自动对齐两部分点云，如图 3-26 所示。

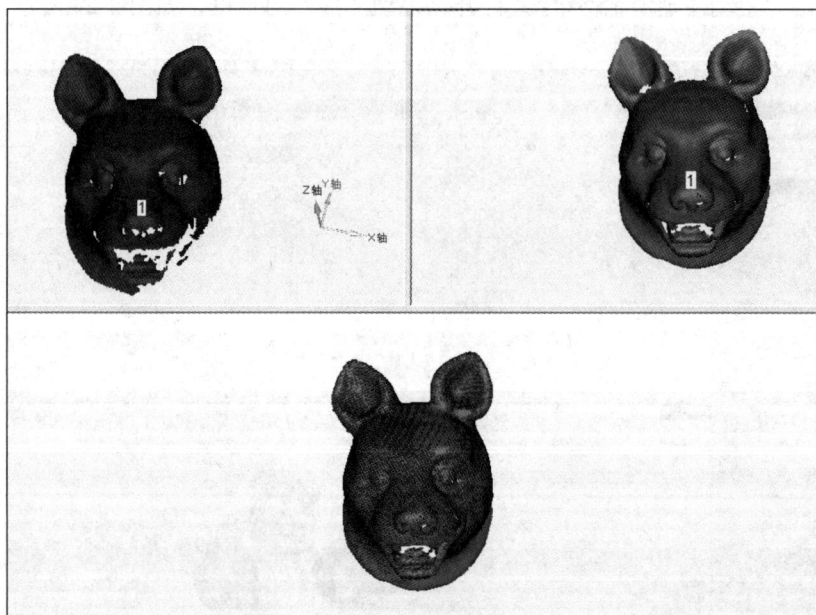

图 3-26　"固定"和"浮动"窗口选择点

(9) 单击"下一个"按钮，同理可以对齐其余部分的点云。为了学习"n 点注册"模式，在"模式"选项选择"n 点注册"模式。在"定义集合"选项中的"固定"区域选择"组 1"，在"浮动"区域选择"hu3"，如图 3-27 所示。

(10) 在"固定"窗口和"浮动"窗口分别用鼠标左键点取对应的三个公共点，例如：

分别取虎的两只耳朵尖和头顶上一点，这种模式不需要将它们按同一方向放置。选取完三点后，软件就自动对齐两部分点云，如图 3-28 所示。

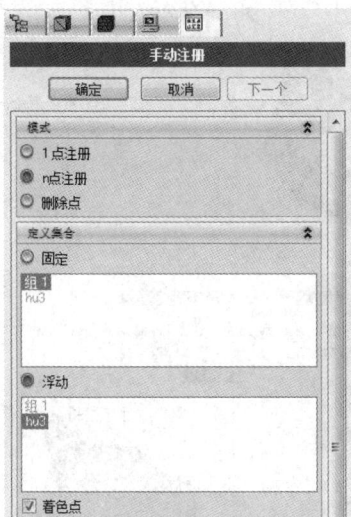

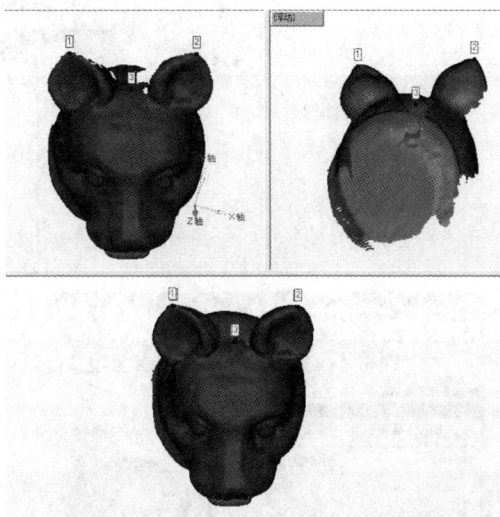

图 3-27　"n 点注册"　　　　图 3-28　"n 点注册"在"固定"和"浮动"窗口选择点

(11) 单击"确定"按钮，完成"手动注册"操作。

(12) 执行"全局注册"，让系统进行精确对齐。首先，至少要选择两块或两块以上点云，单击"全局注册"命令 ，打开"全局注册"对话框，如图 3-29 所示。

(13) 参数选择按默认，然后单击"应用"按钮，软件就自动进行精确对齐操作，如图 3-30 所示。如果转换到按钮 还可以进行误差分析，达到要求就单击"确定"按钮，否则可继续单击 the Registration icon 进行精确对齐。

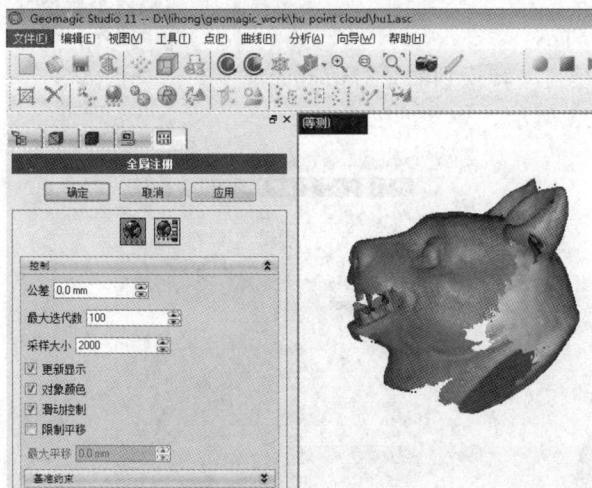

图 3-29　"全局注册"对话框　　　　图 3-30　全局注册结果

(14) 数据被合并成一个完整的模型。单击菜单栏中的"点"→"联合"→"联合点对象"，如图 3-31(a)所示。打开"联合点对象"窗口，如图 3-31(b)所示。单击"应用"按钮，再单击"确定"按钮，就把三块点云合并成一块，如图 3-31(c)所示。

(a)

(b)　　　　　　　　　　　　(c)

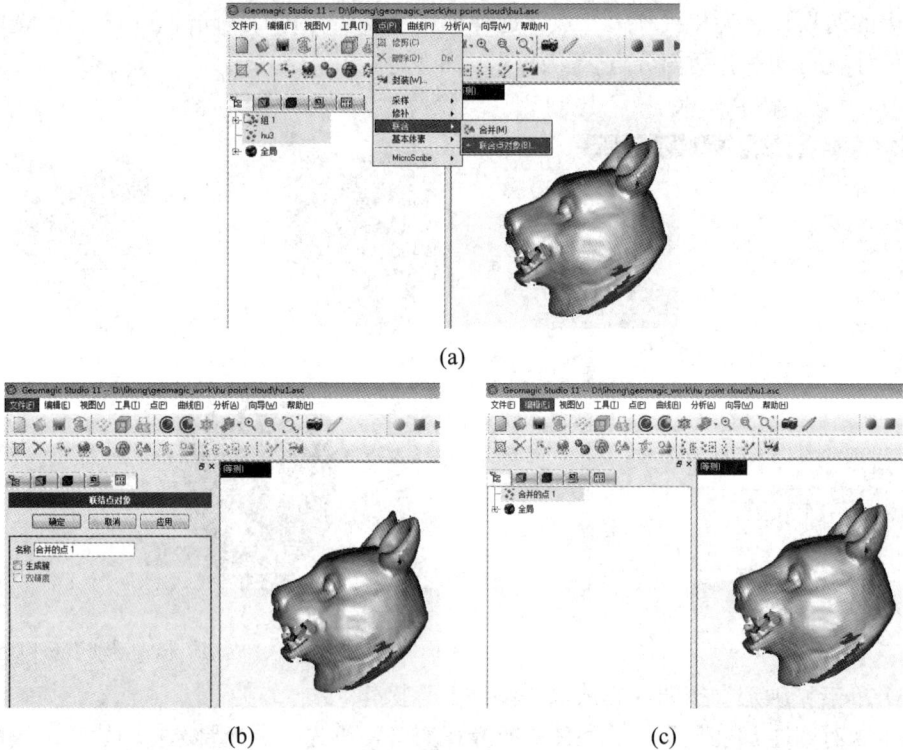

图 3-31　联合点对象

3. 点云降噪

下面以维纳斯原始点云为例，介绍 Geomagic Studio 软件对点云进行降噪的命令和操作方法。

(1) 打开 venus.igs 文件，如图 3-32 所示。

(2) 单击"减少噪音"命令 ，系统自动转换到命令对话框选项卡，显示"减少噪音"对话框，如图 3-33 所示。

点云降噪

图 3-32　维纳斯点云　　　　　　图 3-33　"减少噪音"对话框

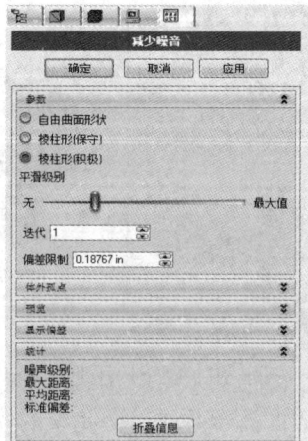

降噪命令有三种方式：自由曲面形状、棱柱形(保守)和棱柱形(积极)。这三种方式表示

降噪的程度不同，自由曲面形状最大，棱柱形(积极)次之，棱柱形(保守)最小。

· "平滑级别"表示滑块从"无"到"最大值"有五个级别，指定点检测的积极性。通常，采用可接受结果的最低设置。

· "迭代"表示降噪通过的次数。

· "偏差限制"表示降噪后，点移动的距离不超过设定值。

展开"体外孤点"选项窗口，降噪时会删除体外孤点。上卷收起选项窗口，该项目就不起作用了。

展开"显示偏差"选项窗口，单击"应用"后，显示降噪后偏差的颜色编码图形统计，如图3-34所示。

(3) 选择"棱柱形(积极)"，其余参数设置按默认，单击"应用"按钮，再单击"确定"按钮，降噪完成。

注意：经过降噪后，在点阶段看不出变化。但是，比较降噪前后创建的三角网格面(如图 3-35 所示)，就可以看出两者明显的区别，降噪后明显比降噪前要光顺很多。

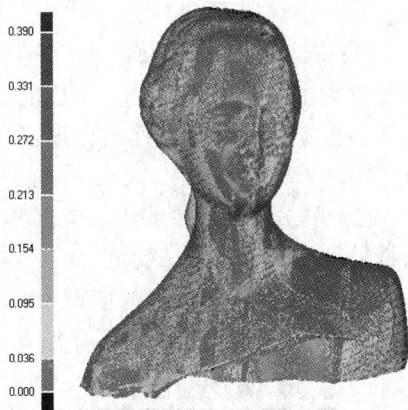

图 3-34　"显示偏差"颜色编码图形

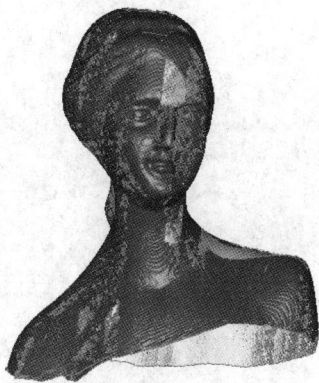

(a) 降噪前

(b) 降噪后

图 3-35　降噪前后比较

4. 点云数据精简

数据精简是一个很重要的点云处理步骤，数据精简的目的是简化点云从而达到减少点云的点数，有利于后续处理。当然，点云数据精简是点云点数目和细节程度的均衡过程。点云点数目越多，越有利于表达细致的细节，但同时处理过程需要花费更多的计算资源；点云点数目太少，又会导致细节丢失，所以点云精简的百分比要根据实际需要来确定。数据精简有以下四种方法：

点云数据精简

(1) 等距采样：相当于把点云空间分成间距为输入值的一个一个立方体网格，在立方体网格里只保留一个点，保留最接近立方体中心的那个点，其他的点都删除。

(2) 随机抽样：通过随机减少一定数目的点来达到取样的目的。

(3) 按曲率抽样：根据曲率的大小来决定样点的多少，曲率越大的地方保留的样点越多。

(4) 统一抽样：相当于是等距采样与按曲率抽样的组合。

下面继续以上一节的章鱼点云文件为例，介绍 Geomagic Studio 软件点云数据精简的四种方法的区别。

操作步骤如下：

(1) 进行点云精简操作前，先要看一下左下角显示的当前点云数目，根据经验估计点云是否太多。该零件是一个小孩的玩具，像手掌一样大小，有 18 万个点，有点多，点云太多会拖累系统，使软件运行速度变慢，一般如此大小的东西，保留 10 万个点左右就可以了。

(2) 单击工具栏中的"统一采样"命令 🔧，打开"统一采样"对话框，如图 3-36 所示。数据精简最常用的方法就是"统一采样"命令。

(3) "间距"输入栏的值设为 0.8，把"曲率优先"滑动条滑到最大，单击"应用"按钮，如图 3-37 所示。观察采样结果，可见曲率大的地方保留了更多的点。

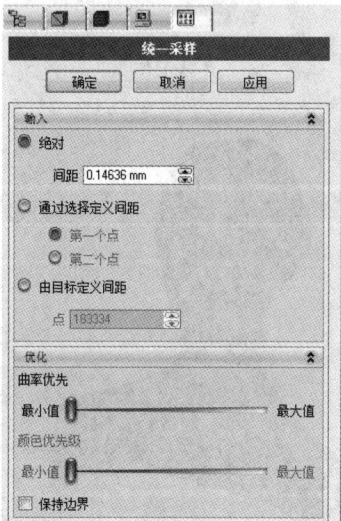

图 3-36　"统一采样"对话框

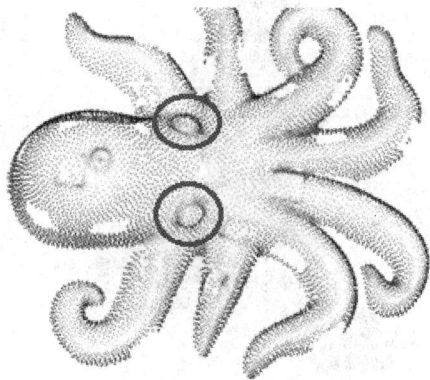

图 3-37　"曲率优先"设置最大效果

"间距"输入栏输入的值是表示平坦区域的点云采样后点的间距，在"曲率优先"设置区，设置曲率大的区域保留点云的程度，滑动条滑动越小保留的点越少，滑动条滑动越大，保留的点越多。

(4) 把"曲率优先"滑动条滑到最小，单击"应用"按钮。采样结果显示，曲率大的地方保留的点云就少，点云基本上呈均匀分布，如图 3-38 所示。

(5) 单击"取消"按钮，取消"统一采样"命令。

(6) 单击菜单栏中的"点"→"采样"→"曲率采样"命令 ✎，打开"曲率采样"对话框，如图

图 3-38　曲率优先设置最小效果

3-39 所示。

(7) 在百分比输入框内输入 30，单击"应用"按钮，可见弯曲的地方点云比较密，平坦的地方点云比较疏，如图 3-40 所示。曲率采样的规则是弯曲的地方保留的点云多，平坦的地方保留的点云少。在百分比输入框内输入数字 30，表示保留 30% 的点云，删除 70% 的点云。

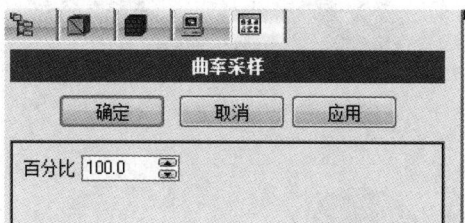

图 3-39　"曲率采样"对话框

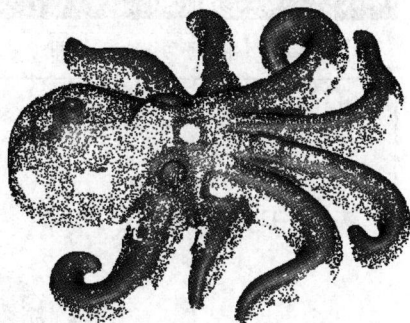

图 3-40　"曲率采样"效果

(8) 单击"取消"按钮，取消"曲率采样"命令。

(9) 单击菜单栏中的"点"→"采样"→"等距采样"命令，打开"等距采样"命令对话框，如图 3-41 所示。等距采样是相当于把点云空间分成间距为输入值的一个一个立方体网格，在立方体网格内保留一个点，保留最接近立方体中心的那个点，其他的点都删除。这种方式精简点云后，相邻点云之间的距离基本相等，点云的密度也基本均匀，并且与统一采样法、曲率优先设置为最小时得出的结果相类似。

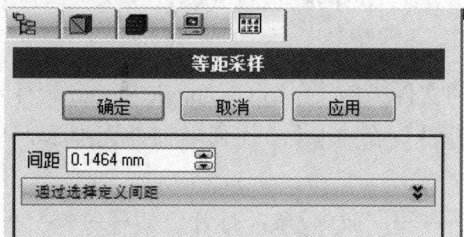

图 3-41　"等距采样"对话框

(10) 单击"取消"按钮，取消"等距采样"命令。

(11) 单击菜单栏中的"点"→"采样"→"随机采样"命令，打开"随机采样"命令对话框，如图 3-42 所示。

随机采样就是点云按随机抽样的方法删除，每一个点抽到的概率是一样的。这样，精简的结果就是点云密度大的地方仍然比较大，密度小的地方还是小，点云之间的间距不均匀。后续构成三角网格面的效果不太好，这种方法最不常用。百分比输入框内的输入值表示保留的点云百分比。

(12) 在百分比输入框内输入 60，单击"应用"按钮，观察结果，如图 3-43 所示。

(13) 单击"取消"按钮，取消"随机采样"命令。

(14) 对该零件用"统一采样"命令精简点云，单击工具栏中的"统一采样"命令 ⚡，"距离"输入栏值按默认设置，"曲率优先"滑动条拉到最小，单击"应用"按钮，观察当前的点云数目变为 12 万个左右，再单击"确定"按钮，点云精简完成。结果如图 3-44 所示。

图 3-42　"随机采样"对话框

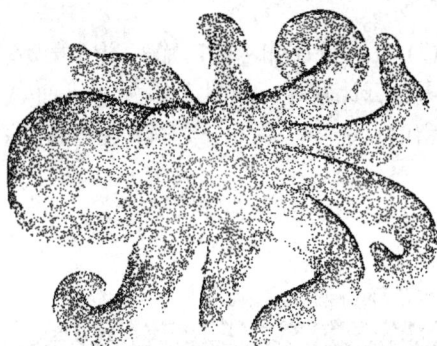

图 3-43　"随机采样"效果

图 3-44　"统一采样"效果

点云封装

5. 点云封装

下面以电钻外壳点云的文件为例，介绍 Geomagic Studio 软件点云封装命令及操作方法。

(1) 单击工具栏的"打开"命令 ，找到电钻外壳点云，单击"打开"按钮，如图 3-45 所示。

(2) 单击工具栏中的"封装"命令 ，打开"计算封装"对话框，如图 3-46 所示。

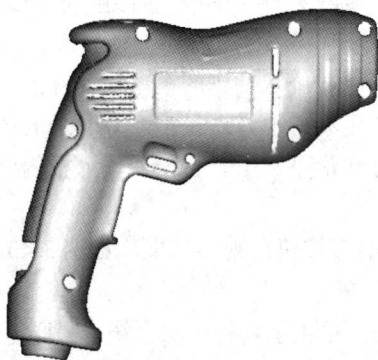

图 3-45　电钻点云

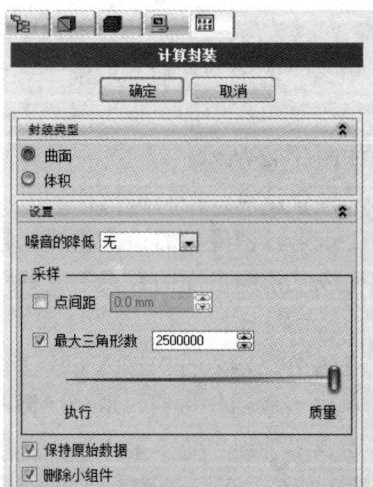

图 3-46　"计算封装"对话框

"封装"命令有两种类型：曲面封装和体积封装。如果"封装"命令对话框中没有显示"体积"封装，则单击菜单栏中的"工具"→"选项"→"封装"，取消勾选"隐藏封装类型选项"。单击"确定"按钮，关闭"选项"对话框。再单击"封装"命令，此时在"封装"命令对话框中即可见"体积"封装。

一般我们常用"曲面"封装，"体积"封装用得很少，只有在点云稀少，或者曲面封装效果不好的情况下试用"体积"封装。"体积"封装也可以用在对象有关键的曲线和角度，用"曲率采样"方式精简的点云，或者模型包含内部曲面的点云。

(3)"噪音的降低"选择"无"，表示在封装时是否执行降噪操作。不勾选"点间距"前的复选框，如果勾选点间距前的复选框，那么在执行"封装"命令时，则先执行"等距采样"操作。勾选"保持原始数据"前的复选框，表示封装后，保留原始点云。勾选"删除小组件"前的复选框，表示执行"封装"前，先执行"删除小组件"操作。

(4)其余按默认设置，单击"应用"按钮，执行封装操作，构成三角网格面，最后单击"确定"按钮，进入三角网格面阶段，如图 3-47 所示。

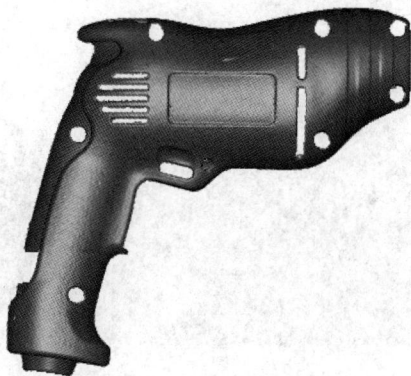

图 3-47　"降噪"后效果

3.1.3　三角网格面阶段

点云被三角网格化后，即可使用三角网格阶段的编辑功能，对网格面进行修补。编辑处理功能主要有去特征命令，填充孔命令，零件摆正处理，降噪、松弛和砂纸命令，布尔运算命令，删除钉状物命令，网格医生命令，创建流形命名，简化和细化命令等。

1. 去除特征命令

下面继续以上一节的章鱼点云文件为例，介绍 Geomagic Studio 软件中去除特征的命令及操作方法。

(1)上一节的章鱼点云已经封装成三角网格面，如图 3-48 所示。观察发现，章鱼表面有很多的缺陷，有些是因为标记点粘贴引起的，有些是扫描过程中外部干扰产生的。

(2)先选择一块凸起的区域，如图 3-49 所示。

去除特征

图 3-48 章鱼点云

图 3-49 框选的区域

(3) 选中一块后，在工具栏中的"去除特征"命令 就被激活，单击"去除特征"命令 ，该区域就会被删除，并按照周围的曲面，以曲率连续的方式填充。因此区域不能选择太大，如果选择太大，选择的区域边界曲率就与该区域不相关了，就会产生变形。按组合键 Ctrl + C 取消选择，如图 3-50 所示。

图 3-50 "去除特征"后效果

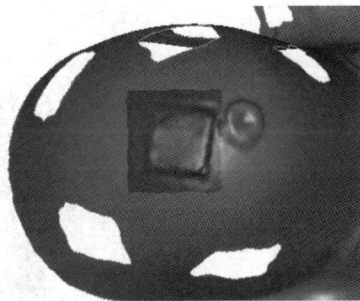

图 3-51 框选的区域

(4) 再选择一块凸起的区域，如图 3-51 所示。

(5) 单击"去除特征"命令 ，结果如图 3-52(a)所示。按组合键 Ctrl + C 取消选择，如图 3-52(b)所示。此命令对一些有缺陷部位的修补非常有用。

(a)

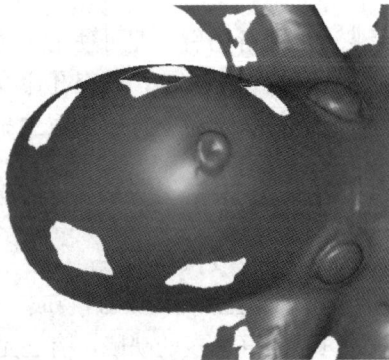

(b)

图 3-52 "去除特征"后效果

(6) 去除特征命令也可用于补孔。框选孔周围的曲面，单击"去除特征"命令 ，孔就会补起来，如图 3-53 所示。

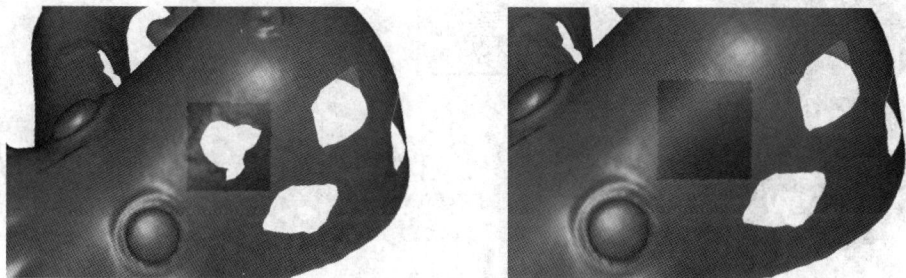

图 3-53　"去除特征"补孔

总之，通过去除特征命令可以修补变形较大的缺陷表面。

2. 填充孔命令

下面继续以上一节的章鱼点云文件为例，介绍 Geomagic Studio 软件中填充孔的命令及操作方法。

填充孔

(1) 单击"填充孔"命令，打开"填充孔"对话框，如图 3-54 所示。填充孔填充类型有曲率、切线和平面三种。曲率填充就是将孔周围曲面以曲率连续的方式填充孔，切线就是将孔周围曲面以相切连续的方式填充孔，平面就是以平面的方式填充孔。

图 3-54　"填充孔"对话框

(2) 选择曲率类型，用鼠标单击孔的边缘，孔就会自动补起来，如图 3-55 所示。

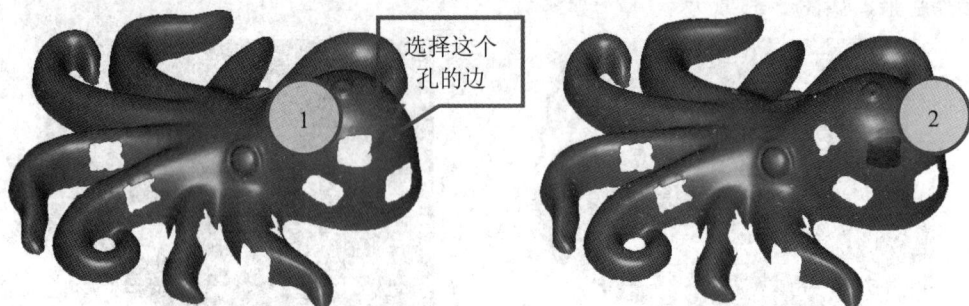

图 3-55　补孔操作

曲率、切线和平面三种类型补孔效果的区别如图 3-56 所示。

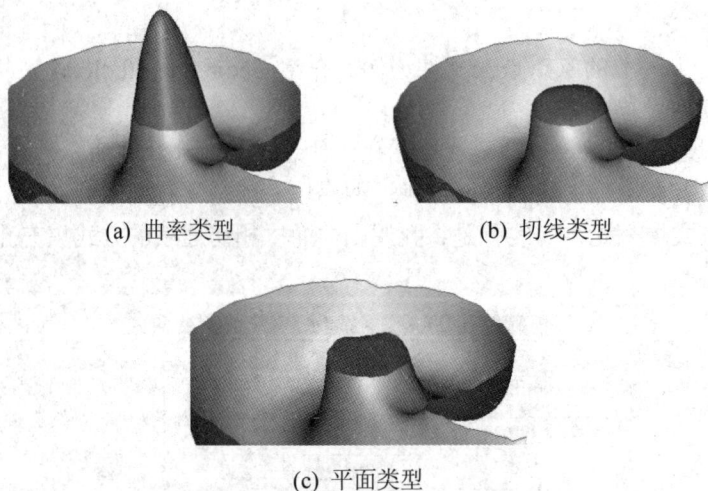

(a) 曲率类型　　　　　　　　　　(b) 切线类型

(c) 平面类型

图 3-56　补孔方式比较

(3) 单击"取消选择最大项"按钮一次，就取消了最大的孔，最大的孔就是边界这个孔，此时边界颜色变为绿色。单击"全部填充"按钮，就把除边界这个孔外，内部其他的孔全部补起来。

(4) 按组合键 Ctrl + Z 一次，取消上一步补孔操作。

⊠　**小技巧**：Ctrl + Z 几次，就会后退回几步操作。

(5) 从"查看点"选项组中可见，一共有 11 个孔，单击按钮 ⟩ ，可以依次查找这 11 个孔，如图 3-57 所示。

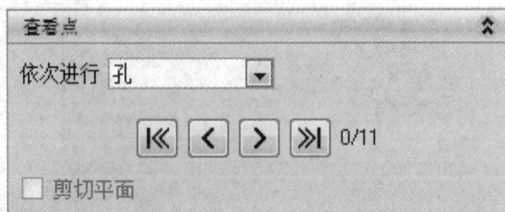

图 3-57　"查看点"选项组

（6）在填充方法选项组，单击"填充部分的"按钮▇，可以填充边界的缺口。单击缺口的一个点①，再单击缺口的另一个点②，最后单击缺口的边③，缺口就补好了，如图 3-58 所示。

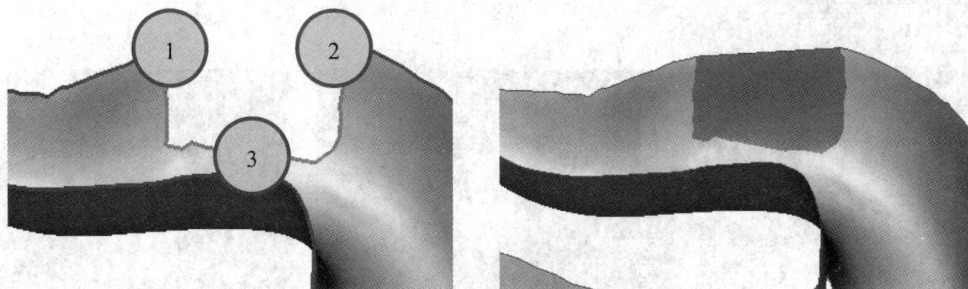

图 3-58　"填充部分的"操作

（7）在填充方法选项组，单击"生成桥"按钮▇，就转换为搭桥。先选一条边，再选另一条边，就自动形成一座桥，如图 3-59 所示。

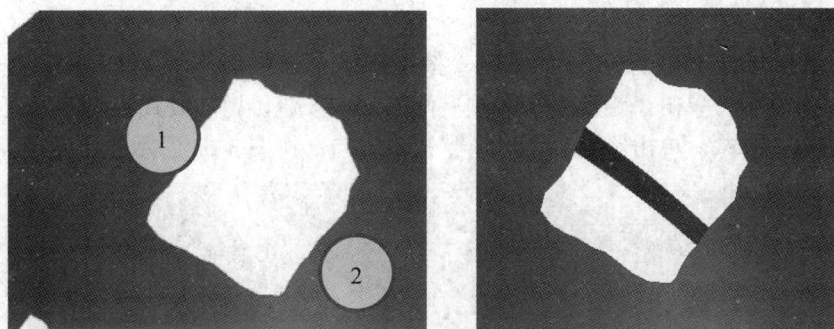

图 3-59　"生成桥"操作

（8）在填充方法选项组，单击"清理"按钮▇，就转换为清理方式，在这里可以删除三角面。选中一块区域，单击"删除所选的"按钮，就删除了选中的三角网格面，如图 3-60 所示。

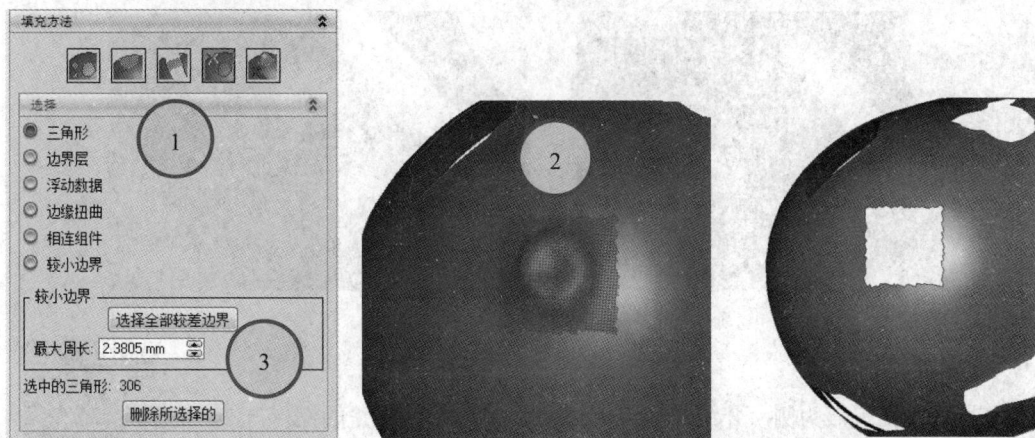

图 3-60　"清理"三角面操作

还可以选中边界层，单击边界就选中边界区域，再次单击会增加选中的区域，单击"删除所选的"按钮，就删除了选中的区域，如图 3-61 所示。

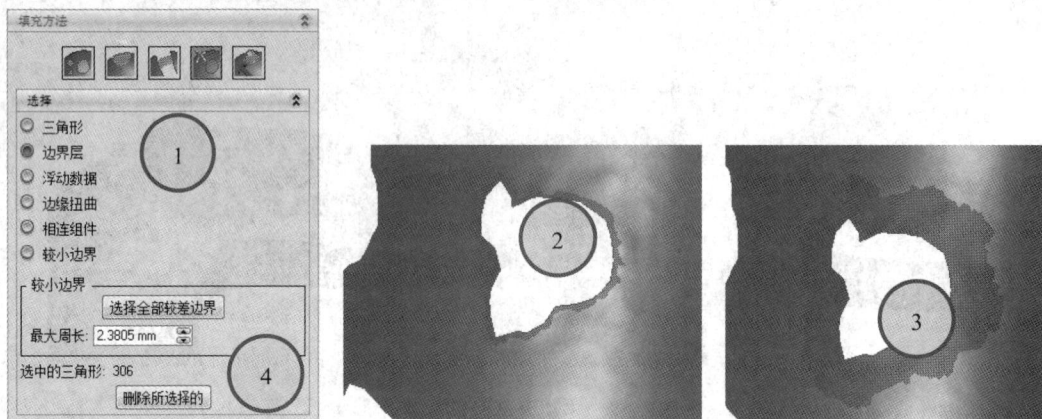

图 3-61 "清理"边界层操作

还可以选中浮动数据、边缘扭曲、相连组件、较小边界等区域，再单击"删除所选的"按钮将它删除。

(9) 在填充方法选项组，单击"移动"按钮，就转换为移动方式。在填充的面上单击，出现一个箭头，单击"距离"文本框右侧的微调按钮，增加设置距离，就使填充的面沿着箭头方向鼓起来。单击箭头，可以调整箭头方向，按图 3-62 所示标号顺序操作。

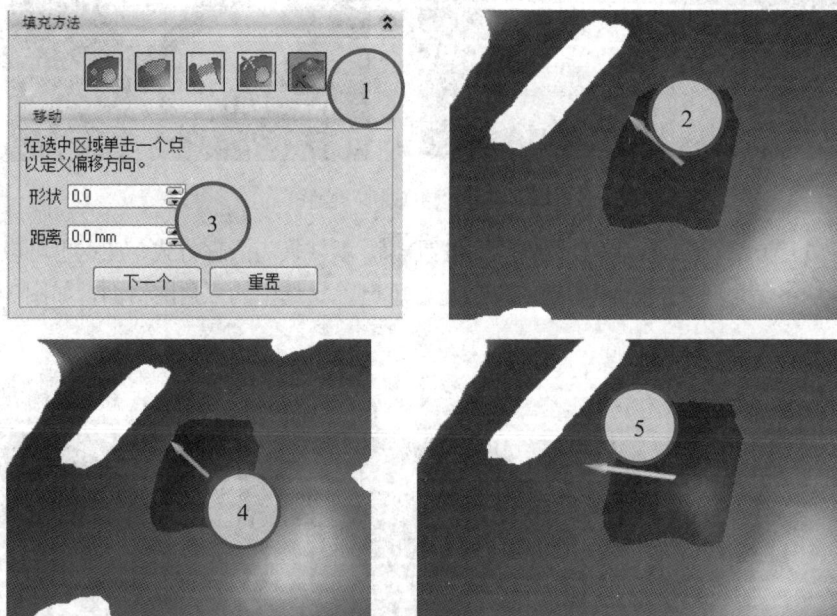

图 3-62 "移动"三角面操作

3. 零件摆正处理

下面以清洁剂瓶为例，介绍 Geomagic Studio 软件零件摆正的操作方法。

(1) 单击"打开"命令，打开 weimengxiansheng1.wrp 文件，如图

零件的摆正

3-63 所示。

(2) 单击"等测视图"图标 ⬚▪右边的下拉箭头,选择"俯视图"图标 ⬚,观察零件摆放状态是否与系统坐标系平行或垂直。如图 3-64 所示为俯视图方向,零件显然没有摆正。

图 3-63　清洁剂瓶点云　　　　　　图 3-64　"俯视图"方向

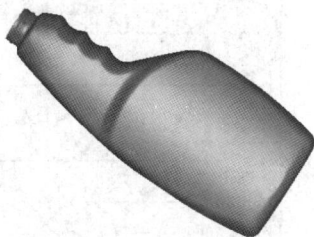

(3) 创建基准平面。单击菜单栏中的"工具"→"基准"→"创建基准"(如图 3-65 所示),打开如图 3-66 所示的"创建基准"对话框。

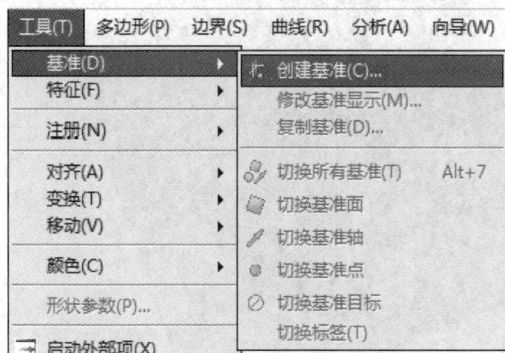

图 3-65　创建基准　　　　　　　　图 3-66　"创建基准"对话框

(4) 在"创建基准"对话框中,"基准类型"选项组选择"平面" ⬚,"平面方法"选项组选择"最佳拟合" ⬚,"类型"选项组选择"对称" ⬚,"对齐平面"下拉列表选择"直线"。工作图形区把零件按图 3-67 所示放置,再用鼠标左键沿着大致的对称面拉一条直线,告诉软件对称面的大致位置。按图 3-67 所示标号顺序进行操作。

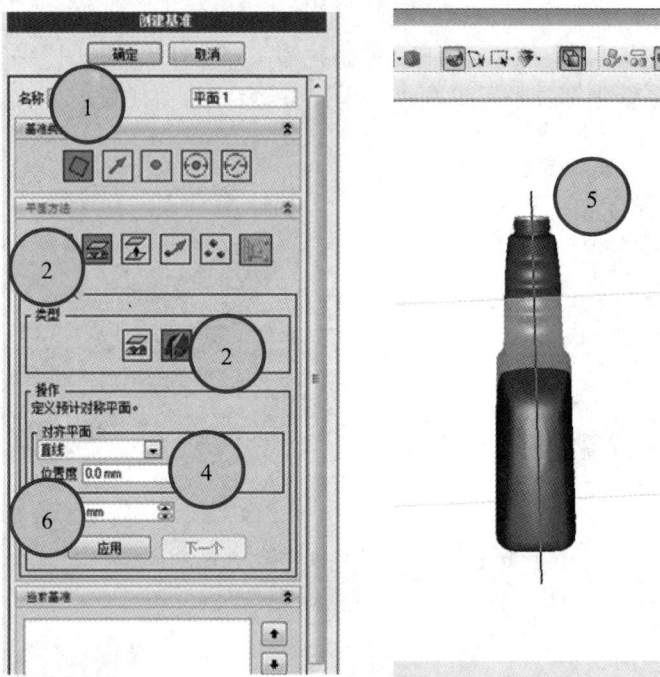

图 3-67　创建对称平面操作

(5) 单击"应用"按钮，软件会自动精确地计算出零件的对称面，如图 3-68 所示。

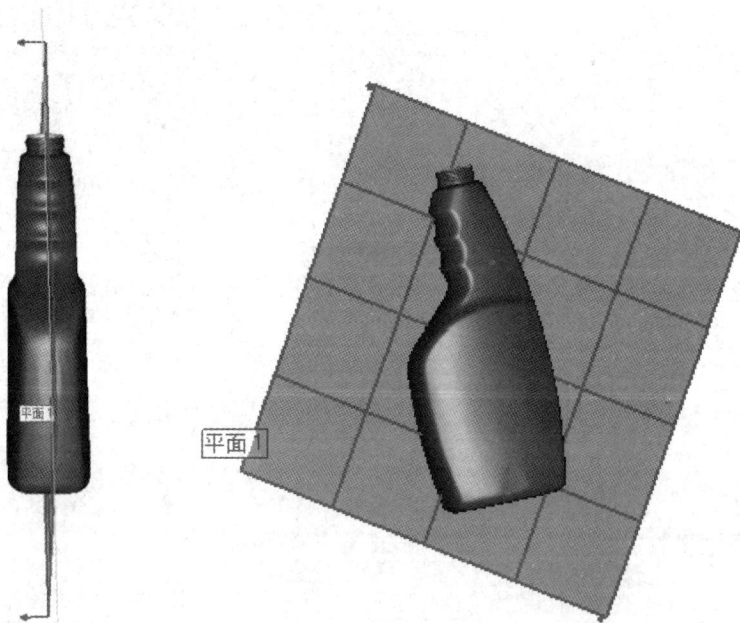

图 3-68　对称面创建结果显示

(6) 单击"下一个"按钮，在"当前基准"选项组中就会记录下这个基准平面，命名为"平面 1"，如图 3-69 所示。

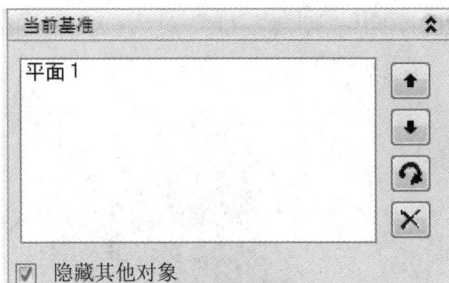

图 3-69　"当前基准"选项组

(7) 在"平面方法"选项组选择"三个点" ，工作图形区在零件底部单击 1、2、3 三个点。按图 3-70 所示标号顺序进行操作。

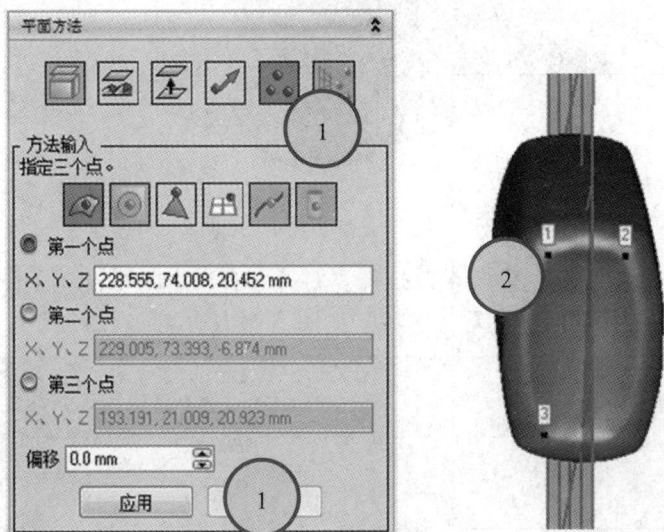

图 3-70　三个点创建平面

(8) 单击"应用"按钮，创建了"基准平面 2"，如图 3-71 所示。单击"下一个"按钮，在"当前基准"选项组中就会记录下此基准平面，命名为"平面 2"，如图 3-72 所示。

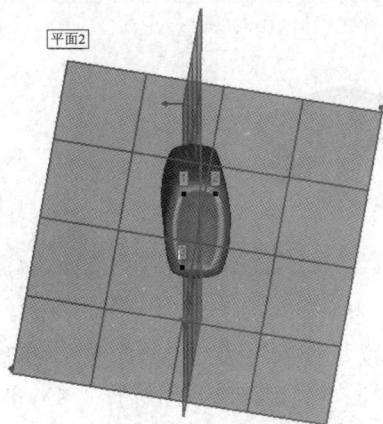

图 3-71　创建结果

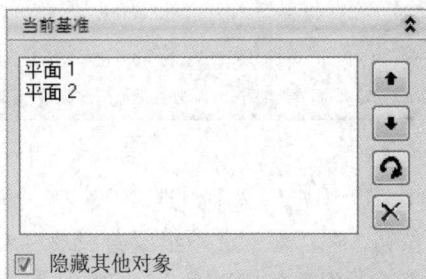

图 3-72　"当前基准"选项组记录

(9) 单击"确定"按钮,退出"创建基准"对话框。创建的两个基准平面如图 3-73 所示。

图 3-73　创建的基准平面 1、平面 2

(10) 单击"对齐到全局"按钮 🔧,打开"对齐到全局"对话框。工作图形区分成三块区域,即固定区域、浮动区域和对齐区域,如图 3-74 所示。

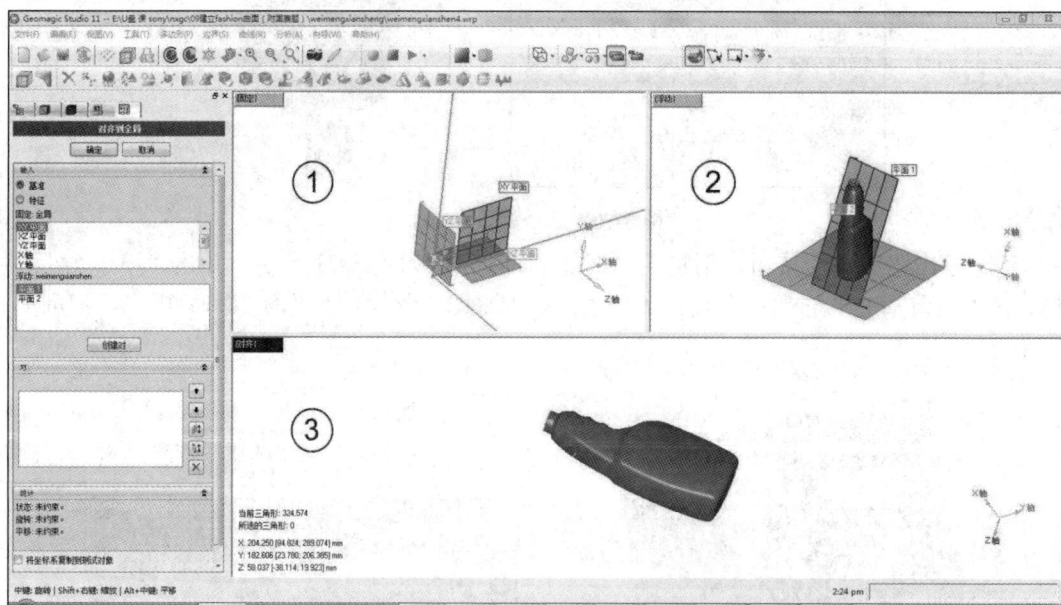

图 3-74　"对齐到全局"对话框

(11) 在"固定"选项组选择"XZ 平面","浮动"选项组选择"平面 1",单击"创建对"按钮,在"对"选项组就会记录这一对。继续在"固定"选项组选择"XY 平面","浮动"选项组选择"平面 2",单击"创建对"按钮,在"对"选项组就会增加这一对,如图 3-75 所示。在这两步操作过程中,工作图形区会随着变化。

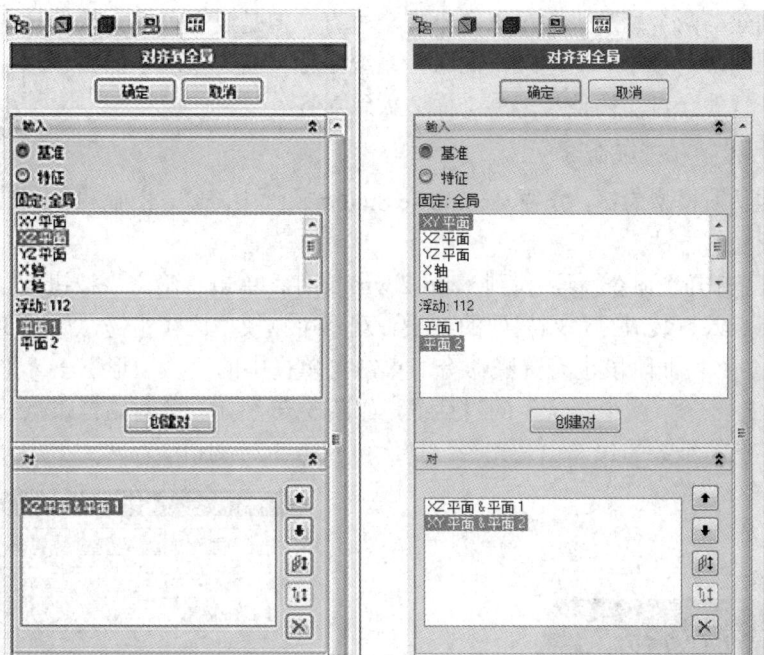

图 3-75   "对齐到全局"操作

(12) 单击"确定"按钮，结束"对齐到全局"的操作。单击"俯视图"图标 右边的下拉箭头，选择"左视图"图标，如图 3-76 所示。此时零件的摆放状态已经与系统坐标平面平行或垂直。

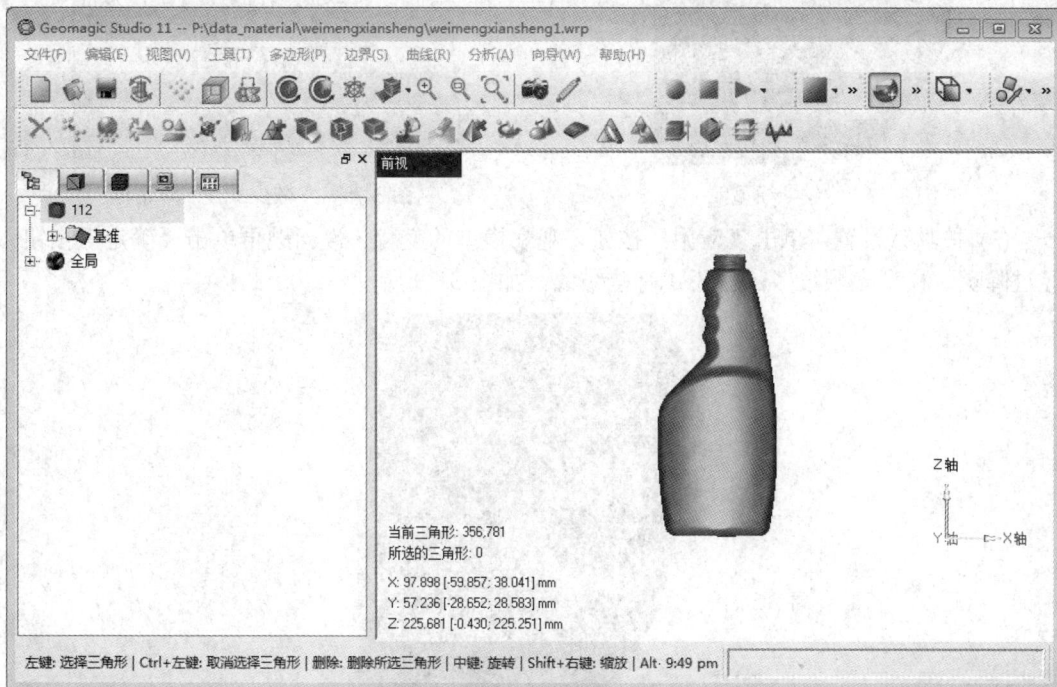

图 3-76   左视图方向

提示：创建的两个基准平面虽然并不完全垂直，但是没有关系。软件对齐基准平面 1 时是完全匹配的，对齐第二个基准平面时，系统坐标平面与基准平面并非完全匹配，软件会自动调整与基准平面 2 大致对齐。

4. 降噪、松弛和砂纸命令

这节以维纳斯模型为例，介绍 Geomagic Studio 软件中降噪、松弛和砂纸的命令及操作方法。

降噪松弛砂纸

(1) 单击"打开"命令 📂，找到 venus2.wrp 文件，单击"确定"按钮，打开文件。这是一个维纳斯点云封装成三角网格面的结果。观察可见模型比较粗糙，如图 3-77 所示。

(2) 在三角网格面阶段也有降噪命令。单击菜单栏中的"多边形"→"平滑"→"减少噪音"，就打开了"减少噪音"的对话框，如图 3-78 所示。此对话框跟点云阶段的降噪对话框是一样的，参数的含义也是完全一样，可参考 3.2.3 小节。

图 3-77　维纳斯模型

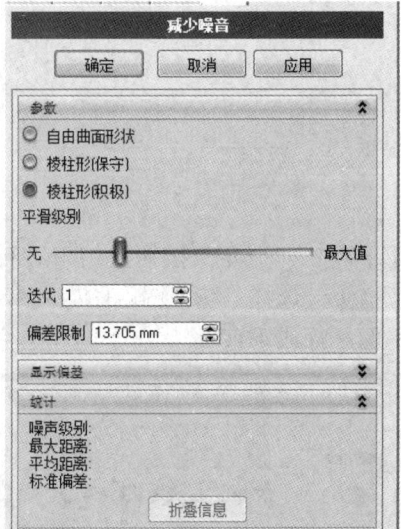

图 3-78　"减少噪音"对话框

(3) 按默认设置，单击"应用"按钮，观察模型的变化，没问题再单击"确定"按钮。经过降噪，模型光顺很多，但还是有些皱纹，如图 3-79 所示。

图 3-79　降噪后的维纳斯网格面

(4) 单击工具栏中的"松弛"命令 ，打开"松弛多边形"对话框，如图 3-80 所示。松弛命令用于调整所选三角形之间的皱纹角度，如果没有选择，则调整所有三角形之间的皱纹角度，使网格变得更平坦。"参数"选项组中的"平滑级别"类似于平滑黏土模型时的刮平次数。"强度"类似于平滑黏土模型时施加的压力。强度越大，施加的压力越大。"曲率优先"是滑动条拉动的值越大，曲率就越大，曲率大的地方比曲率小的地方松弛作用就越显著。

(5) "强度"滑动条拉到中间位置，单击"应用"按钮，再单击"确定"按钮，结果如图 3-81 所示。此时模型的平滑性又改善了很多。

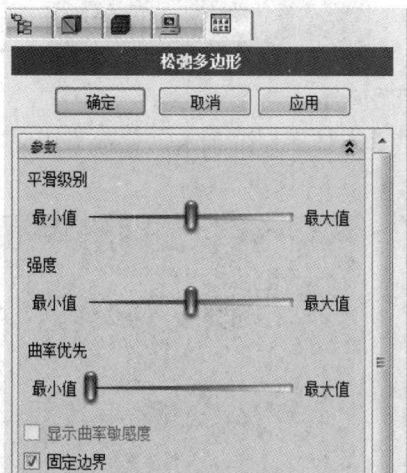

图 3-80　"松弛多边形"对话框　　　图 3-81　"强度"滑动条拉到中间位置松弛结果

(6) 在个别地方还有些皱纹，可以用"砂纸"命令 来清除。单击工具栏中的"砂纸"命令图标，打开"砂纸"对话框，如图 3-82 所示。"操作"选项组中的"松弛"和"清除"的区别是：选择"松弛"单选框，在处理模型时，三角网格面数目不会减少，只影响松弛区域的三角网格面。选择"清除"单选框，在处理模型时，三角网格面数目会减少。这种处理模型的方式是删除现有的三角形，并在受影响的区域构建一个更干净、更平坦的多边形网格。

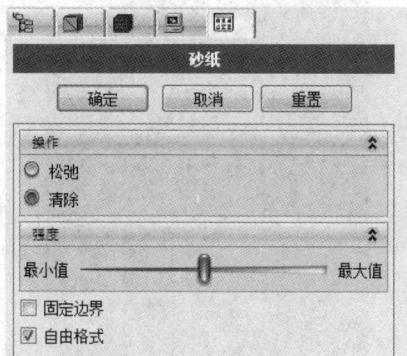

图 3-82　"砂纸"对话框

(7) 按住鼠标左键在如图 3-83 所示框选的区域进行拖动，模拟砂纸打磨这些地方，这些地方就会变得光顺起来。

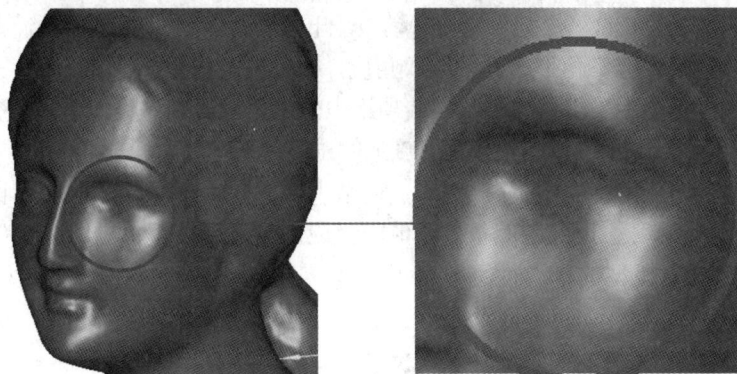

图 3-83　打磨后的面

(8) 为了从细节观察网格面的变化，单击"基本体素"选项卡，勾选"边"，然后放大模型，可见有一些夹角很小的三角网格面，如图 3-84 所示。

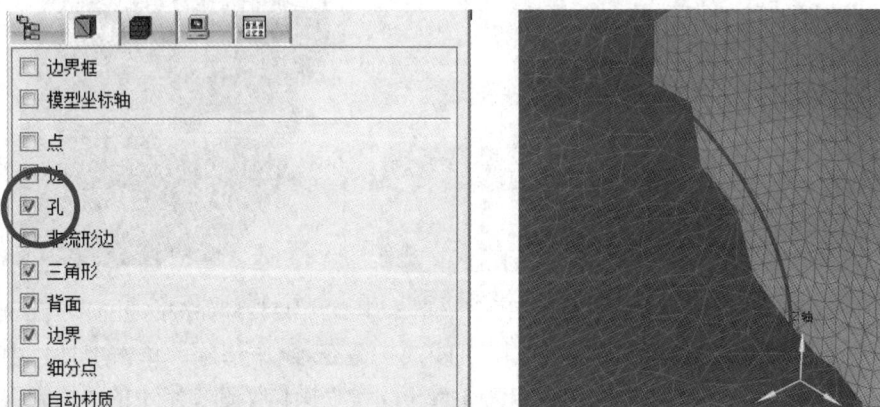

图 3-84　夹角很小的三角网格面

(9) 模拟打磨图 3-84 所示框选的区域，这些地方的网格就会发生变化，狭长三角面变成接近正三角形。这样就改善了网格的质量，如图 3-85 所示。

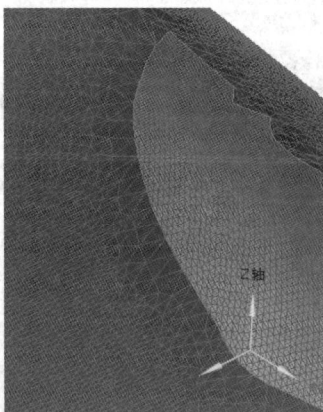

图 3-85　打磨后的三角网格面

5. 三角网格面的布尔运算命令

(1) 单击"打开"命令 📂，找到两个模型文件 claw.wrp 和 cube.wrp，

布尔运算

按 Ctrl 键一起选中并单击"打开"按钮，其中一个是立方体，另一个是爪子，现在这两个模型还是相互独立的，如图 3-86 所示。

(2) 单击菜单栏中的"多边形"→"联合"→"布尔运算"，打开"布尔运算"对话框，如图 3-87 所示。"名称"文本框中可以输入任意的名称，也可以是默认名字。

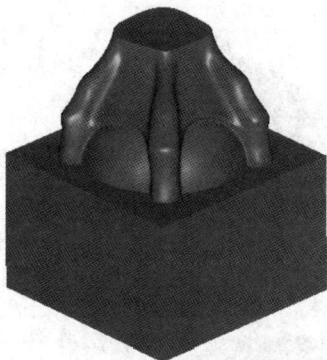

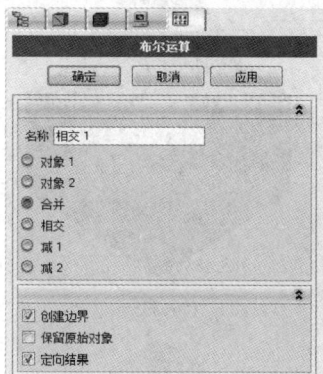

图 3-86　打开的爪子和立方体模型　　　　　　图 3-87　"布尔运算"对话框

(3) 单击"应用"按钮，然后分别选择单选框的"对象 1""对象 2"，在图形窗口就可看到"对象 1""对象 2"指的是哪一个模型。这里"对象 1"为爪子，"对象 2"为立方体，如图 3-88 所示。

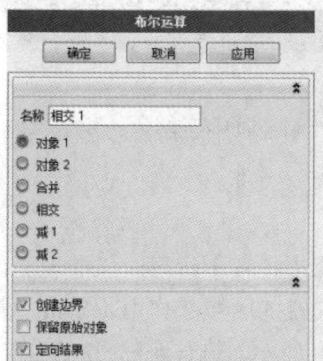

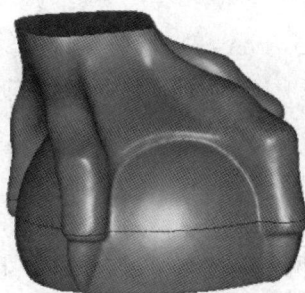

对象1

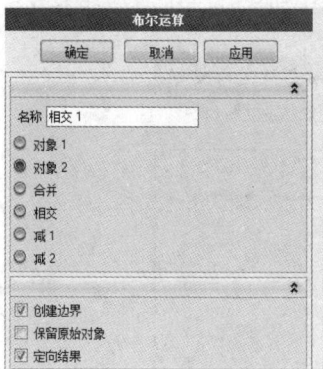

对象2

图 3-88　对象 1 和对象 2 的确定

(4) 分别选择单选框的"合并""相交""减 1""减 2"，观察结果，如图 3-89 所示。"合并"就是"对象 1"+"对象 2"，结果是两个对象融合在一起成为一个整体。

"相交"就是取"对象 1"与"对象 2"相交的部分，结果是保留相交的部分。

"减 1"就是"对象 2"去除与"对象 1"相交的部分。

"减 2"就是"对象 1"去除与"对象 2"相交的部分。

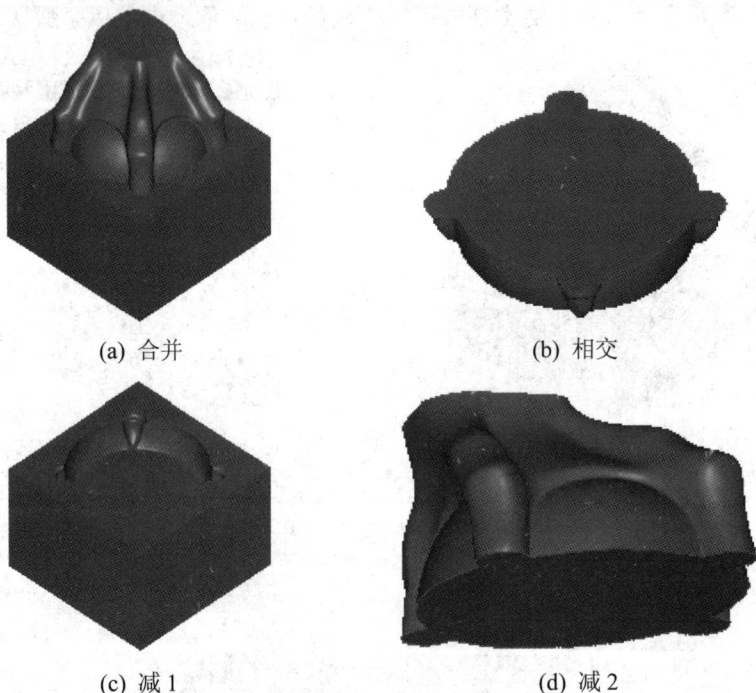

(a) 合并　　　　　　　　　　　　　　(b) 相交

(c) 减 1　　　　　　　　　　　　　　(d) 减 2

图 3-89　　"布尔运算"后的四种结果

(5) 选择需要的结果选项。

6. 删除钉状物命令

删除钉状物命令是通过检测和削平单点尖峰来拉直多边形对象的表面，执行删除钉状物命令相当于给网格面倒圆角，它只对网格面尖锐的区域起作用。单击"删除钉状"命令按钮 ，打开"删除钉状物"对话框，如图 3-90 所示。执行删除钉状物命令只需单击"应用"按钮即可。

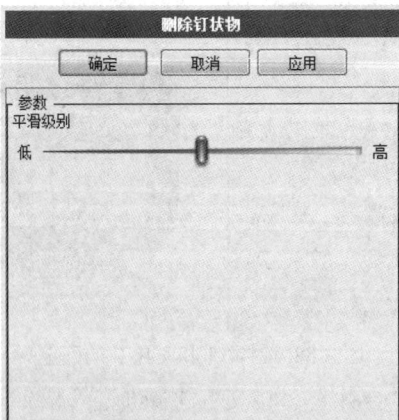

图 3-90　　"删除钉状物"对话框

7. 网格医生命令

网格医生命令不是单独的命令，而是许多命令的集合，如图 3-91 所示。它可以一次性修复存在多种问题的网格面。

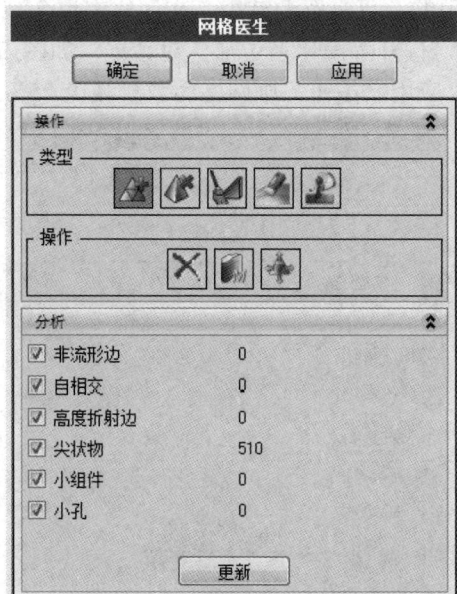

图 3-91　"网格医生"对话框

使用网格医生命令，一般只需单击"网格医生"命令按钮，然后单击"应用"按钮即可。建议在点云封装后，首先进行一次网格医生修复。如果一次网格医生修复不能使对话框中的分析选项组各项都为 0，那么网格医生修复可以进行多次。在进入曲面阶段前再进行一次网格医生修复，确定分析选项组中各项都为 0 后，再进入曲面阶段。

8. 创建流形命令

流形(Manifold)是几何学中最伟大的发明之一。流形是一种数学概念，它描述了在局部看起来像欧几里得空间(如平面或者空间)的拓扑空间。换句话说，流形是一个可以在局部范围内近似为欧几里得空间的空间。

在 Geomagic Studio 软件中，流形网格面的定义是生成网格面中的每一块三角形的三边都与其他的三角形共边。

流形网格面分为开流形网格面和封闭流形网格面，简称开流形与封闭流形。

开流形网格面的定义是生成网格面中的每一块三角形的三边都与其他的三角形共边，边界除外。开流形对象是不包含体积的流形对象。

封闭流形网格面中的每一块三角形的三边都与其他三角形共边。封闭流形网格面是包含体积的、水密的流形对象。某些应用(如快速原型制作)要求网格面必须是闭合流形的。

创建流形命令("开流形"命令按钮为；"封闭流形"命令位于 菜单"多边形"→"创建流形"→"封闭")没有对话框，单击"开流形"命令按钮或"封闭流形"命令即可执行该命令。创建流形命令一般用于删除非流形网格面或用于验证网格面是否封闭。

"创建流形"命令与 Creo 软件中的"生成集管"命令相同(见 3.2.2 小节)。

9. 简化命令和细化命令

简化命令用于在不影响表面细节或色彩的情况下减少网格面的三角形数量，也可以说是减小网格面的分辨率，在网格面包含三角形时非常有用。它可以对选定的区域或整个对象进行简化。简化后，占用的计算机资源减少，文件体积也会减小，有利于操作和保存。单击"简化"命令按钮 ，打开"简化多边形"对话框，如图 3-92 所示。设置"减少到百分比"(如 25%)，单击"应用"按钮，则网格面数量减少 75%。

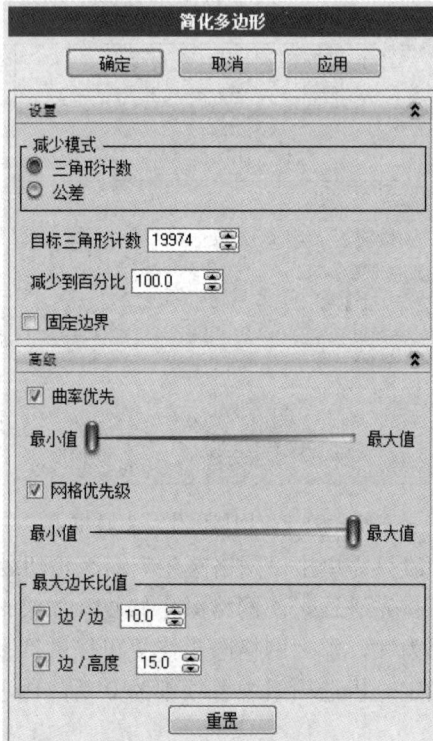

图 3-92　"简化多边形"对话框

细化命令与简化命令的作用刚好相反，它是倍增三角形的数量。细化命令用于增加网格面的三角形数量，也可以说是增加网格面的分辨率，有 4 倍增加和 3 倍增加两种模式。单击"细化"命令按钮 ，打开"细化多边形"对话框，如图 3-93 所示。

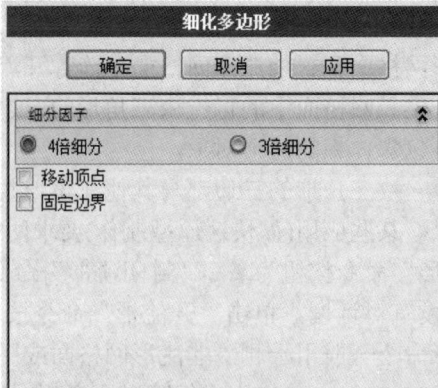

图 3-93　"细化多边形"对话框

3.1.4 实际操作案例

1. 门闩点云处理

(1) 单击"打开"命令 ![icon]，找到 latch-scan.wrp 文件，单击"确定"按钮。打开 latch-scan.wrp 文件，latch-scan.wrp 文件是一个金属外壳，扫描点云大约 900 000 点，如图 3-94 所示。因为有一些数据丢失(2 个洞和 1 个矩形部分)，下面将修复这些数据。

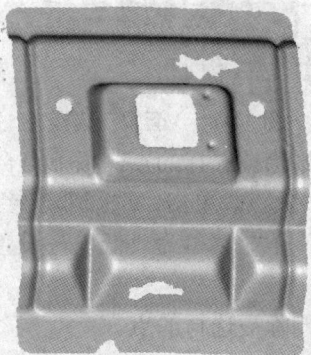

图 3-94 门闩点云

(2) 旋转模型，切换到"显示"标签 ![icon] 下，在"显示采样(静态/动态)"栏，"点"选项右侧输入 25。这意味着旋转移动的时候只有 25%的点被显示，如图 3-95 所示。

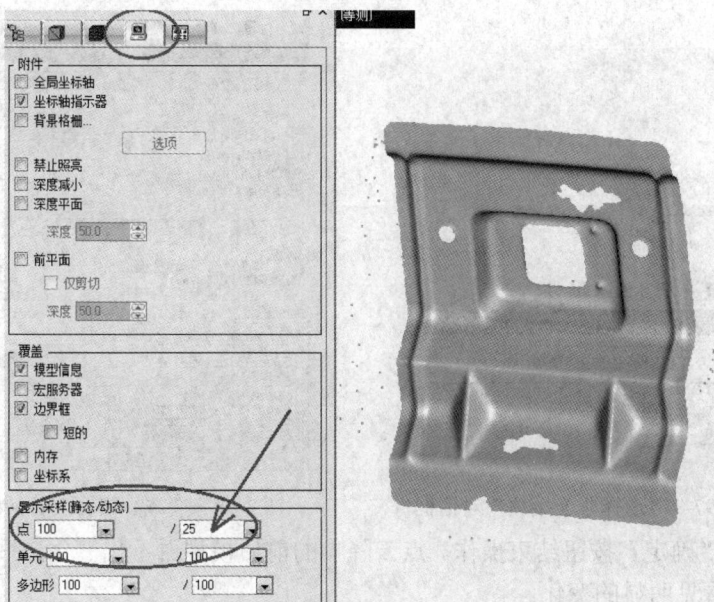

图 3-95 "显示"标签

(3) 通过旋转移动观察哪些是杂点，哪些点需要保留。然后单击"俯视图"图标 ![icon]。

(4) 前后滑动鼠标滚轮，放大缩小视图。

(5) 单击"套索"图标 ![icon]，选择如图 3-96 所示的杂点。若要取消选择，则按住 Ctrl 键再选一次。

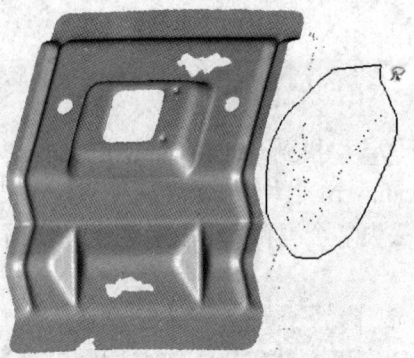

图 3-96　　"套索"选择

(6) 单击"删除"命令 ✘，删除被选择的点。按下组合键 Ctrl + D，使视图充满屏幕。

(7) 另外，还可以自动选择去除点。单击"选择非连接项"命令 ⁝⁝，打开"选择非连接项"命令对话框，改变"分隔"下拉菜单为"低"，设置"尺寸"值为 5.0，如图 3-97 所示。单击"确定"按钮。

(8) 单击"删除"命令 ✘，删除被选择的点。

(9) 单击"减少噪音" ⁝⁝命令，打开"减少噪音"对话框，如图 3-98 所示。选择"棱柱形(积极)"，设置平滑级别等参数为默认，再单击"应用"按钮，软件就自动进行降噪，平均距离和偏差值显示在统计栏。通常，降噪操作在删除非连接项和体外孤点之后，在数据精简之前进行。

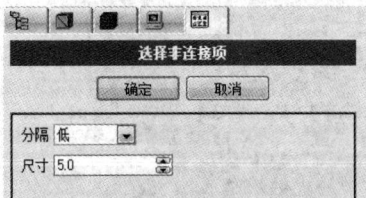

图 3-97　"选择非连接项"对话框　　　　图 3-98　"减少噪音"对话框

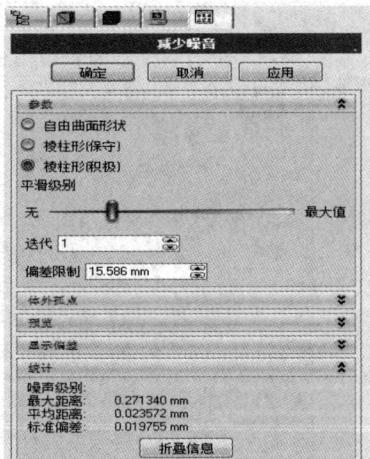

(10) 单击"确定"按钮结束操作。点云降噪的前后模型看不出变化，只有在创建三角网格面后才能看见明显的变化。

(11) 单击"统一采样"命令 ⚯，设置"间距"值为 0.35 mm，单击"确定"按钮。这将会去除一些点，剩下的点，点与相邻点之间的距离近似为 0.35 mm。点云的数量由 900 000 降低到大约 400 000。

(12) 试验一下通过别的方法进行采样。单击菜单栏中的"点"→"采样"→" ⚯ 曲率采样"。这种取样方式是基于模型的曲率，保留边界等曲率变化大的地方的点，去除平坦地方的点。通过改变采样点的"百分比"，观察"曲率采样"影响点的采样结果。注意观察圆角、弯曲等特征上的点云变得稠密可见。最后设置"百分比"为60.0,单击"确定"按钮。这时我们减少点数量的同时保持了曲率变化部分的形状。

(13) 单击"封装"命令 🔧。选择"曲面"，然后单击"确定"按钮，构建出三角网格面。"体积"封装选项针对稀疏不规则的点，会耗费较长的计算时间和较高的内存，建议首先使用"曲面"封装，如果不满意再用"体积"封装选项。

(14) 选择"基本体素"标签 ▣，勾选"孔"，则矩形的边界和空洞的周围有高亮的绿色线显示，如图 3-99 所示。

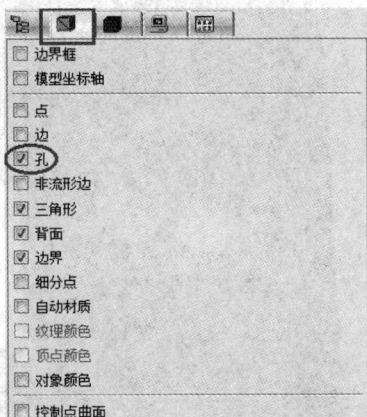

图 3-99　"基本体素"标签　　　　　　　　　　　　　　彩图

(15) 注意三角面模型的两面显示为不同的颜色。蓝色默认显示法向的正方向(物体的正面)，黄色则相反。如果要翻转方向，单击菜单栏中的"多边形"→"修补"→"翻转法线"命令，如图 3-100 所示。单击"应用"按钮，再单击"确定"按钮，翻转结果如图 3-101 所示。

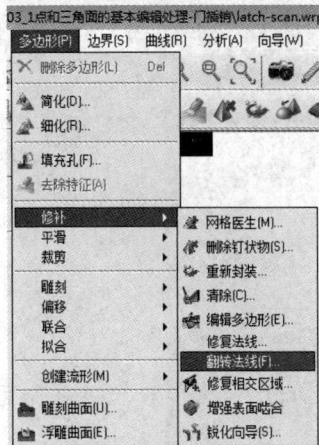

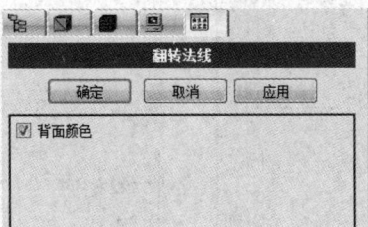

图 3-100　"翻转法线"命令　　　　　　　　　图 3-101　"翻转法线"后显示

(16) 接下来在三角网格模型上建立一些特征曲线，这些特征曲线保留了模型本身特征的尺寸及位置。建立特征曲线后，就可以在模型上去除这些特征，去除这些特征是为了方便建立 CAD 模型，当建立 CAD 模型后就又可以通过这些特征曲线在模型上恢复这些特征。特征曲线是用曲线表示模型上的几何形状，如圆、矩形。利用特征也可以方便地恢复这些圆、矩形等孔位。单击"创建特征"命令 🔾，在"类型"区域选择"孔"图标 🔾，在三角网格面上点击孔的边界，就会出现以绿色的圆显示孔的实际尺寸和位置，在"参数"区域，直径项输入 13 mm，按 Enter 键，绿色的边界会跟着自动调整。单击"接受"按钮，创建一个圆孔 1。单击"下一个"按钮，如图 3-102 所示。

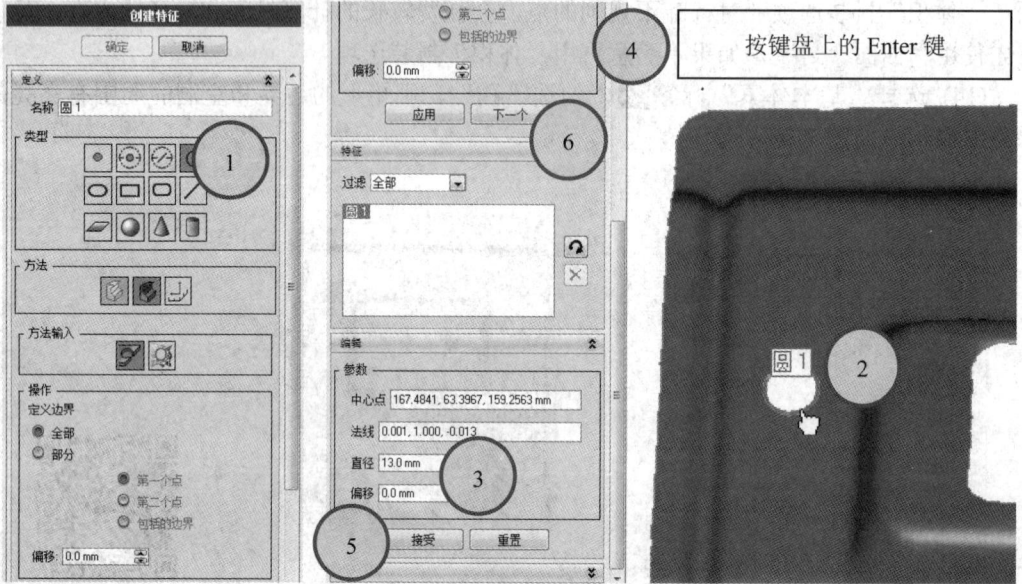

图 3-102　创建圆 1 特征步骤

(17) 用与步骤(16)同样的方法创建下一个特征，即另一个圆孔 2，直径也调整为 13 mm。单击"下一个"按钮，如图 3-103 所示。

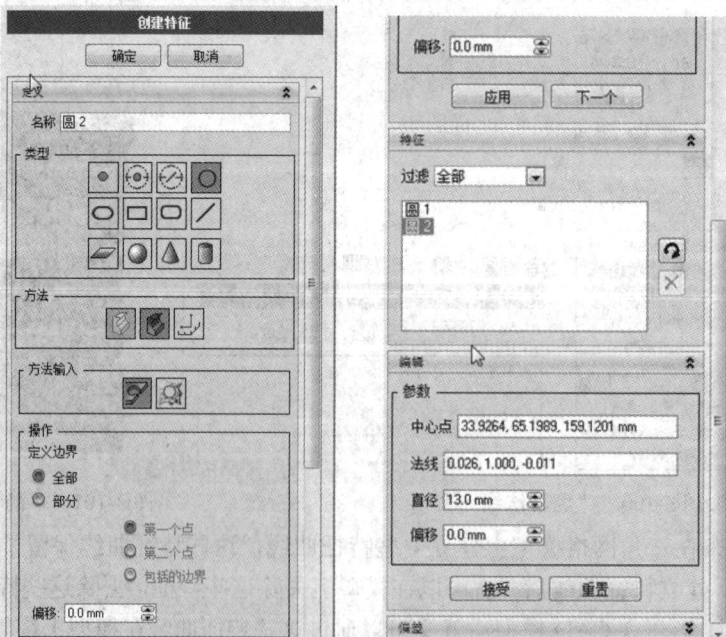

图 3-103　创建圆 2 特征

(18) 在特征类型中选择"圆形槽"图标 ，单击矩形边界。一个绿色边界在特征处显示出来。设定圆形槽长和宽都为 42.0 mm，四角的半径为 7.0 mm，按 Enter 键，单击"接受"按钮。完成后单击"确定"按钮，退出对话框，特征创建完成，如图 3-104 所示。

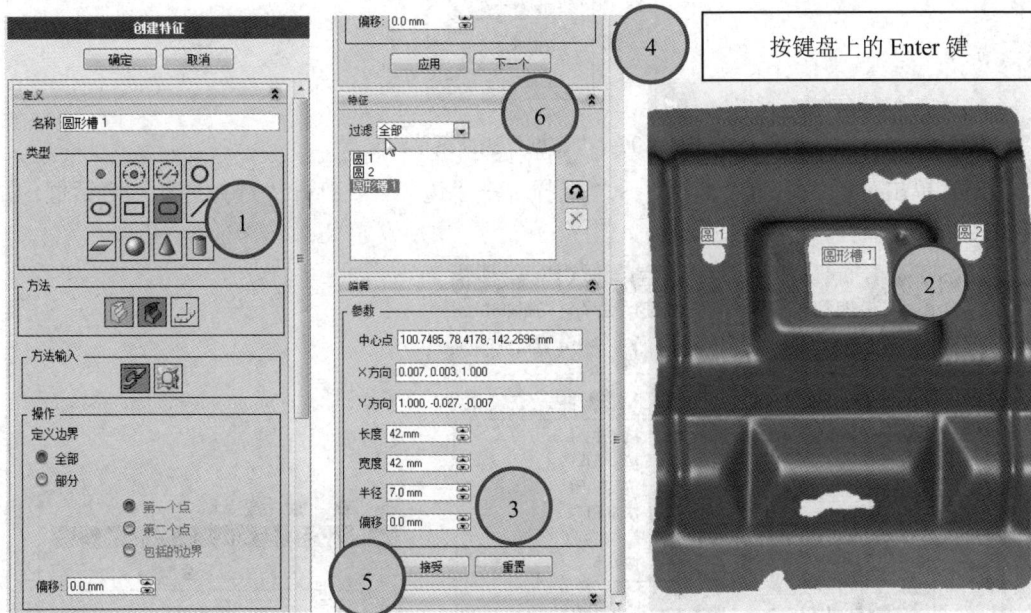

图 3-104 创建圆槽 1 特征步骤

(19) 在"模型管理器"标签下会多出"特征"项，以及我们建立的特征即圆 1、圆 2 和圆形槽 1。这些特征要存起来，以便在以后的操作中修剪 NURBS 曲面，如图 3-105 所示。

图 3-105 "模型管理器"标签显示

(20) 定义完特征后，修补模型上的孔洞。首先，删除特征边界处一些点的数据。因为这是一个冲压件，冲孔的时候边缘有些向内侧凹进，凹进的数据要删除。在模型管理器中，用鼠标右键单击"特征"，选择"全部隐藏"来隐藏特征，如图 3-106 所示。

图 3-106　　"右键"快捷菜单的隐藏

(21) 单击菜单栏中的"编辑"→"选择"→"边界"，打开"选择边界"对话框，如图 3-107 所示。

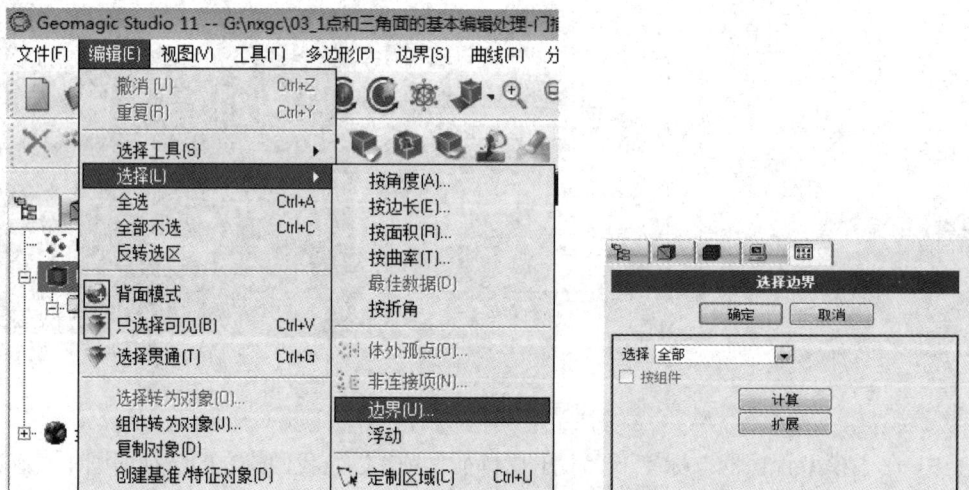

图 3-107　　"选择边界"操作

(22) 单击孔和矩形的边界，则边界的一些三角面就被选择上。单击"扩展"按钮 3 次，扩大所选的三角面使之包含所要删除的部分，再单击"确定"按钮，如图 3-108 所示。

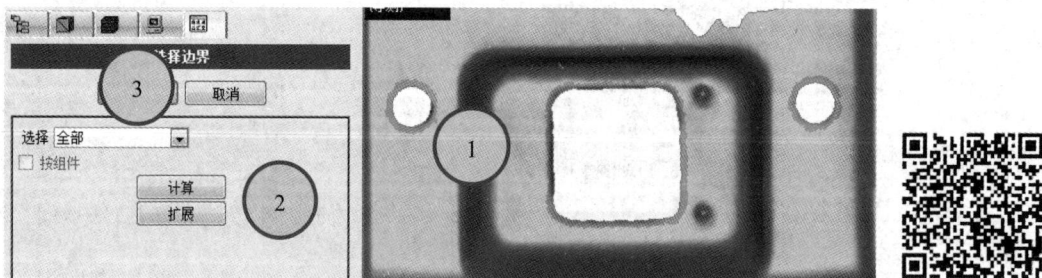

图 3-108　选择边界扩展操作　　　　　　　　　　　　　　彩图

(23) 单击工具栏中的"删除"命令 ✗，删除红色区域。

(24) 单击"填充孔"命令 ◊，这是一个常用的修补工具，无论是修补平面孔还是曲面的孔洞均可用之。

(25) 单击孔的边缘，程序会按照默认的曲率方式修补孔洞，如图 3-109 所示。

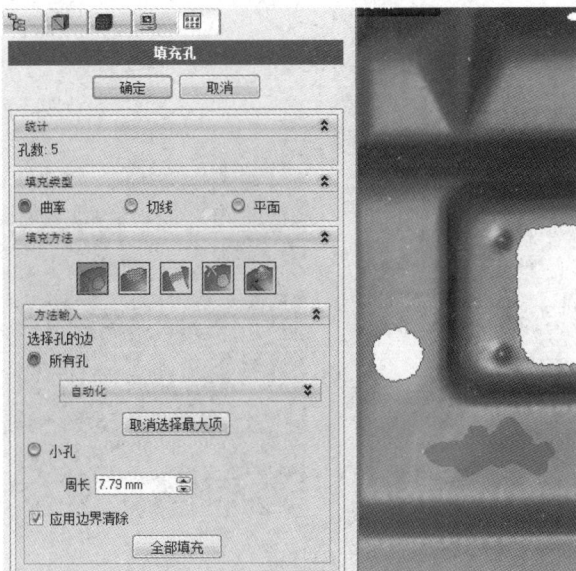

图 3-109　"填充孔"操作

(26) 重复第(25)步，修复所有环形闭合的孔洞，如图 3-110 所示。

图 3-110　填充全部的内部孔　　　　　　　彩图

(27) 改变填充方法为"填充部分的" ，单击缺口的两个角点及绿色边界上任意一点则缺口就被补上，如图 3-111 所示。

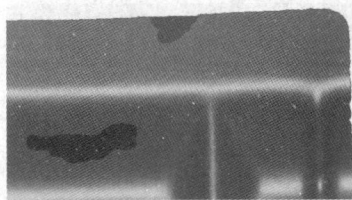

图 3-111　"填充部分的"边界缺口　　　　　　彩图

(28) 单击"确定"按钮，结束"填充"命令。

(29) 单击"编辑边界"命令 ，再单击图中的红色边界。设置"控制点"为 200，单击"执行"按钮，边界就被重新定义为由 200 个点组成的边界曲线，由图可见边界线比以前光滑很多，如图 3-112 所示。注意，比较好的方式是从原来控制点的 1/3 开始调整。

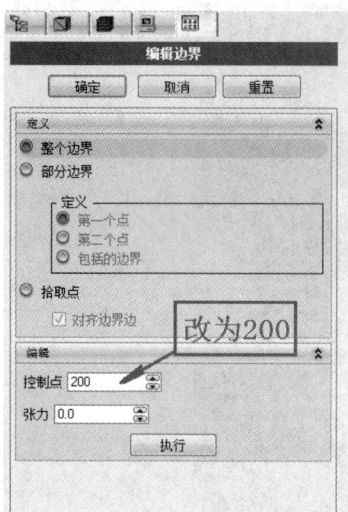

图 3-112　"编辑边界"对话框　　　　　　　　彩图

（30）单击"确定"按钮，退出"编辑边界"对话框。

（31）用"椭圆"选择工具，选择模型上的小凹窝。

（32）单击"去除特征"命令，小凹窝就被快速修复。"去除特征"工具能有效地去除瑕疵噪声点，如图 3-113 所示。

（33）按下组合键 Ctrl＋C 清除选择区域。

（34）单击工具栏中的"简化多边形"命令，在"减少到百分比"栏键入 25.0，单击"应用"按钮，再单击"确定"按钮，如图 3-114 所示。

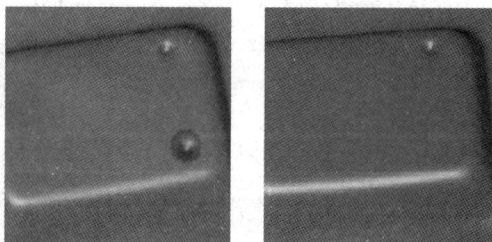

图 3-113　"去除特征"效果

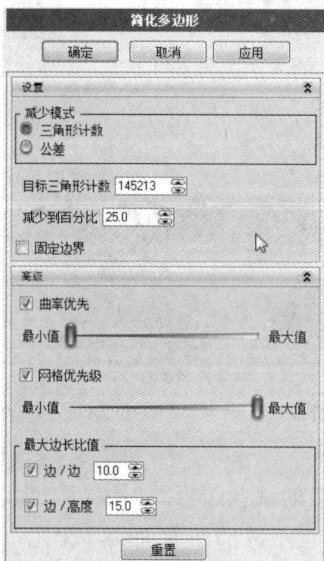

图 3-114　"简化多边形"命令对话框

(35) 现在三角网格面模型已经完成做曲面的准备。单击"保存"命令 ▦，保存已经建立的特征和三角网格面模型，以便后续创建 NURBS 曲面和修剪 NURBS 曲面，如图 3-114 所示。

2. 章鱼点云处理

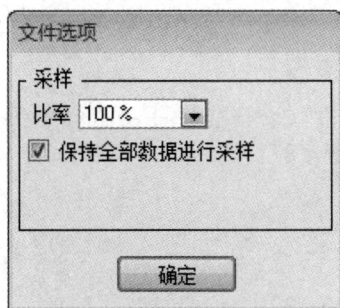

在前面的多个知识点讲解中，都是以章鱼为例，但是都不是完整的处理教程，下面讲解章鱼点云处理的完整教程。

章鱼点云处理

(1) 单击"打开"命令 ▭，找到文件 zhangyu.igc，单击"打开"按钮。出现"文件选项"对话框，按默认设置，如图 3-115(a)所示。单击"确定"按钮，出现"单位"对话框，如图 3-115(b)所示。指定单位为 Millimeters，单击"确定"按钮，打开的 zhangyu.igs 文件如图 3-115(c)所示。这是一个玩具章鱼的扫描数据，包含 183 000 多个点。

(a) "文件选项"对话框　　　　(b) "单位"对话框　　　　(c) zhangyu.igs 文件

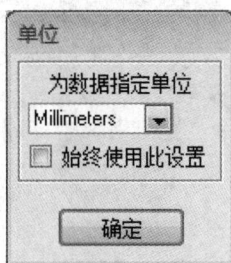

图 3-115　章鱼点云

(2) 把鼠标的光标放在观察区，单击右键，弹出右键菜单，选择"着色"→"着色点"，如图 3-116 所示。

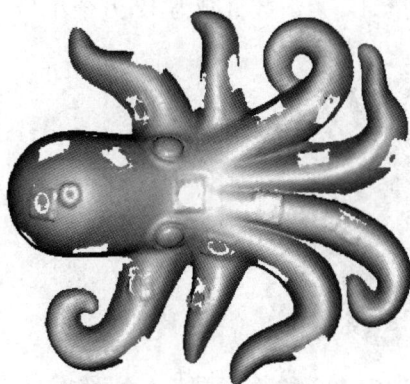

图 3-116　点云着色　　　　　　　　　　彩图

(3) 单击"选择非连接项"命令 ⠿，打开"选择非连接项"对话框，"分隔"下拉列表选择"低"，"尺寸"数值设为 5.0，如图 3-117(a)所示。选择结果如图 3-117(b)所示，只选中了一小块点云。

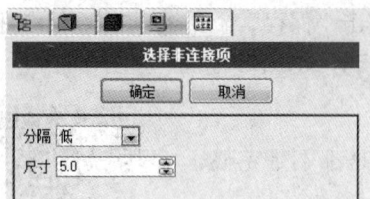

(a)"选择非连接项"命令参数设置　　　　(b)"选择非连接项"命令选择结果

图 3-117　"选择非连接项"命令操作

(4) 单击"确定"按钮，再单击工具栏中的"删除"命令 ✕，删除选中的杂点。

(5) 单击"选择体外孤点"命令 ⸬，自动转换到"选择体外孤点"命令对话框选项卡，"敏感性"值按默认设置，单击"确定"按钮，如图 3-118 所示。

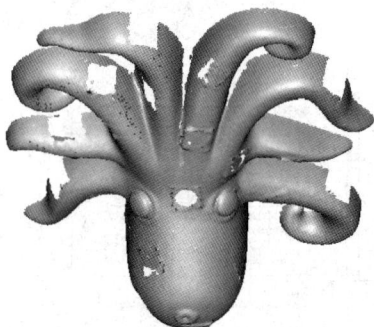

图 3-118　"选择体外孤点"命令操作结果

(6) 单击工具栏中的"删除"命令 ✕，删除选中的点。

(7) 单击工具栏中的"减少噪音"命令 ⸬，选择"棱柱形(积极)"，其余参数设置按默认，单击"应用"按钮，再单击"确定"按钮，降噪完成。

(8) 单击工具栏中的"统一采样"命令 ✍，其他各项参数都不变，采样前点云数目为18 万个左右。单击"应用"按钮，点云数目减为 12 万个左右，如图 3-119 所示。

当前点：183 307
所选的点：0

当前点：122 262
所选的点：0

图 3-119　"统一采样"命令操作结果

(9) 单击工具栏中的"封装"命令 ⯐，打开"封装"对话框。按默认设置，单击"应用"按钮，执行封装操作，构成三角网格面。再单击"确定"按钮，进入三角网格面阶段，如图 3-120 所示。从图中显示的模型信息可知，当前三角网格面数目为 24 万个左右，大约是点云数目的 2 倍。

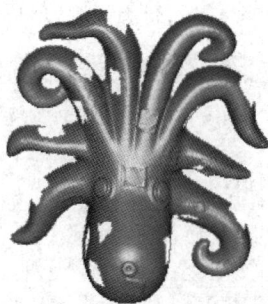

当前三角形：242 910
所选的三角形：0

图 3-120　"封装"后显示

彩图

　　(10) 单击"网格医生"命令 ，打开"网格医生"对话框，如图 3-121(a)所示。在"分析"选项组中可以看到存在"自相交""高度折射边""尖状物""小组件""小孔"等问题。在"工作图形区"零件上红色的部分就表示问题所在部位，如图 3-121(b)所示。

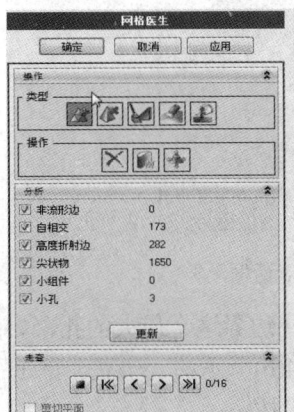

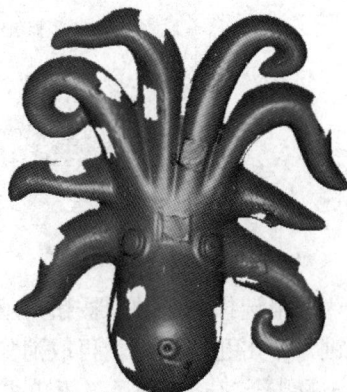

(a)

(b)

图 3-121　"网格医生"命令对话框

彩图

　　(11) 单击"应用"按钮，软件自动修补这些问题部位，这时"分析"选项组中各项都为零，如图 3-122 所示。单击"确定"按钮，退出"网格医生"对话框。

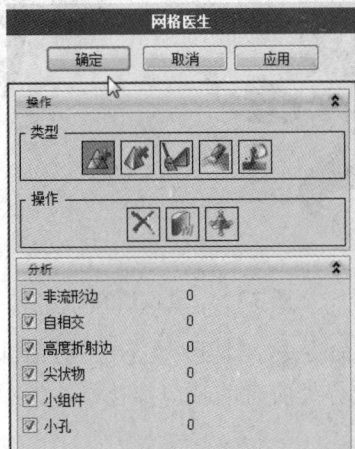

图 3-122　显示各项都为零

(12) 单击"填充孔"命令 🔧，打开"填充孔"对话框，如图 3-123 所示。

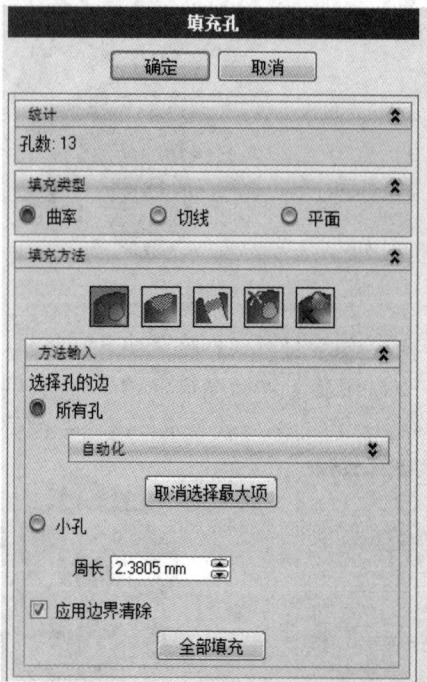

图 3-123　"填充孔"对话框

(13) 单击"取消选择最大项"按钮，就取消选择边界这个最大的孔，如图 3-124(a)所示。按住 Ctrl 键，单击孔的边缘，再取消如图 3-124(b)所示的一个孔。单击"全部填充"按钮，就把内部的孔全部补起来了，再单击"确定"按钮。

(a)　　　　　　　　　　　　　　　　　(b)

图 3-124　要取消的孔

(14) 重新单击"填充孔"命令 🔧，打开"填充孔"对话框，在填充方法选项组单击"填充部分的"按钮 🔲，把零件边界处所有的缺口都补好，如图 3-125 所示。

图 3-125　补完缺口显示

图 3-126(a)所示缺口要分三次补。假如采用一次补孔操作，则按图 3-126(b)中的编号操作，结果如图 3-127 所示，补的三角网格面高出章鱼的底平面一大截，效果不佳。

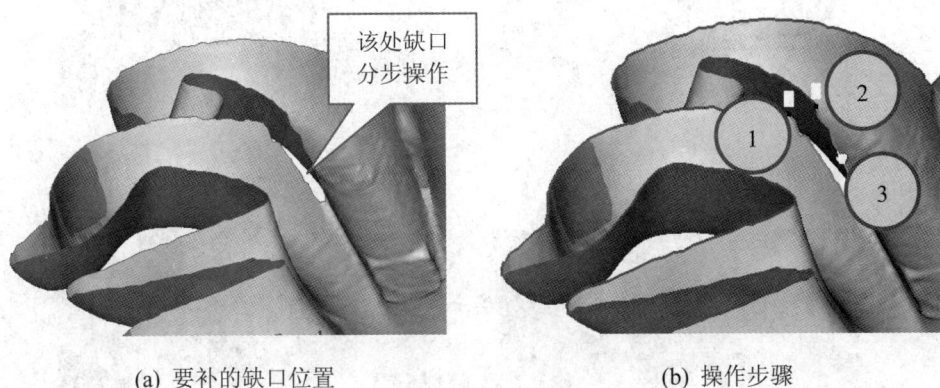

(a) 要补的缺口位置　　　　　　　　　　　　　　　　(b) 操作步骤

图 3-126　补缺口操作

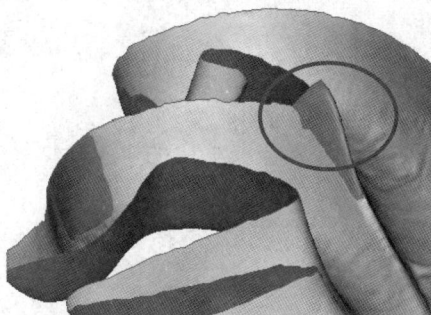

图 3-127　补好缺口显示

按组合键 Ctrl + Z 一次，返回上一步。这次改为分三次补缺口。用"填充孔"命令中的"填充部分的"方式，按图 3-128(a)、(c)、(e)中的编号操作。图 3-128(b)、(d)、(f)分别为按图 3-128(a)、(c)、(e)操作以后的结果，可以看出效果好很多。

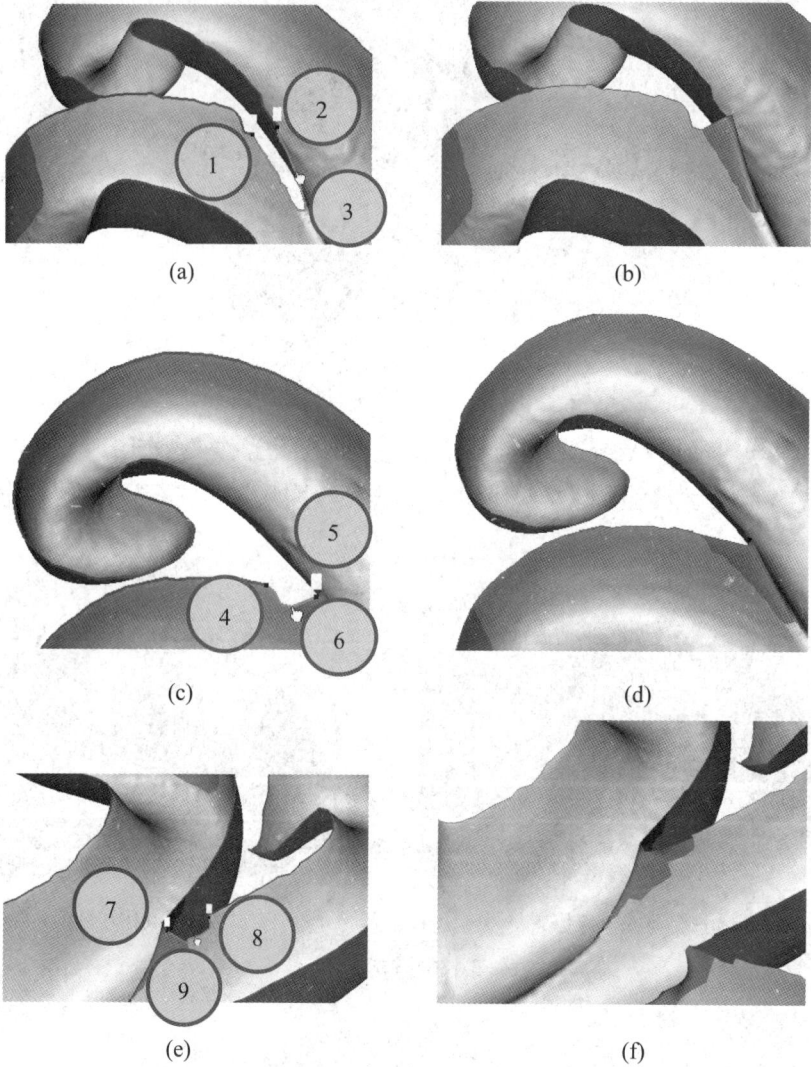

图 3-128 操作步骤

(15) 单击"确定"按钮，退出"填充孔"对话框。

(16) 框选一块凸起的网格面，单击工具栏中的"去除特征"命令 ![icon]，凸起就被抹平，如图 3-129 所示。按组合键 Ctrl + C，取消选择。

图 3-129 去除特征操作

（17）再选择一块凸起的网格面，用相同的方法把它恢复原样，如图 3-130 所示。

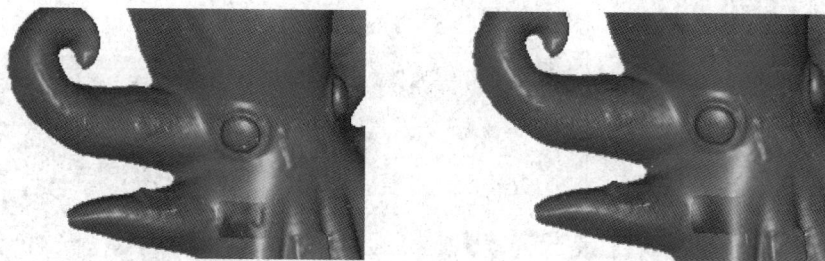

图 3-130　去除特征操作

（18）重复上一步操作，把章鱼表面存在严重凸起和凹陷的地方都用"去除特征"命令 🔨 恢复原样，如图 3-131 所示。

（19）单击"松弛"命令 🔨，"强度"滑动条拉到中间位置，单击"应用"按钮，再单击"确定"按钮，对章鱼整体进行一次松弛，如图 3-132 所示。可以看出章鱼表面更加光顺了。

图 3-131　修补完成显示　　　　　　　图 3-132　"松弛"命令操作后显示

（20）下面对章鱼进行摆正操作。首先创建基准平面，单击菜单栏中的"工具"→"基准"→"创建基准"命令，在"平面方法"选项组中选择"三个点"图标，在章鱼的边界选择三个点，如图 3-133 所示。

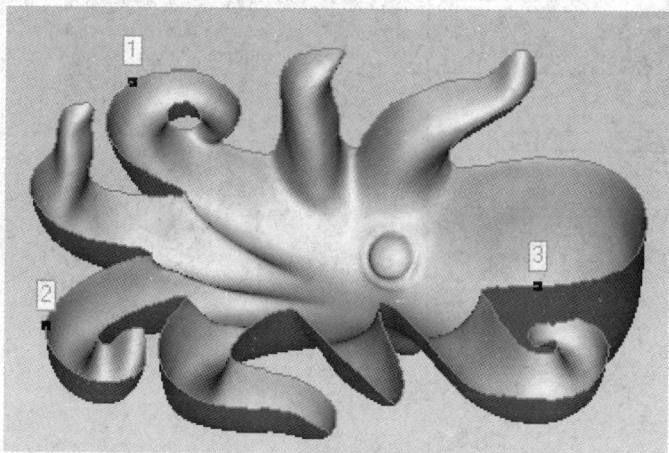

图 3-133　创建"基准平面"操作

（21）单击"应用"按钮，创建了"平面 1"，再单击"下一个"按钮，在"当前基准"

列表框里记录了创建的"平面 1"，如图 3-134 所示。

图 3-134　创建"平面 1"

(22) 再在接近零件的中心部位选三个点，单击"应用"按钮，再单击"下一个"按钮，就创建了平面 2。单击"确定"按钮，退出"创建基准"对话框，如图 3-135 所示。

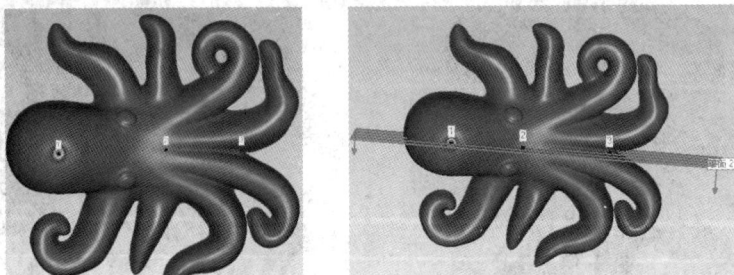

图 3-135　创建"平面 2"

(23) 单击"对齐到全局坐标系"命令 ，打开"对齐到全局"对话框，如图 3-136 所示。

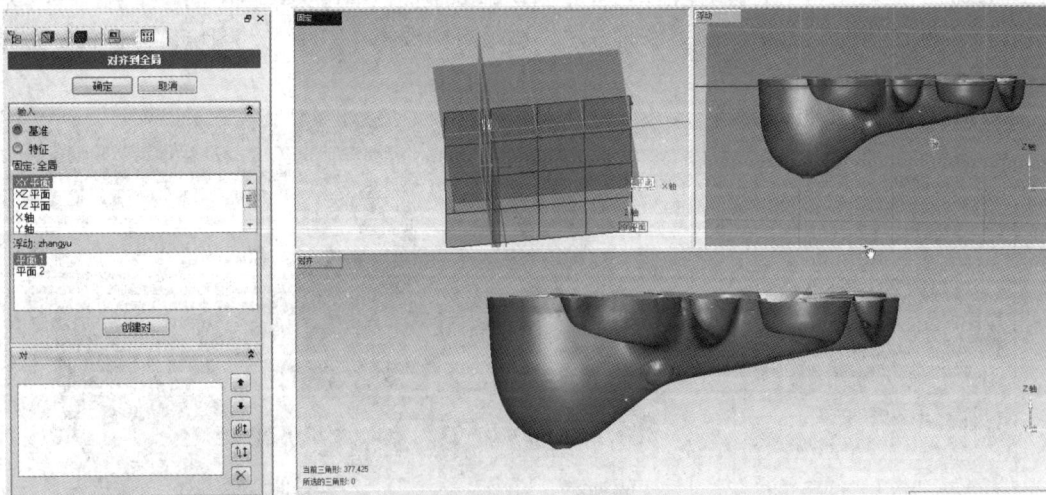

图 3-136　"对齐到全局"对话框

(24) 选择 XY 平面与平面 1，单击"创建对"按钮，XY 平面就与平面 1 精确对齐，再选择 XZ 平面与平面 2，再次单击"创建对"按钮，如图 3-137 所示。

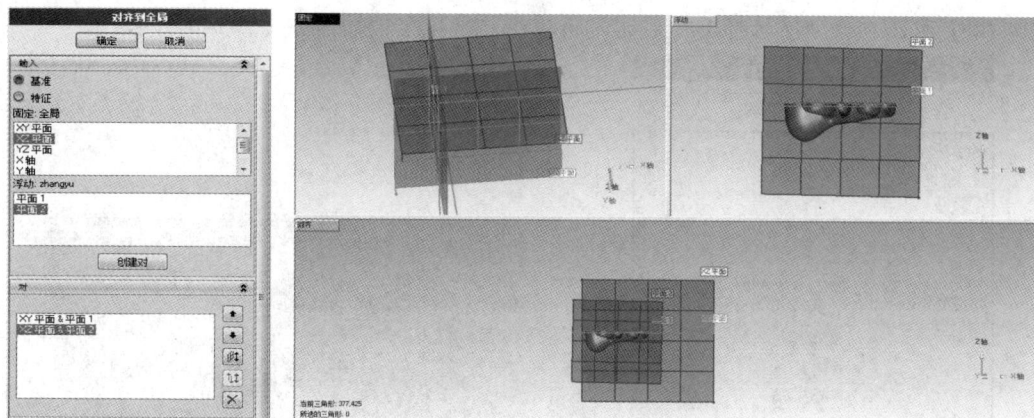

图 3-137　XY 平面与平面 1 "创建对"

(25) 单击"确定"按钮，退出"对齐到全局"对话框，检验零件是否摆正。

(26) 下面进行边界修复。单击菜单栏中的"边界"→"移动"→"延伸边界"，打开"延伸边界"对话框，取消"平滑边界曲线"前的复选框，勾选"曲率连续性延伸"前的复选框，再单击章鱼的边界，调整"长度"微调框值，增大"长度"值为 1.8 左右，如图 3-138 所示。单击"确定"按钮，退出"延伸边界"对话框。

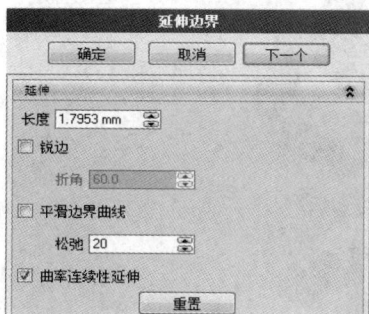
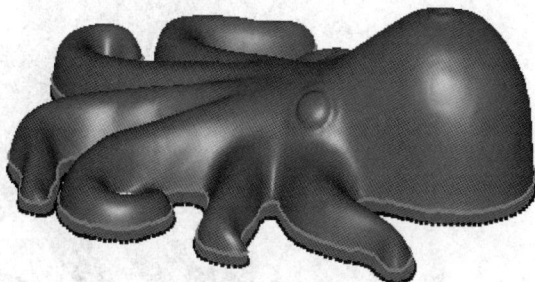

图 3-138　"延伸边界"操作

(27) 单击"用平面进行裁剪"命令 ，"对齐平面"选择"对象基准平面"，在列表栏选中"平面 1"，"位置度"设为 0.0 mm，如图 3-139(a)所示。单击"平面截面"按钮，如图 3-139(b)所示。

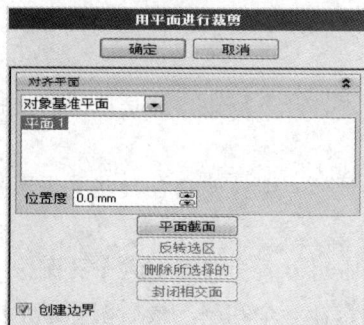

(a)　　　　　　　　　　　　　　　　　　(b)

图 3-139　"用平面进行裁剪"命令操作

(28) 单击"删除所选择的"按钮，再单击"确定"按钮，如图 3-140 所示。

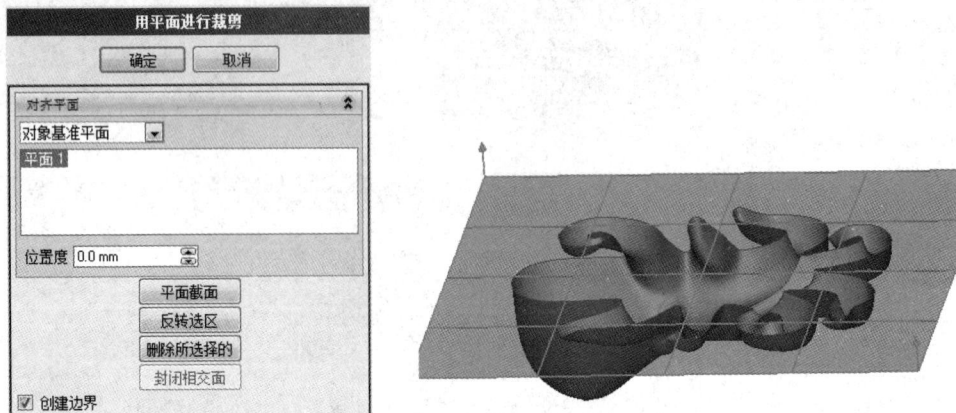

图 3-140 剪齐后的边界

(29) 在"模型管理器"中单击零件名字前面的"+"号，显示"基准"对象，选中"基准"，单击鼠标右键，弹出快捷菜单，选择"全部隐藏"，则会将基准平面隐藏起来，最后结果如图 3-141 所示。

图 3-141 完成结果

3. 爪子的三角网格面编辑处理

学习要点：① 利用 Fill Holes 命令修补丢失的数据，利用 Section 命令剪切三角面和应用基准面作为参考修补三角面。② 顺滑模型中粗糙的部分并且使两部分三角面相交。③ 在模型中重建孔洞。

(1) 单击"打开"命令，找到文件 claw.wrp，单击"打开"按钮。这是爪子的扫描数据，包含 130 000 个三角面。

(2) 单击"等侧视图"图标，设置零件为等侧视图显示，现在要修补一些丢失数据的区域，如图 3-142 所示。

(3) 单击"填充孔"命令，从对话框的"统计"组中可以看出模型有六个孔洞，可以一次或分次修补。首先自动修补四个小孔洞，然后手动修补一个孔洞，最后留下最上面开放的孔洞。

(4) 在对话框中单击"取消选择最大项"命令两次，这样当进行下一步骤时软件就会忽略两个最大的孔洞。在对话框中单击"填充全部"按钮，则会自动修补四个小洞。

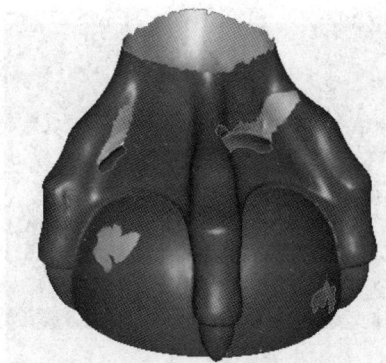

图 3-142 爪子网格面

留下大孔洞是因为若一次修补大的孔洞会比较复杂，最好采取几个不同阶段来修补。

(5) 单击"确定"按钮，退出"填充孔"命令，如图 3-143 所示。数据中还有两个大孔洞，按下组合键 Ctrl + C 清除全部所选的区域。

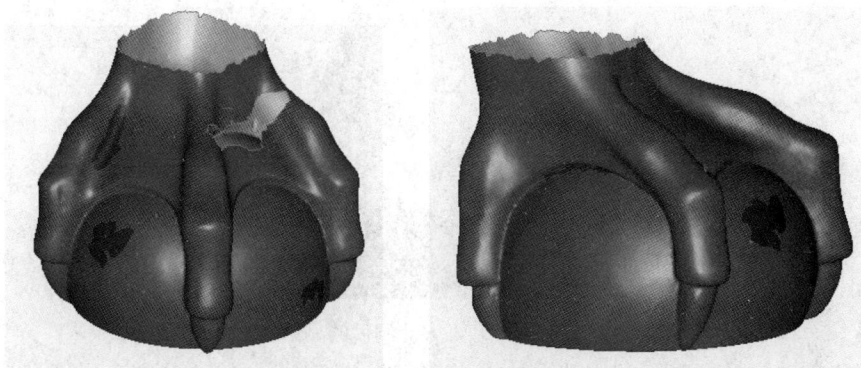

图 3-143 "填充孔"命令后显示

(6) 现在要修补大孔洞，再次单击工具栏中的"填充孔"命令 ，在"填充方式"选项组中选择"填充部分的" ，将孔洞放大，分三步修补。

(7) 分别在孔洞的两边各点一个点，然后单击要修补的槽的位置，孔洞的一部分就被修补，如图 3-144 所示绿色显示的部分。

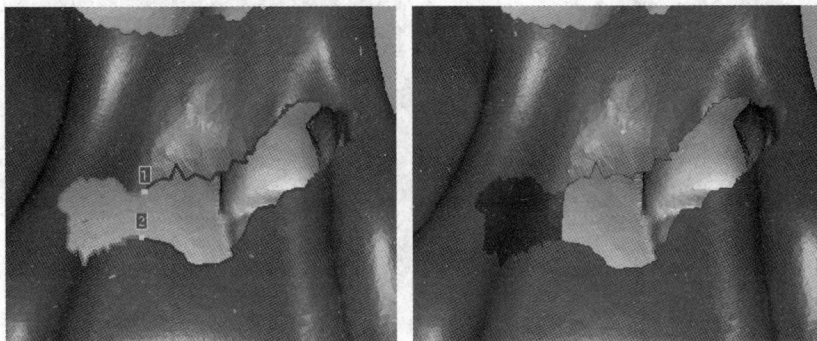

图 3-144 修补大孔洞操作一   彩图

(8) 重复上述(6)、(7)命令，继续修补，如图 3-145 所示。

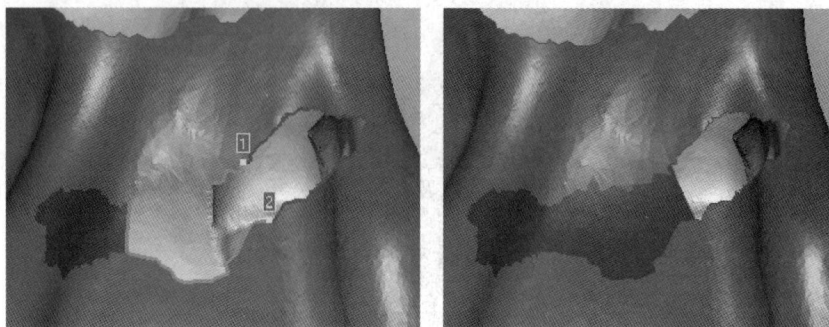

图 3-145　修补大孔洞操作二　　　　　　　　　　　彩图

(9) 修补孔洞最后的部分。在"填充方式"选项组中选择"填充"图标 ，再单击孔的一边，这样通过三个简单的步骤就将较复杂的孔洞修补完毕。

(10) 单击"确定"按钮，接受修改。按组合键 Ctrl＋C 清除所选区域，模型如图 3-146 所示。

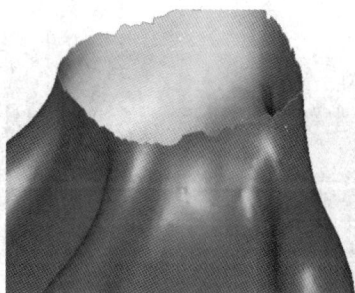

图 3-146　补好大孔洞后的显示

(11) 将模型旋转至脚爪的底部，接下来要清除表面一些起皱的部分。

(12) 单击"砂纸"命令 ，在"操作"模式中选择"松弛"，将"强度"数值设置为 0.5(数值范围为 0～1.0，1.0 为最大值)。如图 3-147 所示，将十字叉放在起皱的部分，然后按住鼠标左键，会出现一个圆圈和黑色十字叉，在移动过程中顺滑起皱的部分。在起皱部分移动指针直到褶皱消失，好像用你的拇指在泥巴模型上涂抹。打磨操作后结果如图 3-148 所示。

图 3-147　"砂纸"操作　　　　　图 3-148　打磨操作后结果

(13) 用"砂纸"命令 清除这个模型底部所有的褶皱，如图 3-149 所示。

图 3-149　去除底部褶皱显示

　　(14) 单击"网格医生"命令 ，单击"应用"按钮，再单击"确定"按钮，变化过程如图 3-150 所示。"网格医生"命令在修补三角网格面时要经常使用，以使模型的网格面总是处于正常状态。

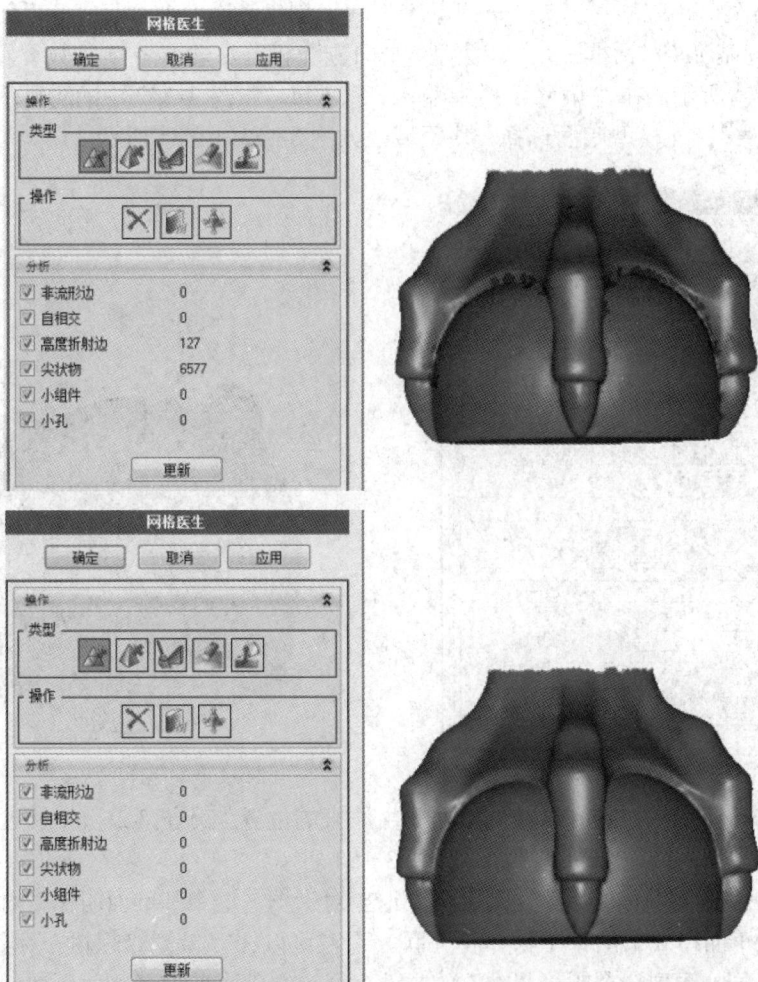

图 3-150　"网格医生"命令操作

(15) 框选一块凹陷的网格面，单击工具栏中的"去除特征"命令 ![icon]，凸起就被抹平。按组合键 Ctrl + C，取消选择，如图 3-151 所示。

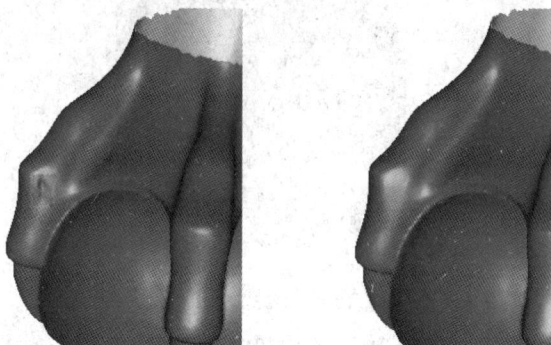

图 3-151　去除特征修补凹陷

(16) 用"去除特征"命令 ![icon] 修补三角网格面上的全部缺陷。

(17) 单击菜单栏中的"工具"→"基准"→"创建基准"命令，打开"创建基准"对话框。在"创建基准"对话框中，基本类型、平面方法和方法输入各项参数设置如图 3-152 中的①、②、③所示。在"偏移"栏中输入 −3.25 in，如图 3-152 中的④所示。单击"套索"选择工具 ![icon]，在模型底面选择一块区域，如图 3-153 中的⑤所示。

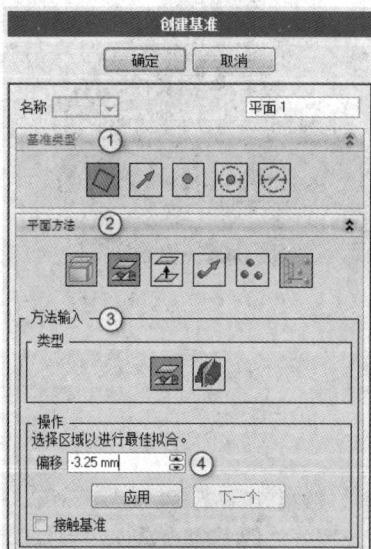

图 3-152　创建"基准平面"步骤

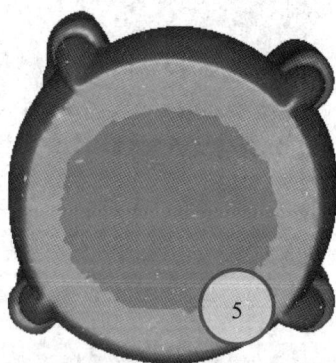

图 3-153　选择一块区域

(18) 单击"应用"按钮，这样基准面就由原来的位置上升了 3.25 in，接近了模型顶部通过所选区域建立的最适合的基准面，如图 3-154 所示。

(19) 单击"确定"按钮，建立基准面并退出对话框。这个基准面叫作"对象的基准平面"，它与三角面模式下的一个物体相关联。现在可以在"模型管理树"标签 ![icon] 下面的三角网格面对象中看到一个叫"基准"的文件夹，该文件夹包含了刚才所建的基准面，这就是我们要投影在顶边上的平面，如图 3-155 所示。

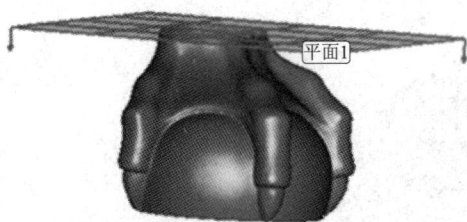

图 3-154 创建的"平面 1"

图 3-155 模型管理树中的基准平面

(20) 单击菜单栏中的"边界"→"移动"→"将边界投影到平面"命令，如图 3-156(a) 所示。首先选择"整个边界"，如图 3-156(a)中的①所示。再在模型顶部单击开放的边界，选择后会变为白色，如图 3-156(c)中的②所示。然后选择"定义平面"，在"对齐平面"下拉菜单中选择"对象基准平面"，再从列表中选择"平面 1"，如图 3-156(b)中的③所示。在"切线投影"项打钩，确保投影后保证模型的曲率变化，如图 3-156(b)中的④所示。单击"执行"按钮将边界投影到平面上，如图 3-156(d)中的⑤所示。

(a)

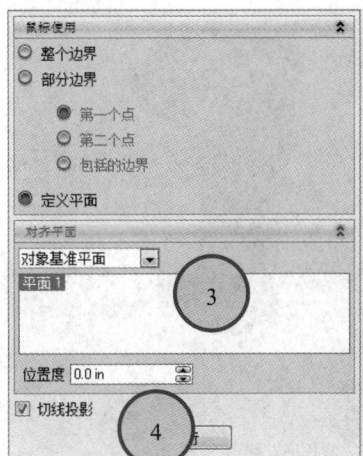

(b)

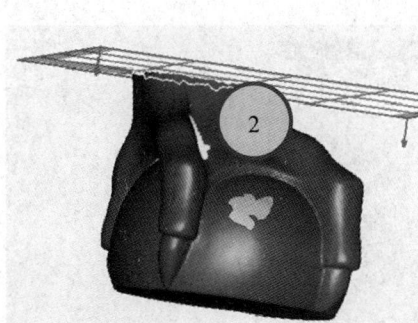

(c)

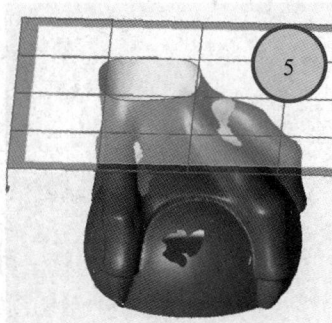

(d)

图 3-156 投影边界到平面

(21) 单击"确定"按钮接受结果，现在在模型的顶部就有一条清晰的、平坦的边界了。

(22) 在模型管理树中用鼠标右键单击"基准"文件夹，选择"全部隐藏"，或者按组合键 Alt＋7，隐藏基准面，如图 3-157 所示。

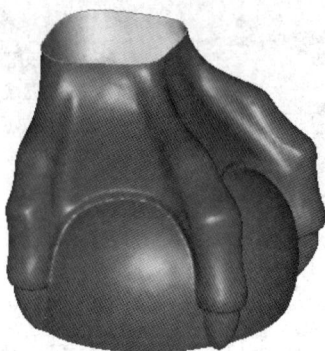

图 3-157　爪子三角网格面处理完成图

4. 操纵杆的三角网格面编辑处理

(1) 单击"打开"命令 ，打开 joystick.wrp 文件，这是一个操纵杆的三角面模型，包含 230 000 个三角面，如图 3-158(a)所示。

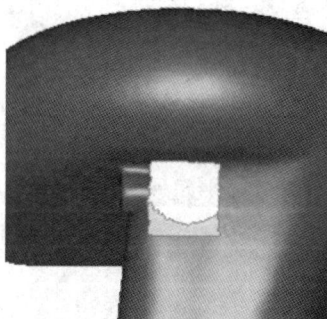

(a)　　　　　　　　　　　　　　　(b)

图 3-158　操纵杆三角网格面模型

(2) 旋转视图到模型背面，有一个矩形孔洞需要修补，如图 3-158(b)所示。单击"填充孔"命令，打开"填充孔"对话框，如图 3-159 所示。

图 3-159　"填充孔"对话框

(3) 移动鼠标，单击孔洞的边缘，修补该孔洞。注意填充类型选项组中选择"曲率"，如图 3-160 所示。

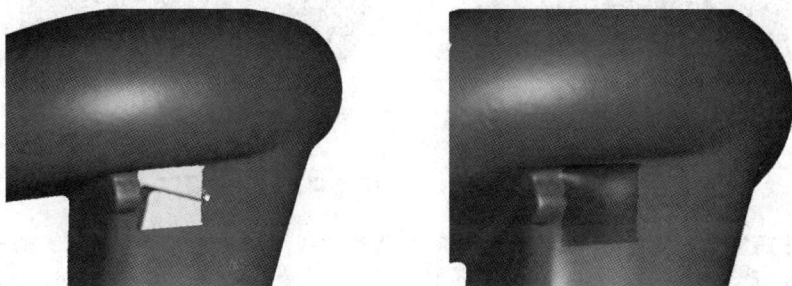

图 3-160 修补孔

(4) 修补后单击"确定"按钮退出"填充孔"对话框，按组合键 Ctrl + C 清除所选区域。修补区域是根据周围曲率情况添加上去的。

(5) 在工具栏中单击"砂纸"命令 ，按住鼠标在图 3-161 所示区域进行摩擦，试着往大的方向拉动"强度"选项组的滑动条，观察变化。

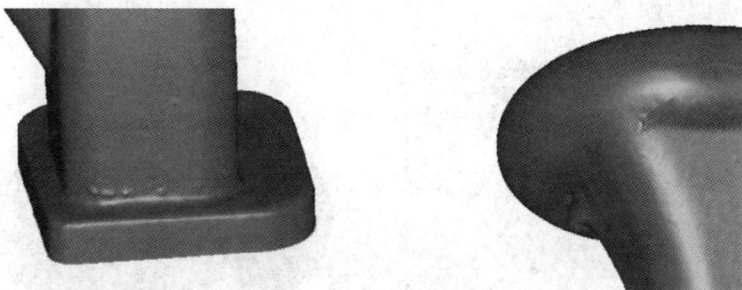

图 3-161 "砂纸"打磨区域

(6) 完成后单击"确定"按钮，退出"砂纸"对话框。

(7) 相对于利用"砂纸"命令 进行局部顺滑，还可以对整个模型进行顺滑，比如用"松弛"命令 光顺三角网格面。

(8) 单击工具栏中的"松弛"命令 ，打开"松弛多边形"对话框，如图 3-162 所示。

(9) 将"强度"滑动条拉到一半位置，"曲率优先"滑动条放到最小，单击"应用"按钮，如图 3-163 所示。经过计算后，模型会显得更顺滑，同时还可以调整"平滑级别"，改变顺滑程度。"平滑级别"类似于平滑黏土模型时的笔画数，如图 3-164 所示。

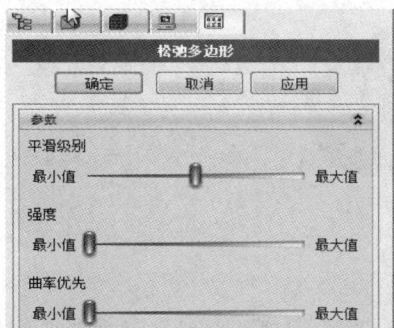

图 3-162 "松弛多边形"对话框

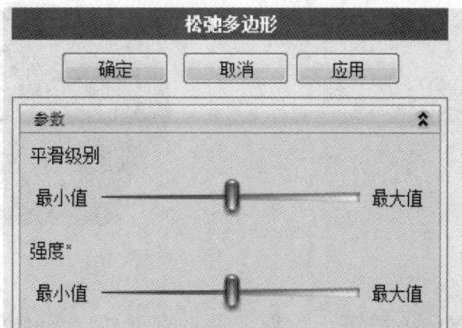

图 3-163 "松弛多边形"参数设置

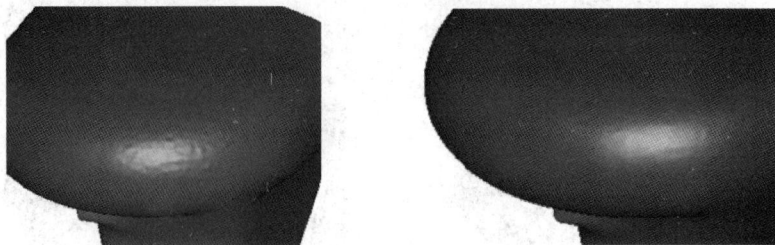

图 3-164　"松弛"效果比较

☒ **小技巧**：如果想要曲面更顺滑，可以调整"强度"数值。"强度"类似于平滑黏土模型时施加的压力。当力量很大时，对象将变得更加凹进去。平滑度和强度之间的差异在某些三角网格面对象上会更加明显。

(10) 单击"确定"按钮，退出"松弛多边形"对话框。现在修补模型前面的三个孔。单击菜单栏中的"边界"→"修改"→"创建/拟合孔"，打开"创建/拟合孔"对话框。在对话框中选择"拟合孔"，单击一个孔的边缘，屏幕上的箭头显示的是法向方向并且测出孔的半径，如图 3-165 所示。

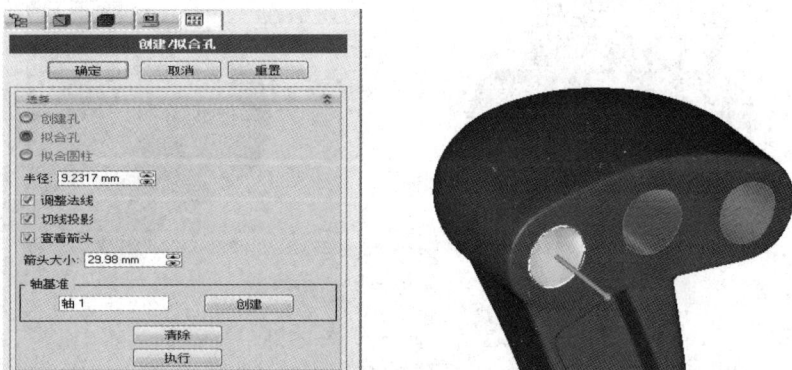

图 3-165　"创建/拟合孔"对话框

(11) 在"半径"栏中设置孔的半径为 10.00 mm，单击"执行"按钮得到修改后的半径 10 mm 的孔。

(12) 重复第(10)、(11)步修改另外两个孔，半径都为 10 mm，完成后单击"确定"按钮，退出"创建/拟合孔"对话框，结果如图 3-166 所示。

图 3-166　创建拟合孔

☒ **小技巧**：如果需要也可以在"轴基准"栏中单击"创建"按钮，将通过孔的轴的数据储存下来。这个数据可以被保存并输出到后续 CAD/CAM 软件中进行应用。

(13) 现在要通过挤压边界给孔加一些厚度。单击菜单栏中的"边界"→"伸出边界"命令，在"伸出边界"对话框中选择"深度"选项。

(14) 单击孔的边界，在"值"框中输入 20.0 mm，在"封闭仰视"前打钩，白色显示为预览，如图 3-167 所示。

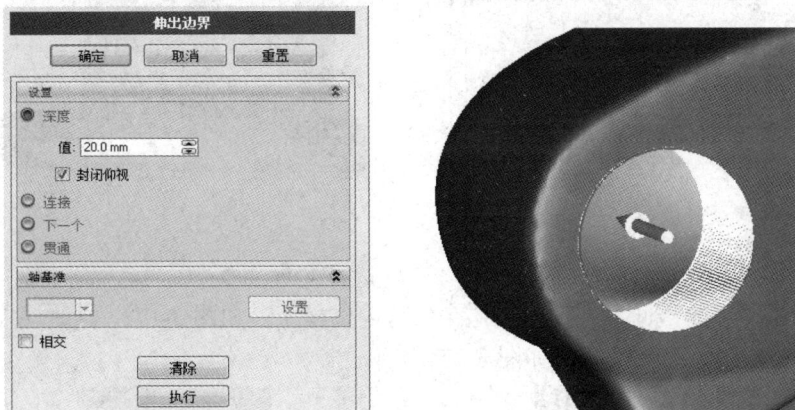

图 3-167　"伸出边界"对话框

(15) 单击"执行"按钮，创建一圆柱孔，如图 3-168 所示。

(16) 对另外两个孔重复第(13)~(15)步的命令，完成后模型如图 3-169 所示。

图 3-168　伸出一圆柱孔　　　　　　　　　图 3-169　创建另两个孔

(17) 单击"确定"按钮，完成圆柱孔创建。

(18) 现在剪切并封闭底面。单击工具栏中的"用平面进行裁剪"命令 ，在"对齐平面"下拉菜单中选择"拾取边界"选项，如图 3-170 所示。用鼠标单击模型底面开放的边界，建立一个与底边对齐的平面，如图 3-171 所示。

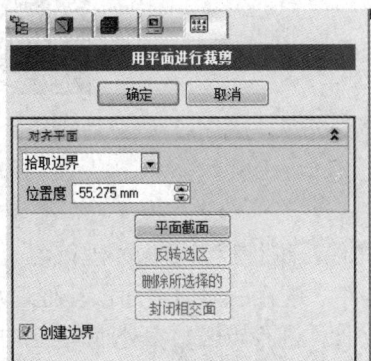

图 3-170　"用平面进行裁剪"对话框　　　　图 3-171　拾取边界创建的平面

(19) 应用"位置度"文本框右边的上下调节按钮，使平面向上向下移动直到它与模型相交，位置度为 0.5 mm，如图 3-172 所示。

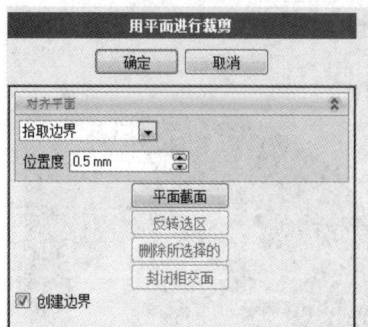

图 3-172　平面上升 0.5 mm

(20) 单击"平面截面"按钮，在这个位置剪切模型，如图 3-173 所示。单击"删除所选择的"按钮，删除高亮部分，如图 3-174 所示。

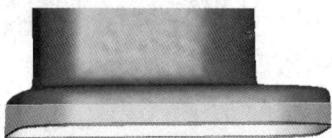

图 3-173　分割成两部分　　　　　　　　图 3-174　删除选中的部分

(21) 单击"封闭相交面"按钮，在这个位置给模型加个盖，如图 3-175 所示。创建一个平面封闭的部分。单击"确定"按钮退出"用平面进行裁剪"对话框，如图 3-176 所示。

图 3-175　封闭底面　　　　　　　　图 3-176　完成"平面裁剪"命令效果

思考与练习

布尔运算_
羊头加平台

1. 工作图形区的模型如何通过鼠标来旋转、移动、放大与缩小？
2. 管理面板包含几个标签，分别设置什么？
3. 数据精简有几种方式？
4. 下载教材附带的资源，打开对应章节的点云文件，进行点云数据处理练习。
5. 下载教材附带的资源，打开对应章节的练习文件，进行三角网格面修补处理练习。
6. 下载教材附带的资源，打开对应章节的练习文件，进行点云数据处理与三角网格面修补综合练习操作。
7. 下载教材附带的资源，打开一只羊头和一个平台，进行布尔运算，把羊头放在平台上。

任务 3.2　Creo 软件中小平面特征的应用

Creo 软件中的小平面特征模块是处理点云、构建三角网格面的功能模块,该模块的许多命令与 Geomagic Studio 相似,并在 Geomagic Studio 中都可以找到相对应的命令。可以说,Creo 软件中的小平面特征模块是 Geomagic Studio 功能的简化版。因此,Creo 软件中的小平面特征模块可以与 Geomagic Studio 结合起来学习,前面学会了,这里就很容易掌握。下面介绍一些小平面特征模块中常用的重要命令。

3.2.1　点云的编辑处理

1. 原始数据导入

(1) 新建一个文件。

(2) 单击"模型"标签下的"获取数据"选项标签,选择"导入",如图 3-177 所示。

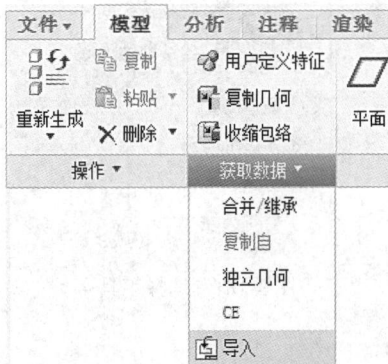

图 3-177　"导入"命令

(3) 在弹出的"打开"对话框中选中文件 diexingkaozhen.igs,单击"打开"按钮,弹出"文件"对话框,如图 3-178 所示。导入类型选择"小平面",单击"确定"按钮,系统以默认坐标系导入原始点云数据,如图 3-179 所示。

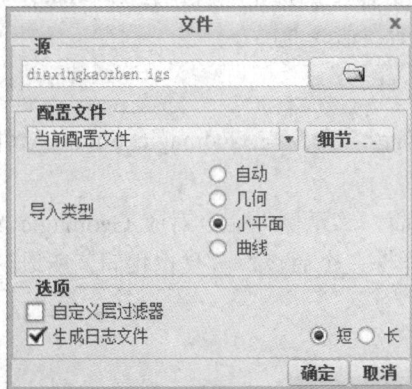

图 3-178　"文件"对话框　　　　　　　　图 3-179　导入的点云数据

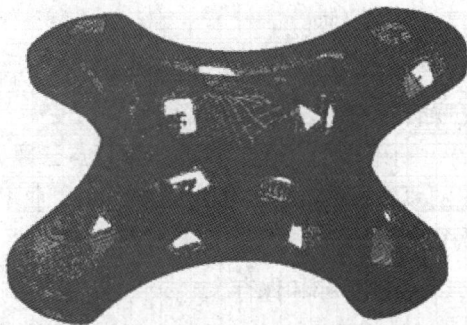

点云导入后，即可进入小平面特征的工作环境。此时在工具栏出现了新的"点"标签，在该标签下，包含了所有对点云操作的工具，如图 3-180 所示。

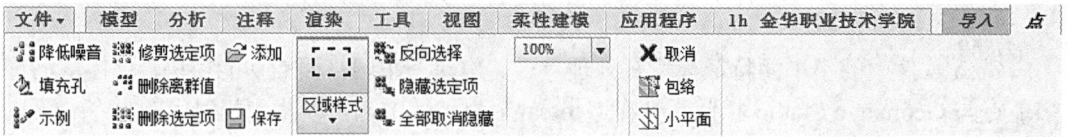

图 3-180　"点"标签下的工具

2. 点云的选择

在 Creo 小平面特征的工作环境下，用鼠标左键选择点云或点云的某些部分，有多个选择工具，在工具栏中的"区域样式"下都可找到。"区域样式"有"在框内""椭圆内部""画笔"和"多边形内部"。这与 Geomagic Studio 软件相似，连命令的图标、操作方式都几乎一样，如图 3-181 所示。

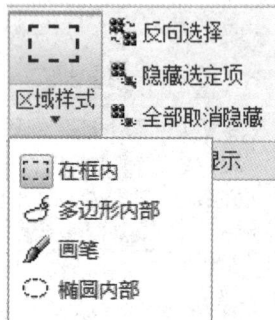

图 3-181　选择工具

3. 点云的删除与修剪

(1)"删除离群值"命令 ：该命令的作用是删除选中的点云部分，与 Geomagic Studio 软件中的"删除体外孤点"命令 相似。

(2)"修剪选定项"命令 ：该命令的作用恰好与"删除离群值"命令相反，是保留选中的点云，删除没选中的点云部分。

这两个命令在 Geomagic Studio 软件中也有，但命令图标不一样。在 Geomagic Studio 软件中对应的图标分别是"删除"命令 和"修剪"命令 。

4. 点云预处理

(1)"降低噪音"命令 ：该"降低噪音"命令与 Geomagic Studio 软件中的"降低噪音"命令含义相同。

(2)"示例"命令 ，即进行点云数据精简。"示例"命令对应 Geomagic Studio 软件中的"随机采样""等距采样"和"曲率采样"三个命令，含义也相同，所以这里就不再重复介绍了。

5. 点云的修补和保存

(1)"填充孔"命令 ：该命令可对点云内的破洞进行填充修补。在填充时，系

统会根据所圈选的点进行曲率估算,并以此填补破洞区域。其具体操作如下:

① 选取需要修补的孔,如图 3-182 所示。

② 单击工具栏中的"填充孔"命令 ⚙ 填充孔 ,破孔就被自动修补,如图 3-183 所示。

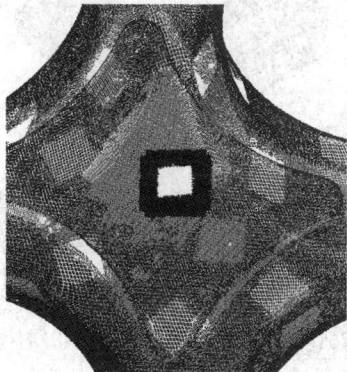

图 3-182　选择需修补的孔　　　　　　　　图 3-183　修补后的效果

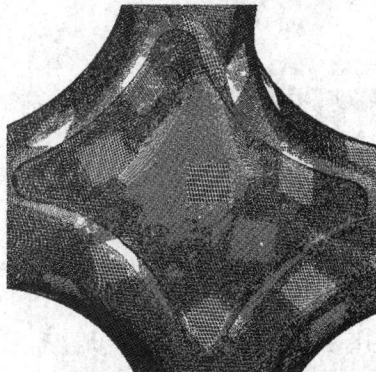

(2) "保存"命令 💾 保存 :Creo 软件保存点云的格式有.PTS、VTX 两种。

6. 创建三角网格面

创建三角网格面需要使用"小平面"命令和"包络"命令。

"小平面"命令和"包络"命令分别对应于 Geomagic Studio 软件中"封装"命令的两种类型:曲面封装和体积封装。一般在构建三角网格面时,直接单击"小平面"命令,就进入小平面编辑阶段。

进入小平面编辑阶段后,在工具栏出现了新的"小平面"标签。在该标签下,包含了所有对三角网格面进行编辑处理的工具,如图 3-184 所示。

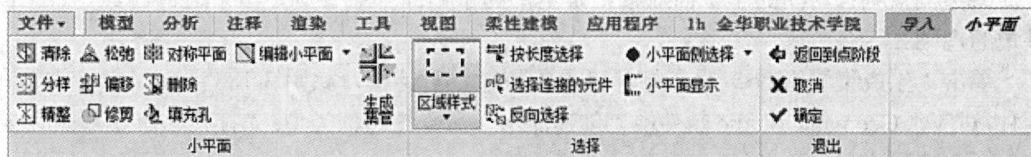

图 3-184　"小平面"标签下的工具

3.2.2　小平面编辑处理

1. 小平面的选取

(1) "小平面侧选择"按钮 ◆ 小平面侧选择 ▾ :该按钮下拉列表中包含"选择前侧的小平面""选择后侧的小平面"和"仅选择可见项"三项,如图 3-185 所示。

若选择"选择前侧的小平面",则只能选中处于前面的小平面部分。选择"选择后侧的小平面",则只能选中处于后面的小平面部分。选择"仅选择可见项",就只能选中可见的小平面部分。

(2) "反向选择"按钮 ▦ 反向选择 :当单击此按钮时,即可切换选中的与没选中的小平面。

(3) "小平面显示" 按钮 小平面显示：单击此按钮，即用不同颜色显示小平面的外部与内部，如图 3-186 所示。

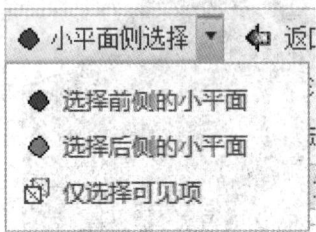

图 3-185 "小平面侧选择" 按钮　　图 3-186 单击 "小平面显示" 按钮零件显示效果

2. 小平面操作

(1) "填充孔" 命令 填充孔：该命令是在小平面阶段的补孔命令。

(2) "清除" 命令 清除：该命令相当于小平面阶段的 "降低噪音" 命令，用于平滑小平面的命令。

(3) "松弛" 命令 松弛：该命令是通过降低张力来达到三角形表面光滑的。该命令的作用类似于 "清除" 命令，用于平滑小平面，但它是用另一种算法来平滑小平面的。

单击 "松弛" 命令 松弛，打开 "松弛" 对话框，如图 3-187 所示。

(4) "生成集管" 命令 ：该命令是删除非流形三角网格面。流形三角网格面就是所有小平面的三条边都与其他小平面共边(边界除外)。所以流形三角网格面分两种类型：开口型和封闭型。开口小平面对象是除边界处的小平面外其余都需要满足三条边与其他小平面共边的规则；封闭的小平面对象则是全部的小平面都需要满足三条边都与其他小平面共边的规则。

单击 "生成集管" 命令 ，打开 "生成集管" 对话框，如图 3-188 所示。集管类型有两种，对应于 Geomagic Studio 软件中 "创建流形" 命令的两种类型："打开" 命令 和 "封闭" 命令(无图标)。

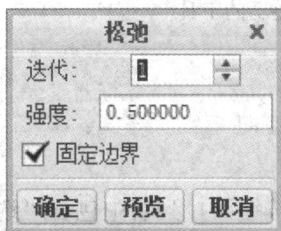

图 3-187 "松弛" 对话框　　图 3-188 "生成集管" 对话框

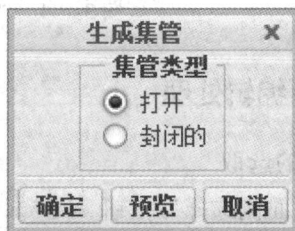

(5) "对称平面" 命令 对称平面：这是一个很有用的命令，单击此命令，弹出 "平面" 对话框，如图 3-189 所示。系统将自动寻找并创建出零件的对称面(如果该零件存在对称面)，如图 3-190 所示。

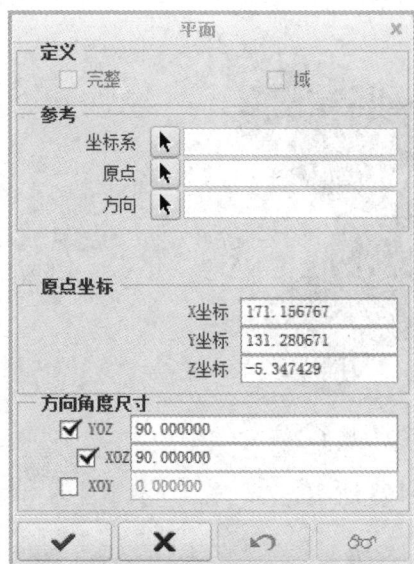

图 3-189   "平面"对话框

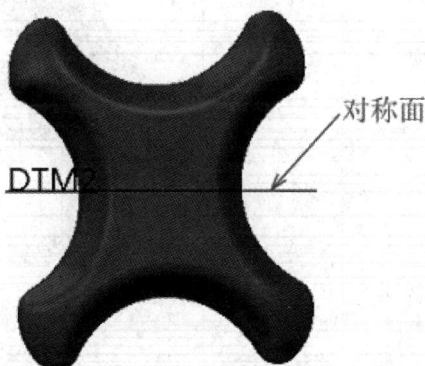

图 3-190   自动寻找的对称面

3.2.3   实际操作案例

Creo 软件的点云及三角网格面的处理能力大大弱于 Geomagic Studio 软件，前面已介绍过，Creo 软件的点云及三角网格面的修补功能是 Geomagic Studio 软件的简化版，因此在有 Geomagic Studio 软件的情况下，一般不会用 Creo 软件来处理点云。本节仅给出一个实际操作案例——蝶形靠枕点云处理，其操作步骤如下：

(1) 新建一个文件。

(2) 单击"模型"标签下的"获取数据"选项标签，选择"导入"，如图 3-191 所示。

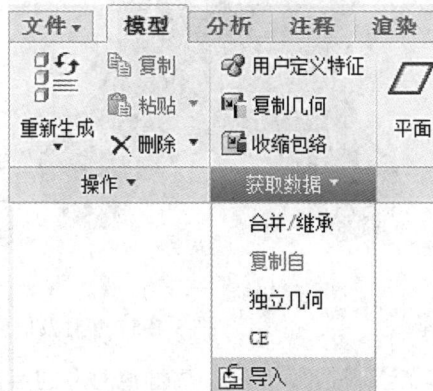

图 3-191   "导入"命令

(3) 在弹出的"打开"对话框中选中文件 diexingkaozhen.igs，单击"打开"按钮，弹出"文件"对话框，如图 3-178 所示。导入类型选择"小平面"，单击"确定"按钮，系统以默认坐标系导入原始点云数据，如图 3-192 所示。

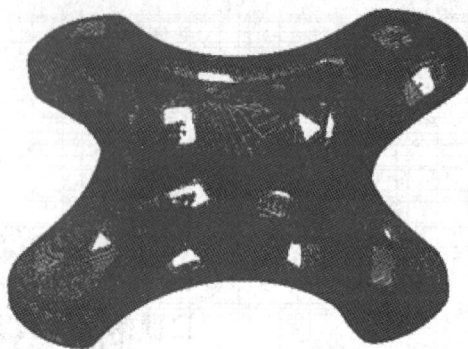

图 3-192　导入的原始点云数据

(4) 在工具栏出现了新的"点"标签，如图 3-193 所示。

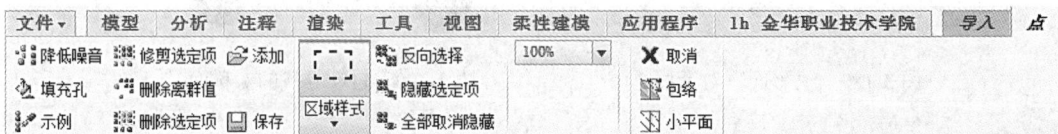

图 3-193　"点"工具栏

(5) 在工具栏中单击"删除离群值"命令，打开该命令对话框，如图 3-194 所示。按默认参数，零件显示如图 3-195(a)所示。信息栏显示已选择 119 个离群点，如图 3-195(b)所示。

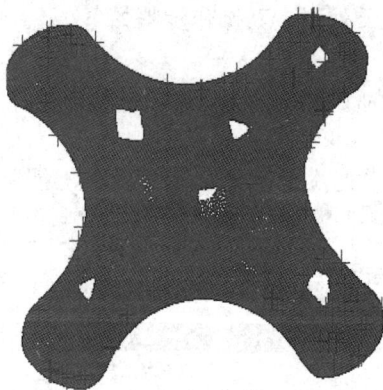

(a)　　　　　　　　　　　　　　(b)

图 3-194　"删除离群值"对话框　　　　　　图 3-195　零件及信息栏显示

(6) 单击对话框中的"确定"按钮，119 个离群值对应的点被删除。

(7) 选择下半部分，如图 3-196 所示。单击工具栏中的"隐藏选定项"命令 隐藏选定项 ，隐藏下半部分，如图 3-197 所示，目的是避免选中重叠的点云，先隐藏下一半。

<table>
<tr><td>图 3-196　选择下半部分</td><td>图 3-197　隐藏下半部分后的效果</td></tr>
</table>

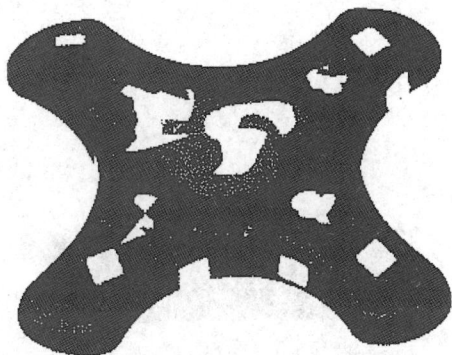

(8) 转换"选择工具"为"套索"工具 ⟋，选择图 3-198 所示的点云，再单击工具栏中的"填充孔"命令 ⬥ 填充孔，选中的破孔即被修补，如图 3-199 所示。

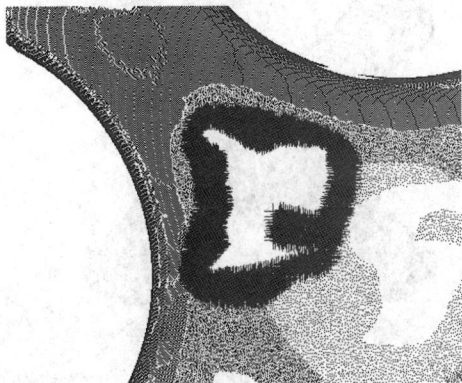

<table>
<tr><td>图 3-198　选择图示的孔</td><td>图 3-199　填补后效果</td></tr>
</table>

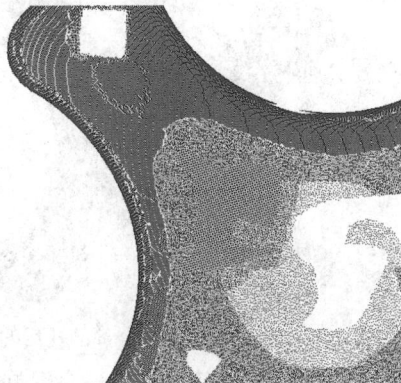

(9) 参照步骤(8)操作，修补该零件上半部分全部的孔，如图 3-200 所示。

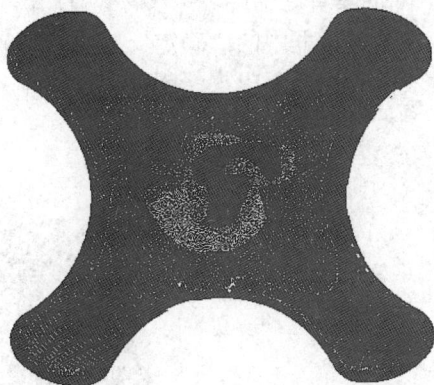

图 3-200　修补上半部分全部的孔后的效果

(10) 单击工具栏中的"全部取消隐藏"命令 🐾 全部取消隐藏，即显示全部的点云。

(11) 选择上半部分，如图 3-201 所示。单击工具栏中的"隐藏选定项"命令 🐾 隐藏选定项，隐藏上半部分，如图 3-202 所示。

图 3-201　选择上半部分　　　　　　图 3-202　隐藏上半部分后的效果

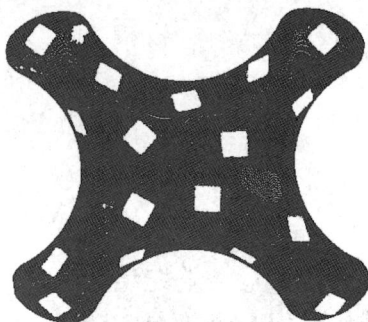

(12) 用前面相同的方法，修补下半部分全部的孔洞，修补完成的效果如图 3-203 所示。

(13) 单击工具栏中的"全部取消隐藏"命令 全部取消隐藏，即显示全部的点云，如图 3-204 所示。

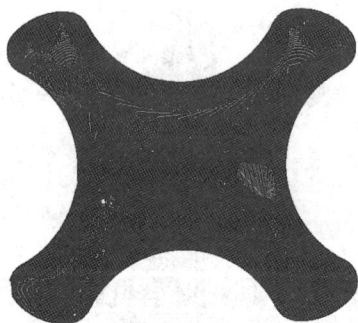

图 3-203　修补下半部分全部的孔后的效果　　　　　图 3-204　显示全部的点云

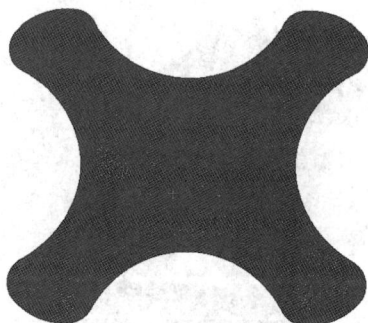

(14) 检测孔是否补完，若还有遗漏，则继续按前面的方法把孔补起来。当然进入小平面阶段也是可以补孔的，但在 Creo 中，在点云阶段先补孔效果会比较好，所以建议先补孔再构建三角网格面。

(15) 单击工具栏中的"降低噪音"命令 降低噪音，打开"降低噪音"对话框，按默认设置，如图 3-205 所示。单击对话框中的"确定"按钮，完成一次零件降噪。因为降噪对点的变动很小，在点云阶段，目视看不出来，所以点云没什么变化，如图 3-206 所示。

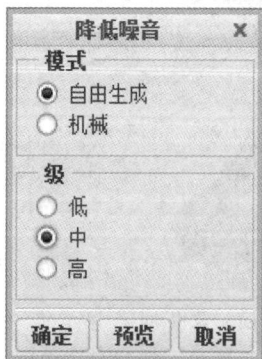

图 3-205　"降低噪音"对话框　　　　　图 3-206　降噪后效果

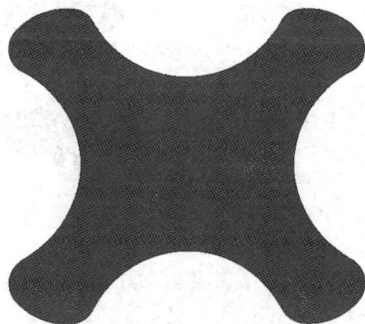

(16) 查看信息栏，当前的点云数目是 51 万多个，因数量太多而会影响后续建模的速

度，所以要进行点云采样。单击工具栏中的"示例"命令 [示例]，在打开的对话框中选择
◉ 统一抽样，间距设置为 0.6 mm，单击"确定"按钮，完成点云采样。信息栏显示现在的
点云数目为 22 万多个。

(17) 单击工具栏中的"小平面"命令 [小平面]，软件经过一段时间的运算后，构建出
三角网格面，如图 3-207 所示。

图 3-207 创建小平面

(18) 这里有一个凹陷，在 Creo 中没有命令可以使它恢复，但可以用删除此处小平面，
再用填充孔的方式解决。先选中此处的小平面，如图 3-208 所示。再单击"小平面侧选择"
按钮 [小平面侧选择] 右侧的下三角，出现下拉列表，选择"仅选择可见项"，如图 3-209 所示。

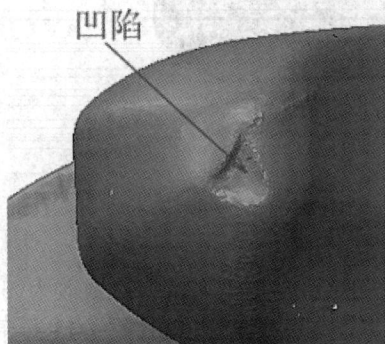

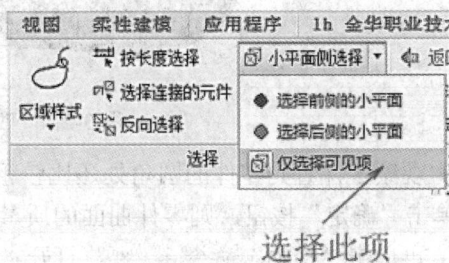

图 3-208 选择凹陷   图 3-209 选择"仅选择可见的"

(19) 选取一个区域，如图 3-210 所示。单击"删除"命令删除，如图 3-211 所示。

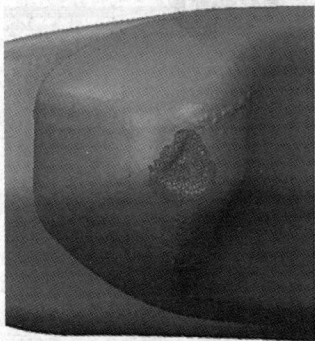

图 3-210 选取一个区域   图 3-211 删除后结果

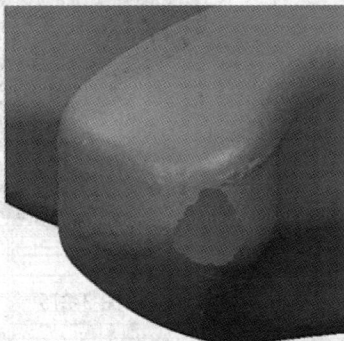

(20) 再单击"填充孔"命令，打开"填充孔"对话框，如图 3-212 所示。选择"全部"单选框，如图 3-213 所示。

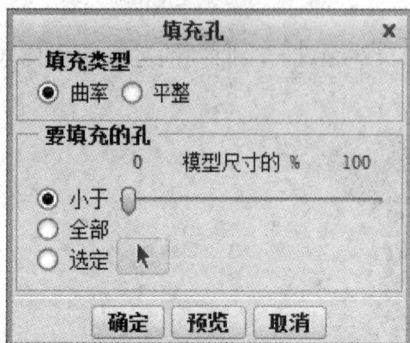

图 3-212　"填充孔"对话框

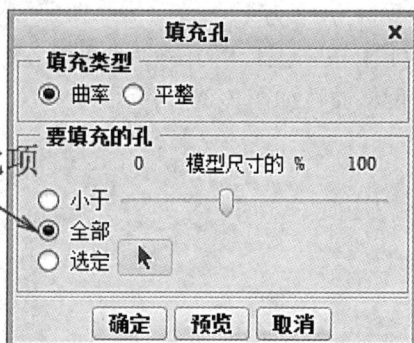

图 3-213　选择"全部"单选框

(21) 单击"确定"按钮，完成凹陷处的修补，如图 3-214 所示。

图 3-214　凹陷被修补

(22) 观察零件看到零件的圆角处还比较粗糙。单击"清除"命令 🔲 清除，在打开的对话框中单击"确定"按钮，则零件曲面的质量得到改善。

(23) 再单击"松弛"命令 🔺松弛，打开"松弛"对话框，"迭代"次数改为 3，"强度"改为 0.7，单击"确定"按钮，零件曲面的质量再次得到改善，如图 3-215 所示。

图 3-215　"松弛"后效果

(24) 单击工具栏中的"对称平面"命令 🔲 对称平面，弹出"平面"对话框，系统自动寻找并创建出零件的对称面，如图 3-216 所示。

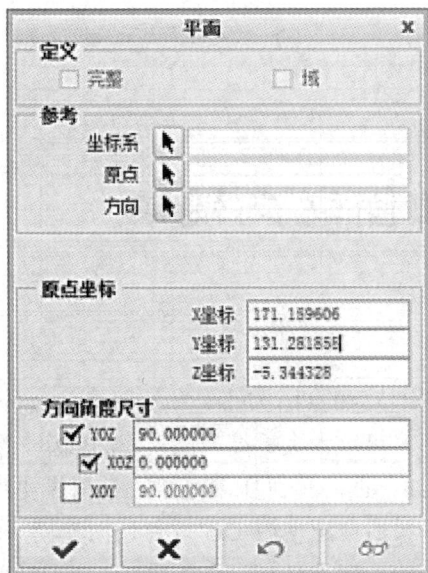

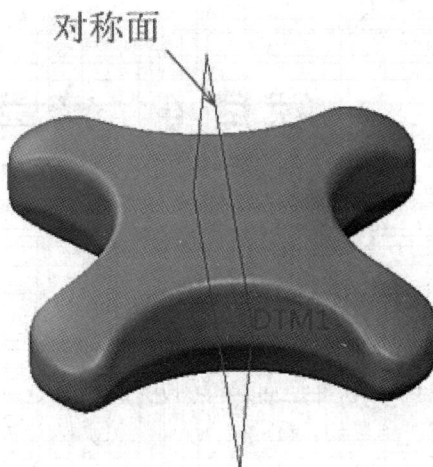

图 3-216　"平面"对话框及创建的对称面

(25) 最后在退出小平面特征模块前，一定要单击一次"生成集管"命令 ⿰，删除非流形三角网格面，不然进不了重新造型模块。

思考与练习

1. 在点云处理阶段，"删除"命令与"修剪"命令有什么区别与联系？

2. 在点云处理阶段，可以选择什么样的选择工具来选择任意形状的不规则点云？

3. 零件"小平面特征"阶段处理结束后，想进入"重新造型"模块，但提示有非流形三角网格面，该如何处理？

4. 对于三角网格面模型，如何快速准确地创建对称基准平面？

5. 下载教材附带的资源，打开对应章节的练习文件，进行三角网格面修补处理练习。

项目 4　产品曲面逆向建模

本项目首先介绍 Geomagic Studio 软件中非常有特色的两个曲面建模流程——shape phase 和 fashion phase，这两种方法在企业中都有应用，可以大大提高产品建模的效率。然后介绍使用 Creo 软件逆向建模的几种方法：① 点→线→面→体；② 利用独立几何模块；③ 利用重新造型模块；④ 综合方法；⑤ 图片逆向。最后介绍使用 UG 软件逆向建模，UG 软件具有丰富的点、线、曲构建命令，特别是曲线的构建不必在一个平面上，而且方法多，为逆向建模带来了很多便利。UG 软件的曲面构建也比 Creo 软件容易成功，因此在逆向建模方面，UG 软件使用更广。

任务 4.1　Geomagic Studio 逆向建模

Geomagic Studio 逆向建模讲授的是 Geomagic Studio 曲面阶段的一些操作功能和建模技巧。Geomagic Studio 的曲面阶段有两种曲面建模流程：形状阶段(shape phase)和制作阶段(fashion phase)。这两种方式都很有特点，可以大大提高对复杂曲面模型的建模效率。其中形状阶段制作流程适用于卡通人物、动物模型的建模，制作阶段制作流程适用于具有平面、圆柱面、球面、旋转面、拉伸面、自由曲面等不同类型曲面的工业产品建模。而且制作阶段制作流程制作的模型是参数化的，例如拟合的平面可以得到平面的法矢，拟合的圆柱可以得到圆柱的轴线参数和圆柱的圆半径尺寸，所以该制作流程也称为参数化建模。

4.1.1　挡泥板的逆向建模

要点：学习如何在三角面模式建立 NURBS 曲面，执行一些重新排列曲面片的基本编辑命令。

挡泥板的逆向建模过程如下：

(1) 单击"打开"命令 📂，打开 rear_fender-surf.wrp 文件。这是一个汽车挡泥板的扫描数据，包含 80 000 个三角面。

(2) 单击"前视图"按钮 📦，将图改成前视图。用组合键 Ctrl + D 使图在屏幕上呈现最佳显示效果，如图 4-1 所示。

挡泥板的逆向建模

图 4-1　汽车挡泥板前视图

（3）单击工具栏中的"网格医生"命令 ，检查该三角网格面是否存在问题。在打开的"网格医生"对话框的"分析"选项组中可见，该三角网格面操作"高度折射边"和"尖状物"有问题，如图 4-2 所示。

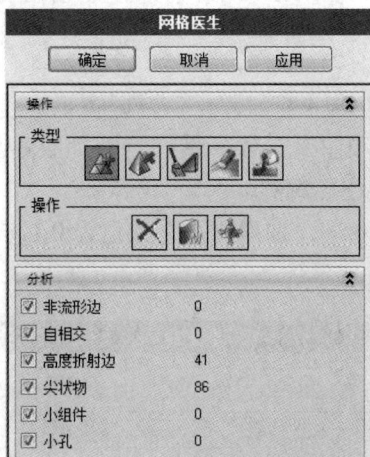

图 4-2　"网格医生"对话框

（4）单击"应用"按钮，软件自动修补存在的问题，各项指标都变为零，如图 4-3 所示。单击"确定"按钮，退出"网格医生"对话框。

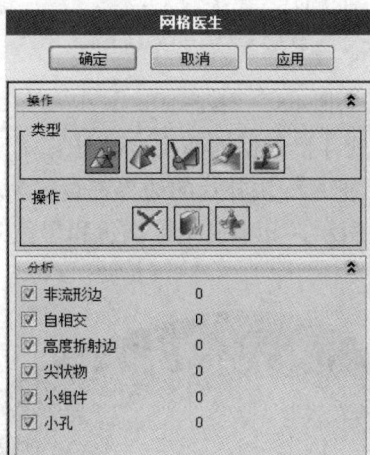

图 4-3　各项指标都变为零

（5）单击工具栏中的"曲面阶段"命令 ，打开"选择工作流"窗口，选择左边的"形状阶段"工作流按钮 ，单击"确定"按钮，进入曲面阶段，如图 4-4 所示。

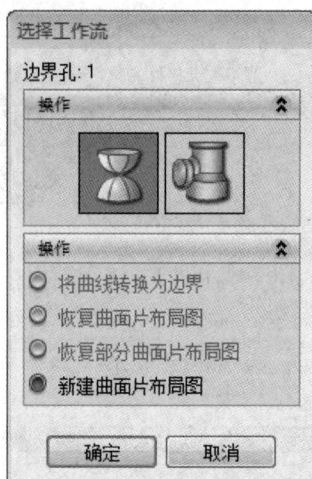

图 4-4 "选择工作流"对话框

(6) 在工具栏中单击"探测曲率"命令 ▦，打开"探测曲率"对话框，这项功能可以在模型上根据曲面曲率自动突出轮廓线。

(7) 设置"目标"数值为 65，"曲率级别"数值为 0.1，在"简化轮廓线"前打钩，如图 4-5 所示。

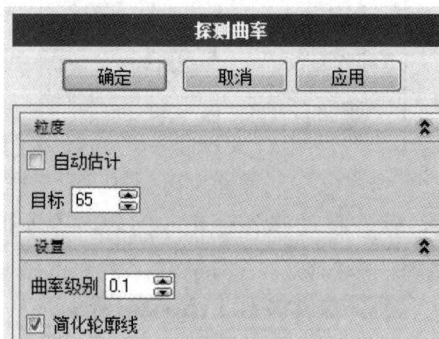

图 4-5 "探测曲率"对话框

(8) 单击"应用"按钮。软件将根据这两个参数计算模型表面曲率最高的部分。曲率级别数值在 0～1 之间，0 表示把每一块补片的边界都设置为轮廓线，1 表示曲面内部不设任何轮廓线。完成后如图 4-6 所示，其中显示了橘色和黑色的线，橘色的轮廓线为显示曲率最高的区域。

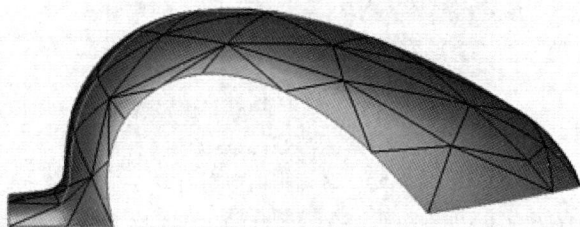

图 4-6 探测曲率结果

(9) 单击"确定"按钮关闭对话框。此时会注意到一条连续的橘色轮廓线穿过挡泥板的中心，现在可以手动选择一些黑色实体使其变成轮廓线。

(10) 在工具栏中单击"升级/约束"命令 ，打开"升级/约束"对话框，如图 4-7 所示。

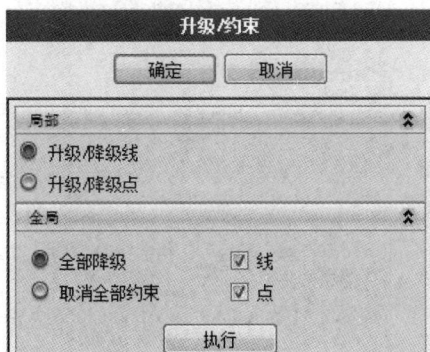

图 4-7　"升级/约束"对话框

(11) 单击图 4-8 所示的五条黑色实线，使其变成轮廓线。完成后模型如图 4-9 所示。

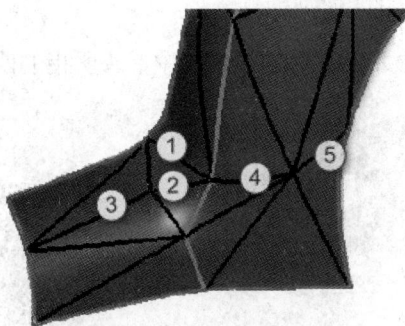

图 4-8　升级的五条黑色实线　　　　　　　　图 4-9　升级后效果

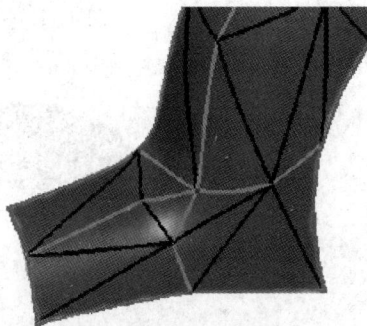

⊠ 小技巧：为了更方便地选择线，可使用"矩形框"或"画笔"工具。如果不小心选到了不想要的线，则按住 Ctrl 键再单击此线就取消选择了。

(12) 单击"确定"按钮关闭对话框，现在模型被轮廓线分成五个面板。

(13) 在工具栏中单击"构造曲面片"命令 。设置"指定曲面片计数"中的"目标曲面片计数"值为 100。在"检查路径相交"前打钩，并单击"应用"按钮，如图 4-10 所示。这项功能将在三角面上划分出大约 100 个四边形的曲面片。

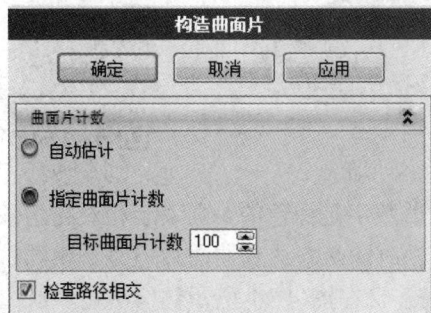

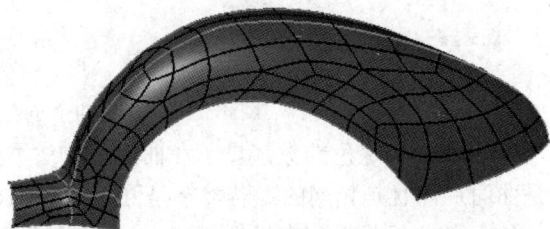

图 4-10　构造曲面片

(14) 单击工具栏中的"移动面板"命令 。打开"移动面板"对话框，如图 4-11 所示。

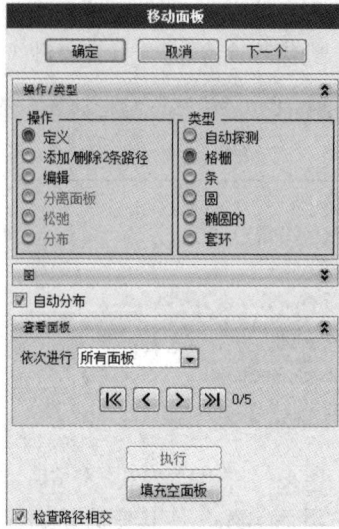

图 4-11　"移动面板"对话框

(15) 单击图 4-12 中任意一个大面，当高亮显示时，单击图 4-12 中箭头所指的四个角点。

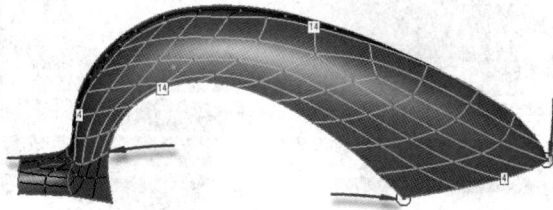

图 4-12　依次单击四个角点　　　　　　　彩图

⊠ **小技巧**：当单击角点时，位置要在面片及红色圆圈内部，这样可以保证选到正确的点。

(16) 单击完四个角点后，以小红圆圈的方式显示。单击完四个角点后模型如图 4-13 所示。

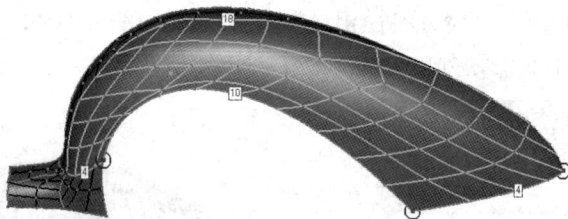

图 4-13　单击完四个角点后模型显示状况　　　　　　　彩图

(17) 红色和绿色的数字显示在曲面片的边界上。若数字是绿色的，则表示相对的两条边是曲面片而且是相同的；若数字是红色的，则表示相对的两条边是曲面片但是不相同。

(18) 在"操作"列表中选择"添加/删除两条路径"，在图 4-14 所示边缘单击一次增加 2 个曲面片，单击 4 次，数字变为 18，与对边相等。

⊠ **小技巧**：如果选择错误，则按组合键 Ctrl + Z 取消上一步。按住 Ctrl 键，单击边缘一次减少 2 个补片数。如果两对边一个是奇数，另一个是偶数，则可以单击四边形的角点，每单击一次，角的两边各增加一个补片数。

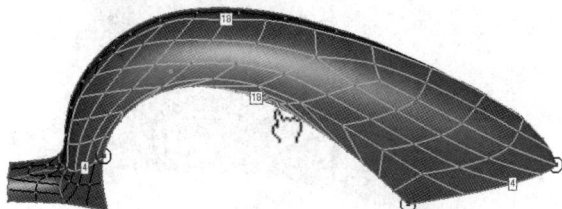

图 4-11 "添加/删除两条路径"操作

(19) 勾选"自动分布"复选框，选择"条"单选框，单击"执行"后，轮廓线上的顶点在轮廓线上被等距分布，如图 4-15 所示。选择"条"是因为该面板形状是长条形。

图 4-12 执行移动面板效果

注意：有时会出现"警告"窗口(如图 4-16 所示)，这是因为移动面板后其他面板中的栅格线出现了相交，可直接单击"确定"按钮，等移动完全部的面板后再做处理。

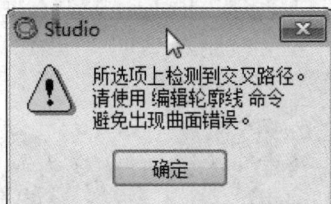

图 4-13 "警告"窗口

⊠ **小技巧**：若前面没有勾选"自动分布"复选框，则在"操作"选项组中选择"分布"，沿着曲面片的长边单击任意位置，轮廓线上的顶点在轮廓线上就被等距分布了。

(20) 单击"下一个"按钮，处理下一个曲面片。单击图 4-17 所示的细长曲面片，重复 (15)～(19)操作步骤，增加曲面片，使之显示为(2 × 2，18 × 18)。

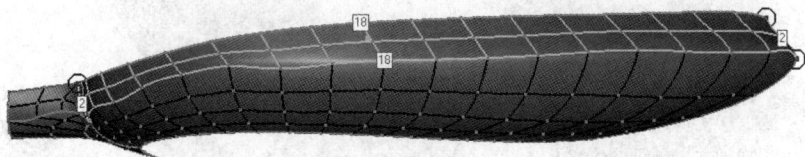

图 4-14 移动面板操作

(21) 当对设计结果满意后，单击"下一个"按钮，并移动下一个曲面片。继续移动其余三块曲面片，如图 4-18 所示。注意要在类型列表中把"条"单选框改为"栅格"，因为后面三块曲面片形状不是长条形。

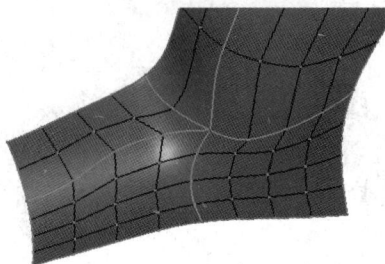

图 4-15　移动面板操作

（22）在"操作"列表中选择"编辑"，用鼠标调整节点，尽量使栅格都成矩形分布。调整后的栅格分布如图 4-19 所示。

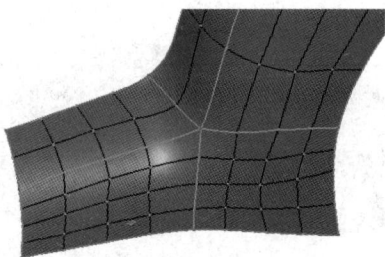

图 4-16　"编辑"曲面片后的效果

（23）结束后，单击"确定"按钮，退出"移动面板"对话框。

（24）单击"压缩曲面片层"命令，单击图 4-20 显示的线，一行节片会变成白色高亮显示，单击 Execute，这行节片就会被删除(或叫"压缩")。

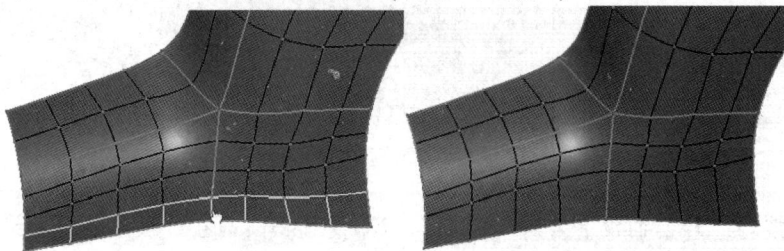

图 4-17　"压缩曲面片层"执行效果

（25）切换到"解压缩"选项，单击显示曲线，一行节片将变成白色高亮，单击"执行"按钮，所选的一行曲面片就会被拆分成两行，如图 4-21 所示。

图 4-18　"解压缩"执行效果　　　　　　　　　　　彩图

(26) 单击"确定"按钮，退出"压缩曲面片层"对话框。当模型的特定位置需要特别高的精度时，这个技巧非常有用，可以简单地增加一两行节片来获得更高的几何精度。

(27) 单击菜单栏中的"轮廓线"→"松弛轮廓线"，打开"松弛轮廓线"对话框，如图 4-22 所示。

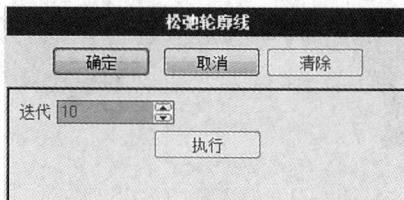

图 4-19 "松弛轮廓线"对话框

(28) 选择单条黄色轮廓线，单击"执行"按钮，则黄色轮廓线就会朝着较高曲率的区域调整。"迭代"值默认是 10，这个数字代表每单击一次"执行"，算法执行 10 次。

(29) 在工具栏中单击"松弛轮廓线"命令，则会自动执行向较高曲率的区域调整全部轮廓线，这将加强边界线。这个操作没有对话框。单击工具栏上的"松弛曲面片"命令，使曲面片网格线条变直。以上两个键能重复执行，但是过度使用会造成补片偏离原始的对象。

单击菜单栏中的"曲面片"→"松弛曲面片"→"直线形"命令，则可以拉直全部补片体顶点之间的边线(不移动顶点)，而不管相邻补片体边线的位置。"直线形"能生成一个有效的补片布局，并可执行多次。

单击菜单栏中的"曲面片"→"松弛曲面片"→"曲线形"命令，则可以拉直全部曲面片顶点之间的边线，并保持和临边光顺。"曲线形"能阻止"构造栅格"时产生交叉栅格，但只能执行一次。

通常，单击"直线形"命令一次或多次，然后单击菜单栏中的"曲面片"→"松弛曲面片"→"曲线形"命令一次。

(30) 单击工具栏中的"构造栅格"命令，设置"分辨率"数值为 20，单击"确定"按钮。这项操作会在每个曲面片里生成 U-V 网络，NURBS 曲面会以此网络为基础。

☒ 小技巧：网格的范围为 8～100，数值越高曲面的精度就越高，相反，数值越小曲面就越平滑。比较优化的网格数值为 20～50，这个数值大小不会影响最后的 IGES 文件大小。

(31) 单击工具栏中的"拟合曲面"命令，在"拟合方法"选项组选择"常数"，设置"控制点"值为 12、"表面张力"值为 0.25，如图 4-23 所示。

知识点："拟合方法"一定要选择"常数"，后续才能合并曲面片。

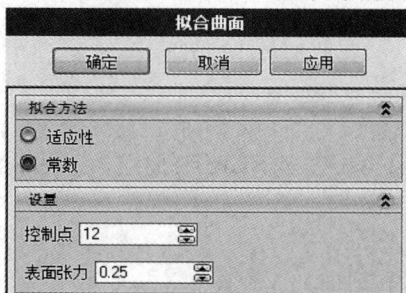

图 4-20 "拟合曲面"对话框

(32) 单击"应用"按钮，再单击"确定"按钮，软件就自动形成 G1 连续的 NURBS 曲面，如图 4-24 所示。

图 4-21　创建的 NURBS 曲面

再单击"基本体素"标签，勾选"曲面片"和"轮廓线"前的复选框，零件显示如图 4-25 所示。

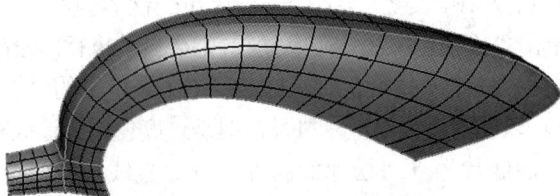

图 4-22　显示"曲面片"和"轮廓线"

(33) 选择如图 4-26 所示的曲面片。

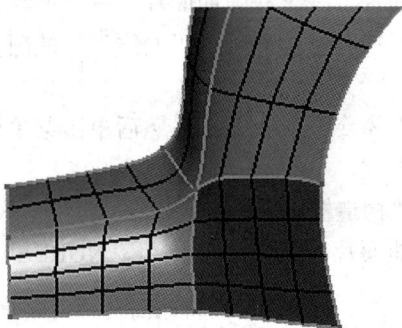

图 4-23　选择一数组曲面片

(34) 单击"合并曲面"命令，就会将选中的多块曲面片合并为一块曲面。当导出 IGS 文件后，在三维 CAD 软件中打开，就是一块曲面。

(35) 参照步骤(34)操作，继续把其余四部分分别合并为四块曲面。

(36) 单击菜单栏中的"文件"→"另存为"，指定为 IGES 类型，单击"保存"按钮。

4.1.2　门插销的逆向建模

要点：学习如何在三角面模式建立 NURBS 曲面，包括曲面编辑和剪切命令。

门插销的逆向建模过程如下：

(1) 单击"打开"命令，打开 latch–poly.wrp 文件，这是一个经过三角网格面处理、带圆形槽的模型，如图 4-27 所示。

门插销的逆向建模

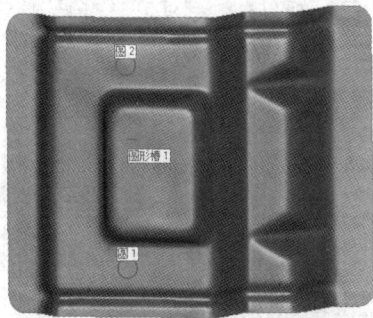

图 4-24 latch–poly.wrp 文件

(2) 在模型管理器中选择"特征",单击右键,在弹出的快捷菜单中选择"全部隐藏"。

(3) 单击工具栏中的"曲面阶段"命令 ，打开"选择工作流"窗口，单击左边的"形状阶段"工作流按钮 ，再单击"确定"按钮，进入曲面阶段。

(4) 在工具栏中单击"探测曲率"命令 ，打开"探测曲率"对话框，设置"目标"值为 250、"曲率级别"值为 0.3，在"简化轮廓线"前打钩，单击"应用"按钮，再单击"确定"按钮，如图 4-28 所示。

图 4-25 "探测曲率"后显示状态

(5) 在工具栏中单击"升降/约束"命令 ，单击"执行"按钮，把轮廓线全部降级为占位线，如图 4-29 所示。

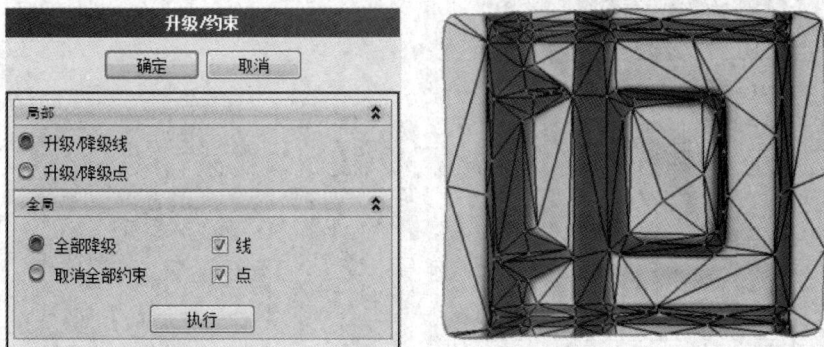

图 4-26 执行全部降级

(6) 用鼠标单击占位线，占位线就升级为轮廓线，设置如图 4-30 所示的三条穿过模型的轮廓线。

⊠ **操作技巧**：当按住 Ctrl 键再单击轮廓线时，就降级为占位线。

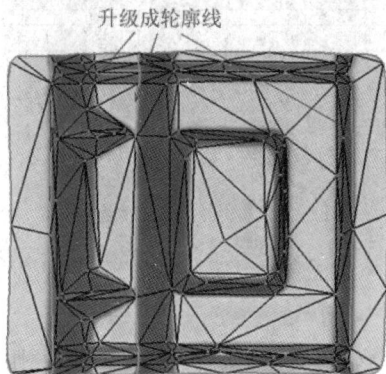

升级成轮廓线

图 4-27 升级占位线为轮廓线

（7）在工具栏中单击"构造曲面片"命令 ▦ ，在打开的对话框中，设置"目标曲面片计数"为 150 并且勾选"检查路径相交"，然后单击"应用"按钮，再单击"确定"按钮，构建曲面片如图 4-31 所示。

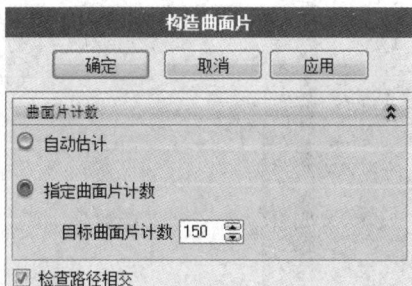

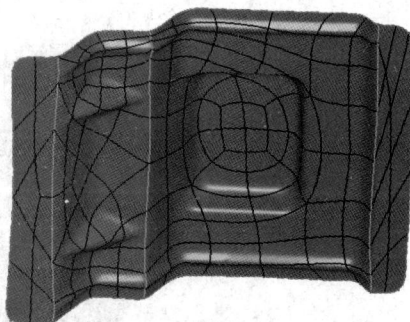

图 4-28 "构造曲面片"后效果

（8）在工具栏中单击"移动面板"命令 ▦ ，打开"移动面板"对话框，如图 4-32 所示。在图 4-33 所示鼠标所在的部位单击，即选择了一个被轮廓线包围的区域，该区域就变为高亮。

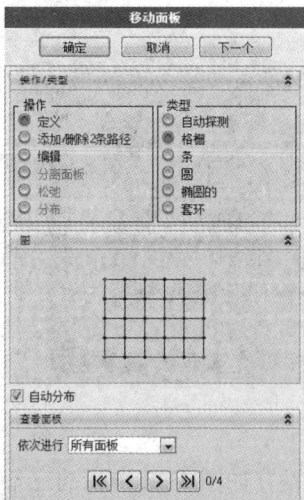

图 4-29 "移动面板"对话框

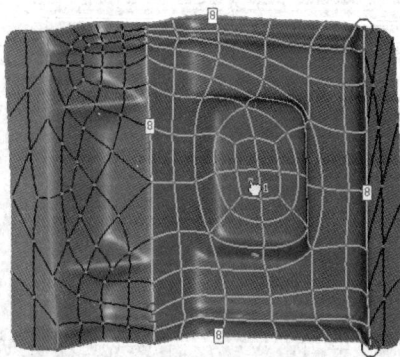

图 4-30 选中一块要移动的面板

(9) 在此区域内是预先确定的曲面片结构。然后点选区域的四个角点，选中后以红圈显示，如图 4-34 所示。

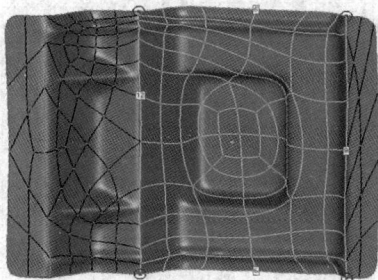

图 4-31　设置四个角点　　　　　　彩图

(10) 为了使网格起作用，相对两边的曲面片数量必须相等。方格内的数字就是曲面片的数量。如果对边的曲面片数量相同，方格会显示为绿色，否则为红色。在"操作"中选择"添加/删除 2 条路径"，点选曲面片数量为 8 的边，每点一次，增加 2 个，直到变为 12，与对边数量相等，此时颜色也就自动变绿了，网格为 12×6 的矩形阵列结构，如图 4-35 所示。

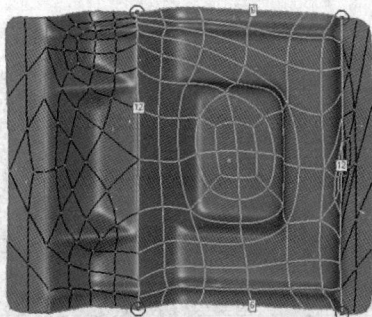

图 4-32　添加/删除路径数目　　　　　彩图

(11) 在"移动面板"对话框中设置"类型"为"栅格"，勾选"自动分布"复选框，单击"执行"按钮，结果如图 4-36 所示。单击 Next 编辑下一区域。设置"类型"可以根据下面的图形进行选择，当高亮区域的形状与哪种类型相似时，就选择哪种。

⊠　小技巧：这里有一个特例，定义完一个区域的角点后，如果发生一边为奇数，一边为偶数这种情况时，可以选择"添加/删除 2 条路径"，单击一次角点，则角点两边会各生成一块曲面片。用这个技巧可以纠正对边奇偶错配的情况。

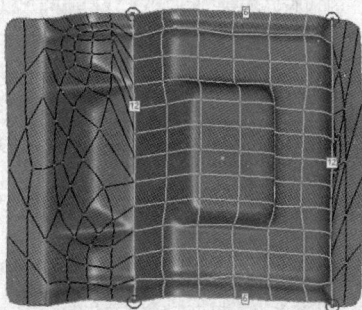

图 4-33　执行移动后显示效果　　　　彩图

(12) 在模型其他区域重复步骤(8)～(11)的操作，完成各区域后，模型如图 4-37 所示。

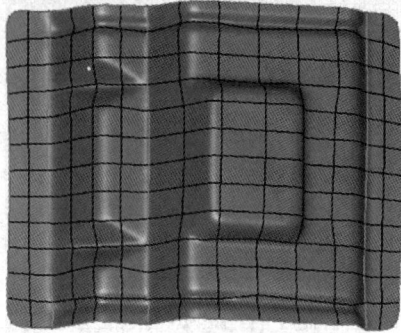

图 4-34　完成全部面板的移动

(13) 在工具栏中单击"构造栅格"命令█，"分辨率"接受默认数值 20，单击"应用"按钮，再单击"确定"按钮，结果如图 4-38 所示。栅格功能将所有的曲面片绑定到一起使相互之间没有缝隙，并且确保曲面片之间切向连续。网格取值越高，会使最后的曲面细节越明显。

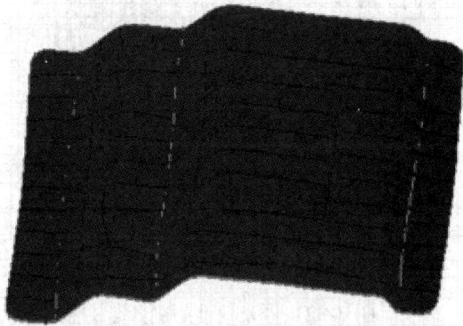

图 4-35　创建栅格

(14) 在工具栏中单击"拟合曲面"命令█，打开"拟合曲面"对话框，如图 4-39 所示。"拟合方法"选择"适应性"，其他接受默认数值。"控制点"是指定曲面片每一边的控制点数量，"表面张力"值是调整曲面精度和平滑度之间的平衡。低张力可保持形状更接近原始数据，而高张力可产生更光滑的表面。

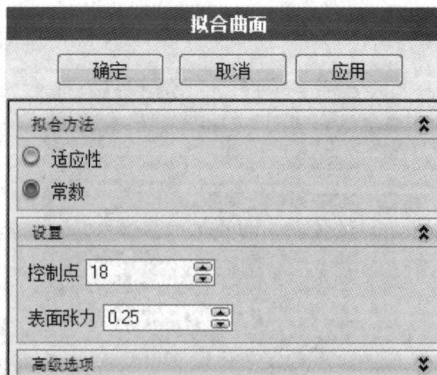

图 4-36　"拟合曲面"对话框

(15) 单击"应用"按钮，再单击"确定"按钮，模型如图 4-40 所示。

图 4-37　完成曲面拟合后的效果

(16) 现在曲面已经建立，下一步剪切出圆形槽。单击菜单栏中的"NURBS"→"转向 CAD 阶段"，出现警告对话框后单击"是"，进入 CAD 阶段。

(17) 单击菜单栏中的"CAD"→"裁剪"→"用特征进行裁剪"，打开"用特征进行裁剪"对话框，如图 4-41 所示。

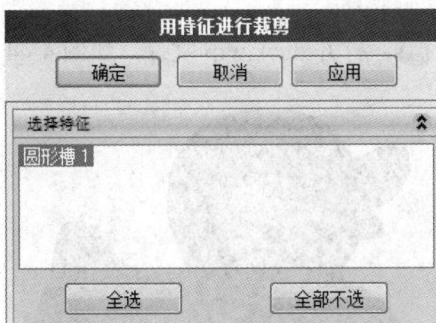

图 4-38　"用特征进行裁剪"对话框

(18) 在"选择特征"列表框选择"圆形槽 1"特征，单击"应用"按钮，就切出原始槽的形状，单击"确定"按钮，完成该零件的建立，如图 4-42 所示。

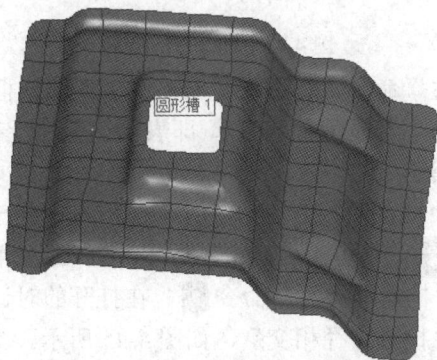

图 4-39　裁剪后显示效果

(19) 在"模型管理器"中，右击"特征"，打开右键快捷菜单，选择"全部隐藏"。转换为"基本体素"标签，取消"面边界"前的复选框，模型如图 4-43 所示。

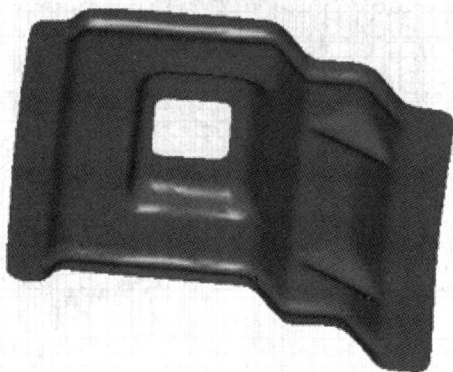

图 4-40　隐藏面边界后的显示效果

4.1.3　玩具鸭的逆向建模

玩具鸭的逆向建模过程如下：

(1) 单击"打开"命令 📂，打开 duck.wrp 文件，如图 4-44 所示。

玩具鸭的逆向建模

图 4-41　duck.wrp 文件

(2) 先单击"网格医生"命令，查看在"网格医生"对话框中的"分析"选项组中是否存在有问题的三角网格面，若显示全部为 0，即表示该零件没有问题，然后单击"确定"按钮退出"网格医生"命令。

(3) 单击工具栏中的"曲面阶段"命令 🛠，打开"选择工作流"窗口，单击左边的"形状阶段"工作流按钮 ⌛，再单击"确定"按钮，进入曲面阶段。

(4) 在工具栏中单击"构造曲面片"命令 📦，在打开的对话框中，设置"目标曲面片计数"为 500，并且勾选"检查路径相交"，如图 4-45 所示。

注："目标曲面片计数"设置多少，要根据零件的复杂情况来确定。零件越复杂，设置的目标曲面片数就越多，这样才能构建出完整的细节。

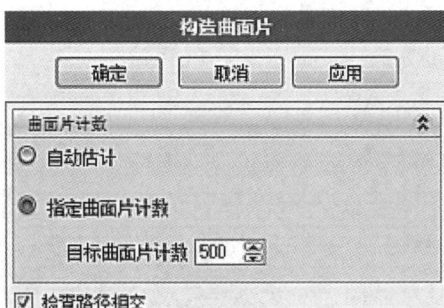

图 4-42　"构造曲面片"对话框参数设置

(5) 单击"应用"按钮,弹出警告对话框,如图 4-46 所示。警告"已检测到交叉路径",知道有交叉路径就可以了,单击"确定"按钮,关闭警告窗口。再单击"确定"按钮,关闭"构造曲面片"对话框。模型已自动分布并构建曲面片布局,如图 4-47 所示。

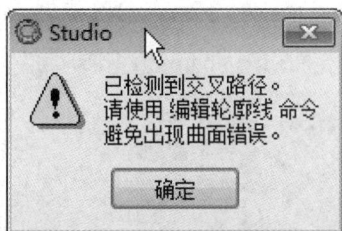

图 4-43　警告对话框

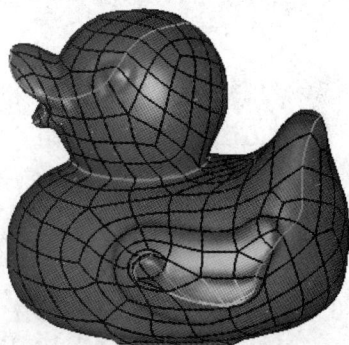

图 4-44　自动曲面片布局

(6) 在工具栏中单击"升降/约束"命令,打开"升降/约束"对话框,在"全局"选项卡中选择"全部降级",单击"执行"按钮,此时橙色线(面板的分界线)全部变为黑色线(曲面片的边界线),如图 4-48 所示。再单击"确定"按钮,结束"升降/约束"命令。

图 4-45　执行"全部降级"后效果

(7) 单击"修理曲面片"命令,在打开的对话框中看到存在 33 个错误,如图 4-49 所示。单击一次箭头,在工作图形区就自动定位到一个显示白色边界线的错误曲面片区域,这个区域有相交路径和较小的曲面片角度两种问题,如图 4-50 所示。

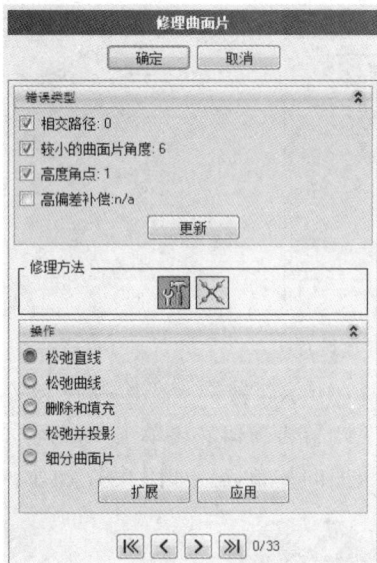

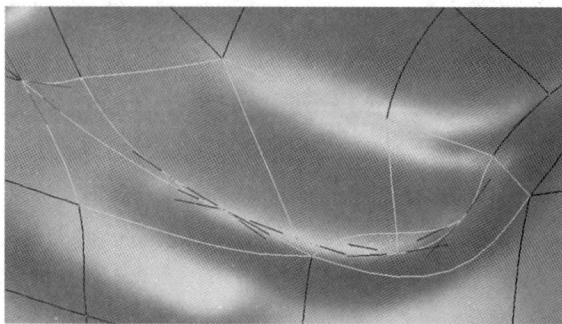

图 4-46　"修理曲面片"对话框　　　　　　图 4-47　自动定位第一个错误区域

(8) 在"修理方法"选项中，单击"编辑曲面片"按钮 ☒，拖动绿色角点，使曲面片的边界线不相交，四边形曲面片的内角尽可能接近 90°，避免四边形的两邻边相切，如图 4-51 所示。

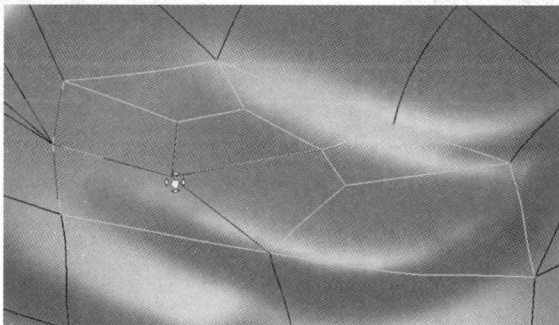

图 4-48　调整曲面片　　　　　　　　　　　　　彩图

(9) 单击"更新"按钮，则白色区域变成黑色，表明问题曲面片已经解决，如图 4-52 所示。

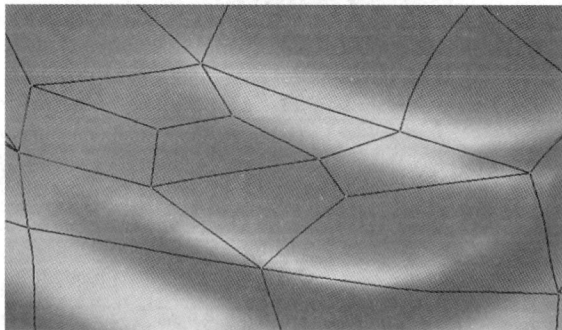

图 4-49　"更新"后白色区域变成黑色　　　　　　彩图

(10) 再单击一次箭头 ▷，软件就自动定位到下一个错误曲面片区域，如图 4-53 所示。这里的问题比较简单，有一个四边形的两邻边相切了。

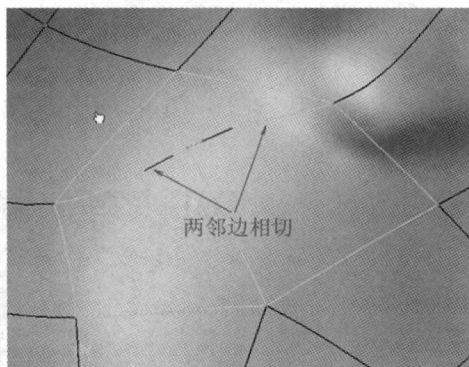

图 4-50　两邻边相切错误的曲面片　　　　　　彩图

(11) 拖动绿色角点，使两邻边不相切，即可解决问题，如图 4-54 所示。

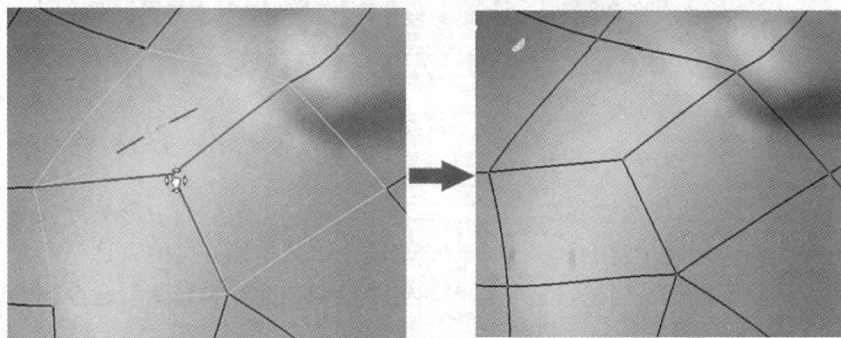

图 4-51　调整曲面片角度　　　　　　彩图

(12) 再单击一次箭头 ⊳ ，直至有问题的曲面片全部解决。问题曲面片除了以上的情况外，还有如下情况：

① 高角度点：它是由许多曲面片共享同一个顶点引起的，如 360° 被分成 6 个角的情况，如图 4-55 所示。高角度点类似于较小的曲面片角度情况，若用拖动角点的方法不能解决问题，则可以用"移动曲面片"命令解决。

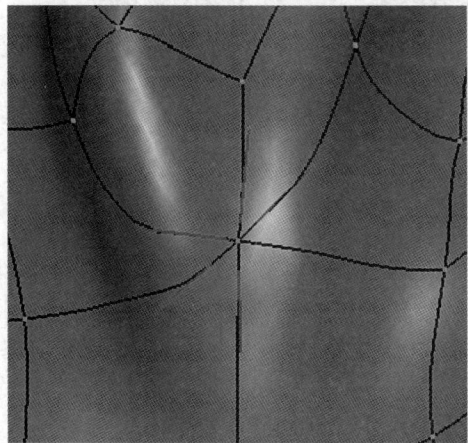

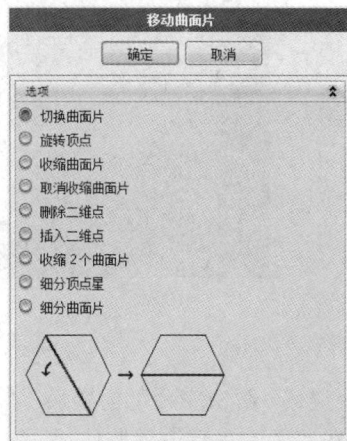

图 4-52　高角度点　　　　彩图　　　　图 4-53　"移动曲面片"对话框

单击"移动曲面片"命令 ![icon]，打开"移动曲面片"对话框。在"选项"组中选择"切换曲面片"，如图 4-56 所示。

单击图 4-57(a)所示的边，该边就转换成图 4-57(b)所示，曲面片共享同一顶点的数目由 6 个减少为 5 个，这样高角度点问题就解决了。

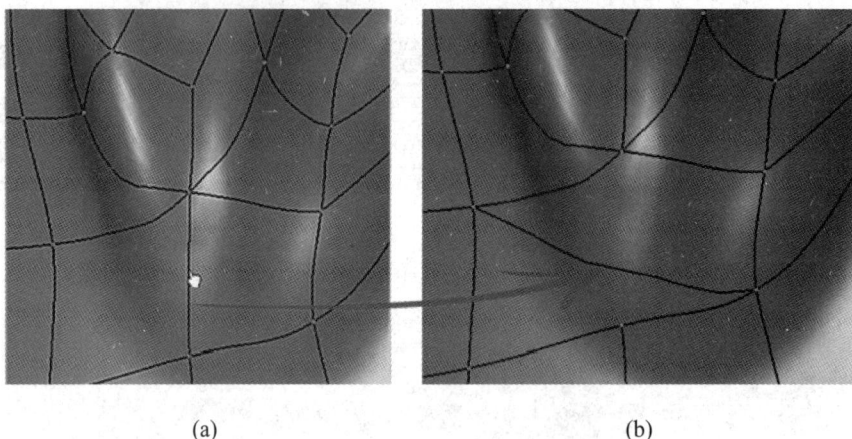

(a)   (b)

图 4-54　切换曲面片的过程

② 正常的四边形内部会出现两边界线，如图 4-58(a)所示。正常的四边形被分成两个部分，这两部分有一个四边形是正常的，另一个四边形的一个角是凹进去的，这是不允许的。用拖动角点的方法也不能解决问题，但是可以通过"绘制曲面片布局图"命令删除该两段线即可解决。

单击"绘制曲面片布局图"命令 ![icon]，打开"绘制曲面片布局图"对话框，"操作"选项组选择"绘图"，再按住 Ctrl 键，分别单击这两段线，就可以将这两段线删除，如图 4-58(b)所示。

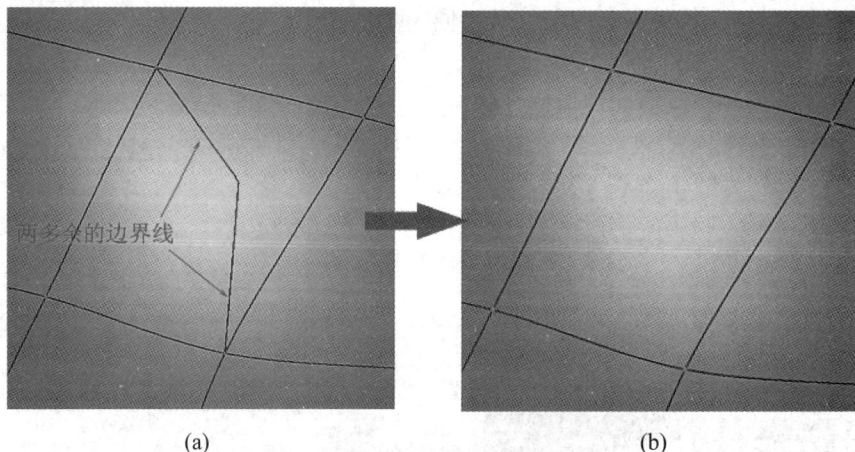

两多余的边界线

(a)   (b)

图 4-55　删除多余的曲面片边界线示例

(13) 解决完全部问题后，单击"构造栅格"命令 ![icon]，打开"构造栅格"对话框，如图 4-59 所示。参数设置按默认，单击"应用"按钮，结果如图 4-60 所示。单击"确定"按钮，退出"构造栅格"对话框。

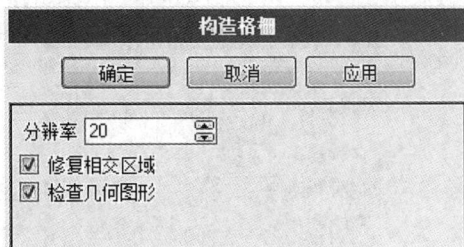

图 4-56　"构造栅格"对话框　　　　　　图 4-57　"构造栅格"效果

(14) 单击"拟合曲面"命令 ，打开"拟合曲面"对话框，"拟合方法"选择"适应性"，其余参数设置按默认，单击"应用"按钮，结果如图 4-61 所示。再单击"确定"按钮，结束"拟合曲面"命令，完成曲面创建。

图 4-58　完成曲面创建效果

⊠ 小技巧：给玩具鸭子实体模型进行抽壳，请看任务 4.1 "思考与练习"习题 5 的视频教程。

箱盖的逆向建模

4.1.4　箱盖的逆向建模

箱盖的逆向建模过程如下：

(1) 单击工具栏中的"打开"命令 ，打开 xianggai.wrp 文件，如图 4-62 所示。

图 4-59　xianggai.wrp 文件

(2) 单击"网格医生"命令 ，在"网格医生"对话框中发现有自相交网格面，单击"应用"按钮，修改错误，再单击"确定"按钮。

(3) 单击"曲面阶段"命令🔧，打开"选择工作流"对话框，单击右边的"制作阶段"工作流按钮🔳，如图 4-63 所示。再单击"确定"按钮，进入曲面阶段。

(4) 单击"探测轮廓线"命令🔲，打开"探测轮廓线"对话框，如图 4-64 所示。

图 4-60　"选择工作流"对话框　　　　　图 4-61　"探测轮廓线"对话框

(5) 在"探测轮廓线"对话框中将各参数值设为默认，单击"计算区域"按钮，软件就自动进行计算。等待计算结束后，零件被红色分隔符分成若干个区域，同时，对话框中的"抽取"按钮被激活，如图 4-65 所示。

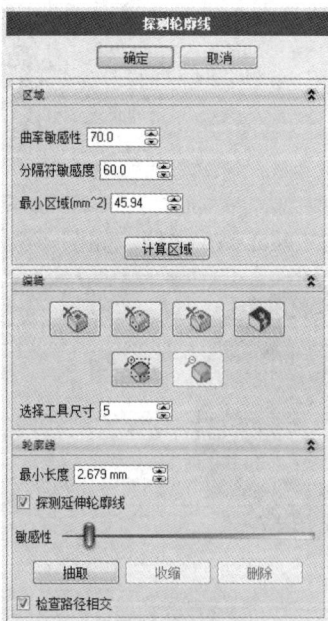

彩图

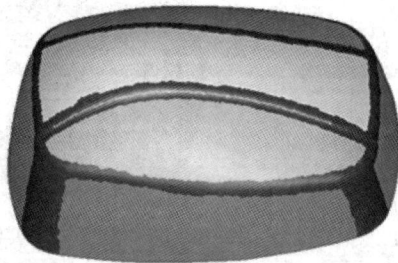

图 4-62　单击"计算区域"按钮后零件被划分

(6) 按住鼠标左键，在模型的红色区域内部存在的狭长区域用鼠标涂抹画线，消除分隔出来的狭长区域，如图 4-66 所示。因为不消除这些狭长区域，在接下来抽取时会产生两条轮廓线，若两条轮廓线靠得太近，则延伸轮廓线时会相交。

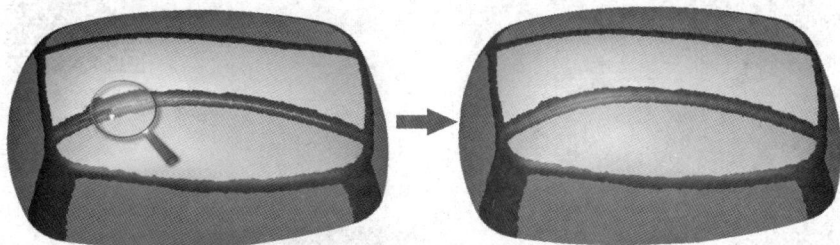

图 4-63　消除一个狭长区域　　　　　　　彩图

(7) 单击"抽取"按钮，软件自动在每条红色分隔符上提取出一条黄色或橙色的轮廓线，如图 4-67 所示。单击"确定"按钮，退出"探测轮廓线"对话框。

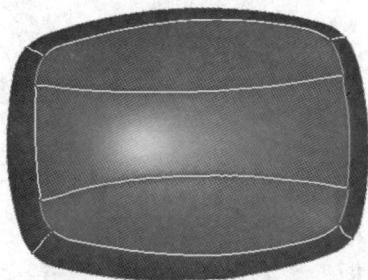

图 4-64　"抽取"后的轮廓线　　　　　　　彩图

(8) 单击"编辑轮廓线"命令 ，打开"编辑轮廓线"对话框，如图 4-68 所示。"段长度"值设默认，单击"细分"按钮，随后激活"接受"按钮。

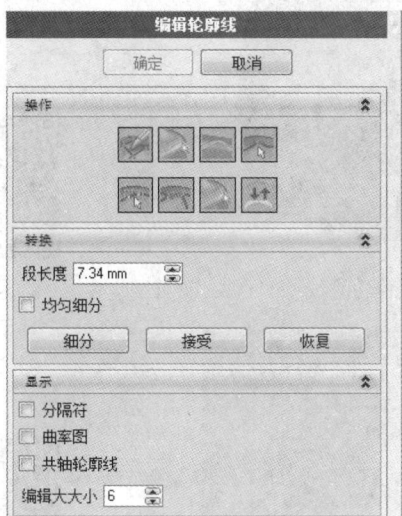

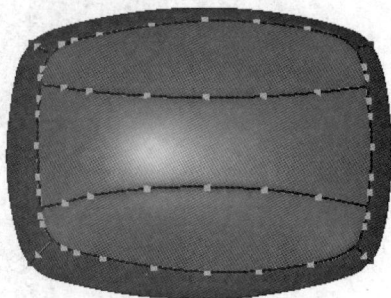

图 4-65　单击"细分"后的结果

(9) 单击"接受"按钮，结果如图 4-69 所示。

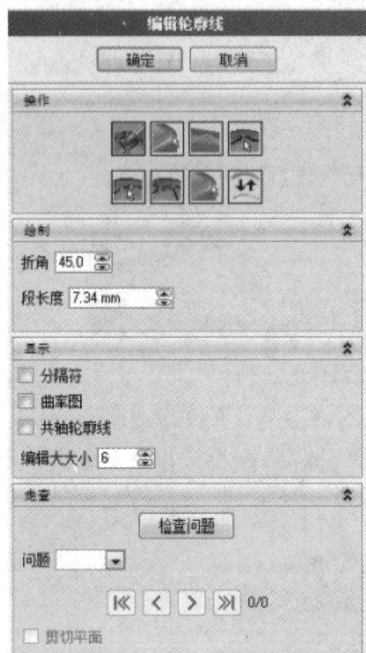

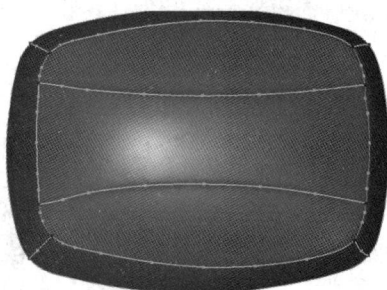

图 4-66　单击"接受"后的结果

彩图

(10) 单击"指定尖角轮廓线"按钮 ⬆, 按住 Ctrl 键, 再单击图 4-70 所示零件上①②③处的橙色轮廓线, 就把橙色轮廓线转变为黄色轮廓线, 如图 4-71 所示。单击"确定"按钮, 退出"编辑轮廓线"对话框。

知识点：橙色轮廓线与黄色轮廓线的区别是黄色轮廓线表示在后续的操作流程中要在此处扩展出一块连接面, 而橙色则不必扩展连接面。

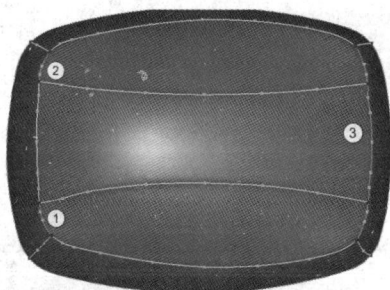

图 4-67　三处橙色轮廓线

彩图

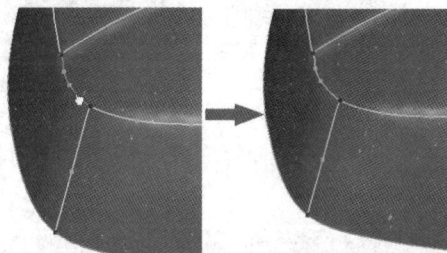

图 4-68　把橙色轮廓线转变为黄色轮廓线

彩图

(11) 单击"延伸轮廓线"命令![icon]，打开"延伸轮廓线-自适应"对话框，勾选"创建 T 节点"和"维持正交曲线"前的复选框，单击"延伸"按钮，如图 4-72 所示。再单击"确定"按钮，退出"延伸轮廓线-自适应"对话框。

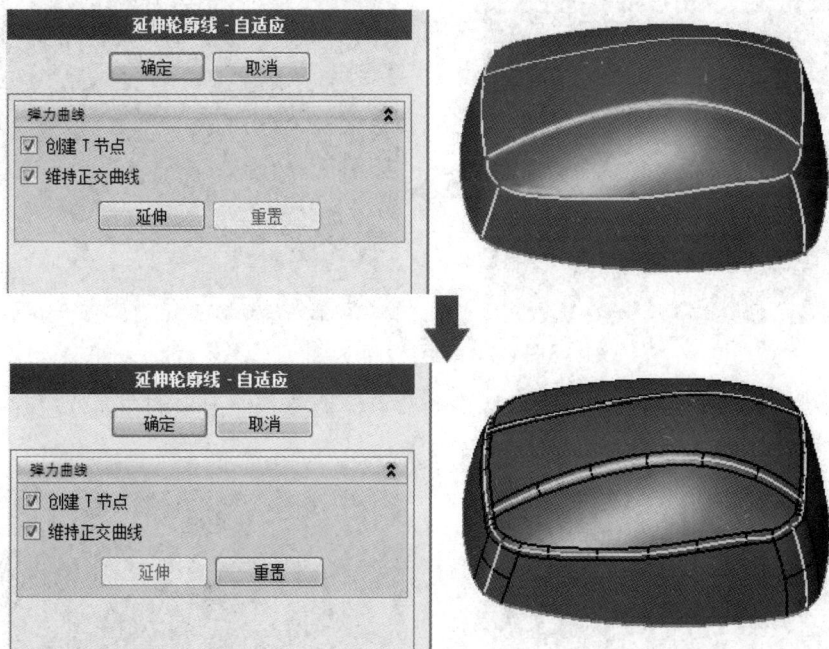

图 4-69　延伸轮廓线

(12) 单击"编辑延伸"命令，打开"编辑延伸"对话框，单击"弹力曲线"按钮，如图 4-73 所示。

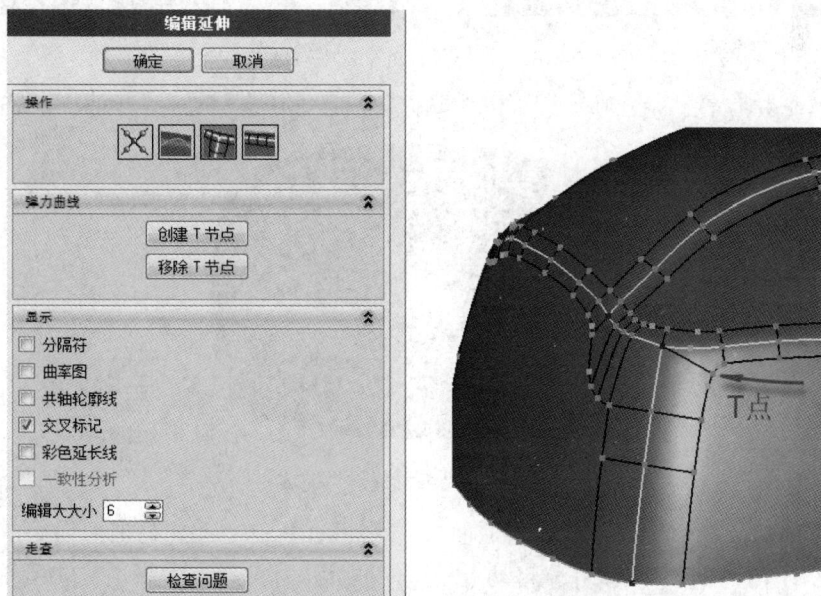

图 4-70　"编辑延伸"对话框及 T 点

(13) 单击 T 点，就移除一个 T 点，是否添加还是移除 T 点，关键要看哪种结构合理。合理的结构应该是使四边形接近矩形，如图 4-74 所示。

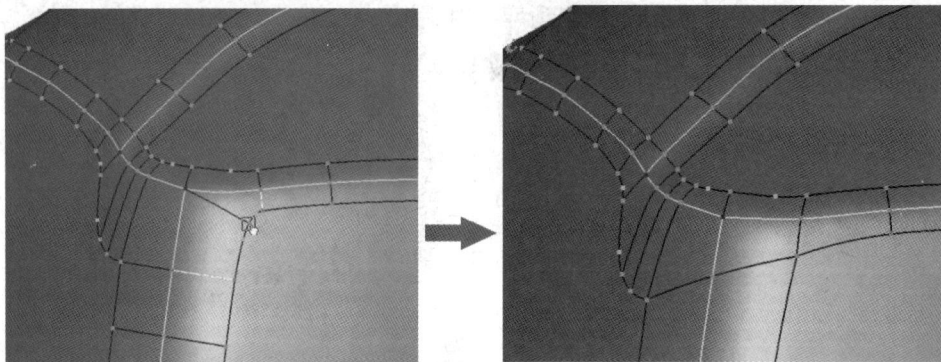

图 4-71 移除一个 T 点

(14) 单击"编辑"按钮 ⊠，用鼠标拖动节点，调整延伸出来的曲面片轮廓线，使曲面片宽度均匀，如图 4-75 所示。

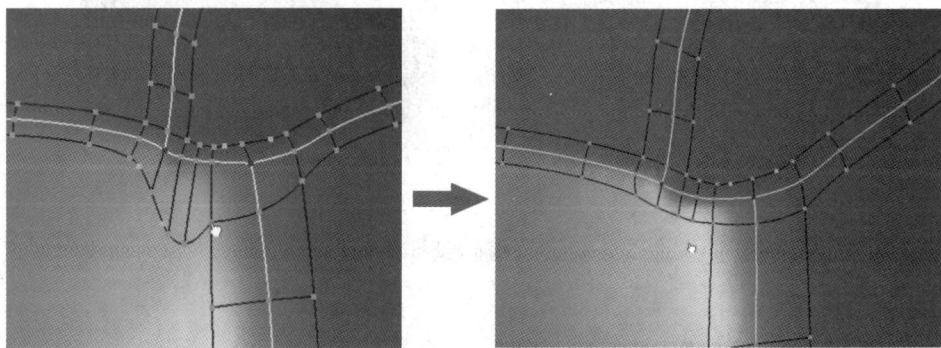

图 4-72 调整延伸的曲面片轮廓线

(15) 调整好后，单击"确定"按钮，退出"编辑延伸"对话框，结果如图 4-76 所示。

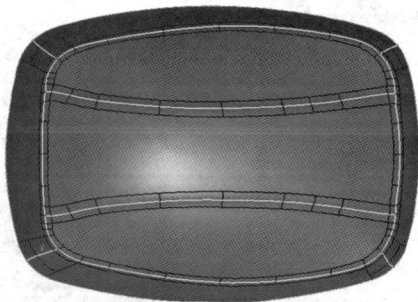

图 4-73 "编辑延伸"完成

(16) 单击工具栏中的"创建修剪曲面"命令 🖐，打开"创建修剪曲面"对话框，单击"自动探测"按钮 🖐，软件就自动对模型的曲面进行分类，如图 4-77(a)所示。按颜色对应分类图标可知曲面被分成球面(绿色)、圆柱面(黄色)和自由曲面(橙色)，如图 4-77(b)所示。

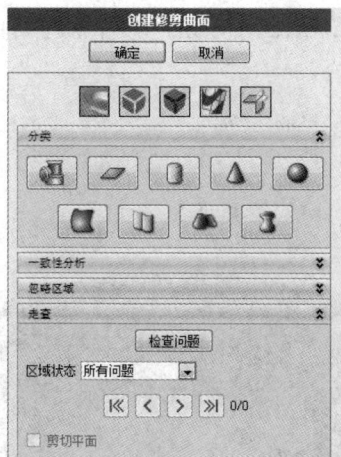

(a)　　　　　　　　　　　　　　　　(b)

图 4-74　"创建修剪曲面"对话框及零件显示状况　　　　　彩图

(17) 按住 Shift 键，分别单击绿色、黄色曲面，即选中这四块曲面。再单击对话框中的"自由曲面图标" 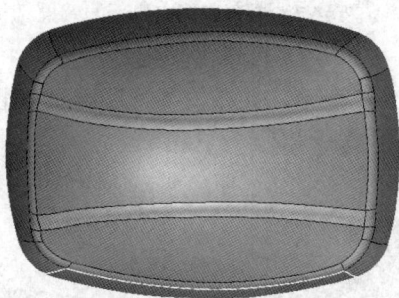 ，把球面、圆柱面都改为自由曲面。因为这些曲面实际上是自由曲面，软件可能判断错误，所以要改回来，结果如图 4-78 所示。

图 4-75　曲面分类　　　　　　　　彩图

(18) 单击"拟合初级曲面"按钮 ，框选全部曲面，再单击"全部拟合"按钮，软件就开始自动拟合全部的初级曲面。拟合结束后，结果如图 4-79 所示。

图 4-76　拟合初级曲面完成后的效果

(19) 单击"拟合连接"按钮 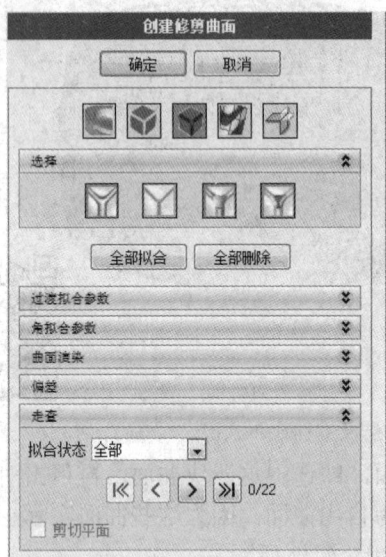，再单击"全部拟合"按钮，软件就开始自动拟合全部的连接面。拟合结束后，结果如图 4-80 所示。

图 4-77　拟合连接完成后的效果

(20) 单击"修剪/缝合"按钮 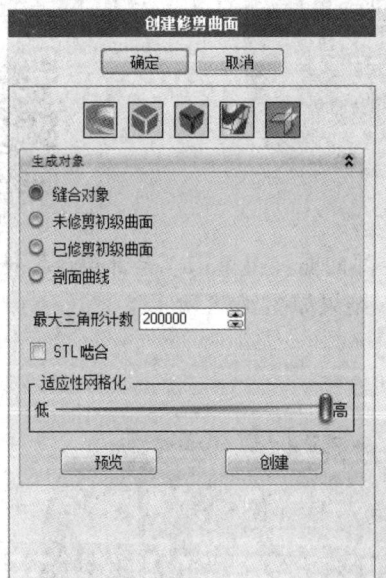，再单击"预览"按钮，最后单击"创建"按钮，就创建了 NURBS 曲面，如图 4-81 所示，并在模型管理器内列出此曲面。

图 4-78　缝合完成效果

(21) 单击"确定"按钮，退出"创建修剪曲面"对话框。在模型管理器内右击曲面阶段模型"xianggai"，在弹出的快捷菜单中选择"隐藏"。单击"xianggai-缝合模型"，就会显示出创建的 NURBS 曲面，再另存为 IGS 格式文件，然后可以在其他三维 CAD 软件中打开此文件进一步编辑修改，如图 4-82 所示。

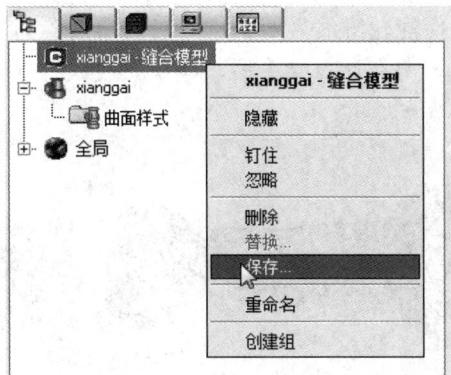

图 4-79   NURBS 曲面的导出

连杆的逆向建模

4.1.5   连杆的逆向建模

连杆的逆向建模过程如下：

(1) 单击"打开"命令 📂，打开 2016liangan.wrp 文件，如图 4-83 所示。

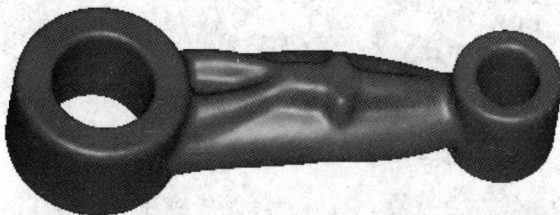

图 4-83   2016liangan.wrp 文件

(2) 单击工具栏中的"网格医生"命令 🖌️，检查该三角网格面是否存在问题。确认"分析"选项组中各项全部为 0，再单击"网格医生"对话框中的"确定"按钮，关闭"网格医生"对话框。

(3) 单击"曲面阶段"命令 🖧，打开"选择工作流"窗口，单击右边的"制作阶段"工作流按钮 🔧，如图 4-84 所示。再单击"确定"按钮，进入曲面阶段。

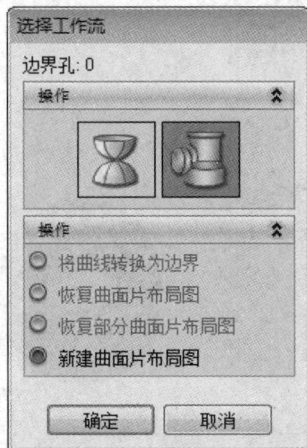

图 4-84   "选择工作流"窗口右边的"制作阶段"工作流按钮

　　(4) 单击"探测轮廓线"命令 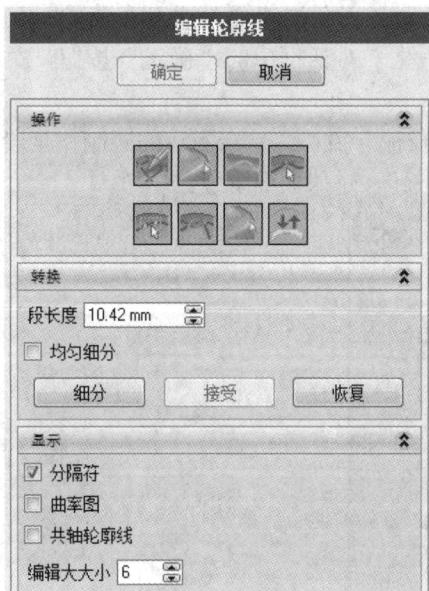，打开"探测轮廓线"对话框，参数值设置为默认，单击"计算区域"按钮，软件就自动进行计算，等待计算结束后，零件就被红色分隔符分成若干个区域，如图 4-85 所示。

图 4-85　　"探测轮廓线"结果　　　　　　　　　　　　　彩图

　　(5) 单击"抽取"按钮，软件自动在每条红色分隔符上提取出一条黄色或橙色的轮廓线，如图 4-86 所示。单击"确定"按钮，退出"探测轮廓线"对话框。

图 4-86　　"抽取"结果　　　　　　　　　　　　　彩图

　　(6) 单击"编辑轮廓线"命令 ，打开"编辑轮廓线"对话框，如图 4-87 所示。单击"细分"按钮，再单击"接受"按钮，如图 4-88 所示。

彩图

图 4-87　　"编辑轮廓线"对话框

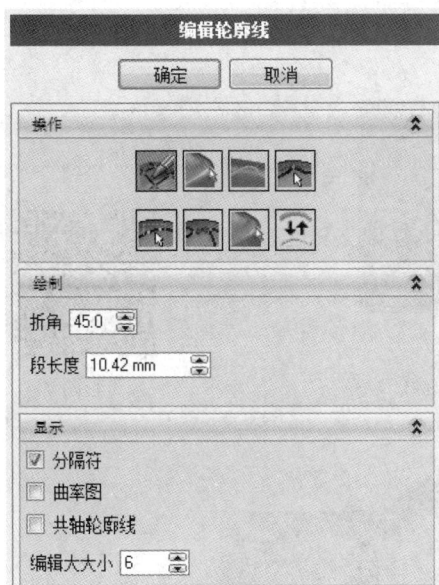

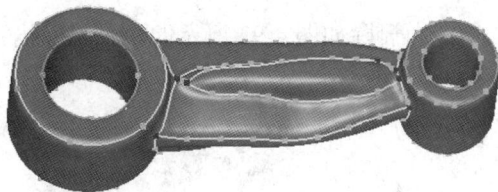

图 4-88　单击"细分""接受"按钮后结果

(7) 单击"指定尖角轮廓线"按钮 ↕，按住 Ctrl 键，单击零件上的橘黄色轮廓线，如图 4-89 所示，把橘黄色轮廓线转换为黄色轮廓线。

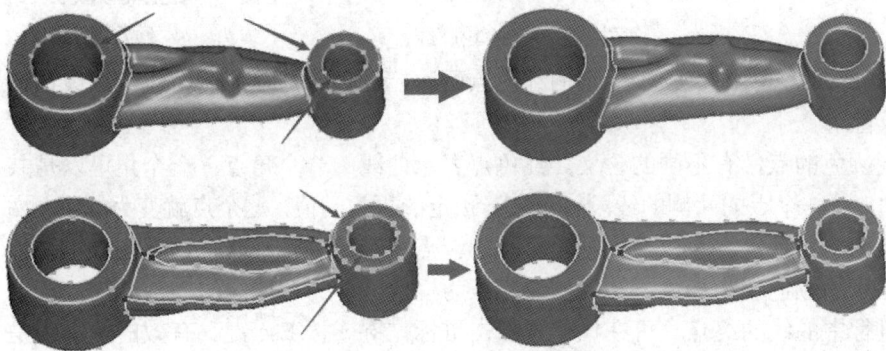

图 4-89　把橘黄色轮廓线转换为黄色轮廓线

(8) 单击"绘制"按钮 或按快捷键 D，再按住 Ctrl 键，单击图 4-90 所示的轮廓线，即删除该轮廓线。

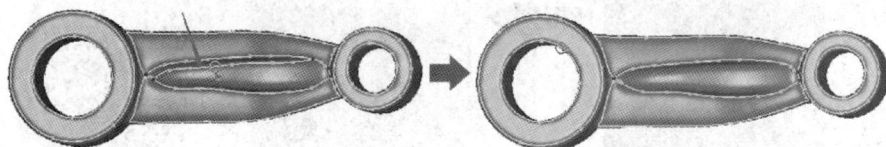

图 4-90　删除轮廓线

(9) 通过在零件上多次单击鼠标左键，创建图 4-91 所示的轮廓线，并且两端点都在已有的轮廓线上。

图 4-91　创建轮廓线　　　　　　彩图

(10) 再删除如图 4-92 所示的两段轮廓线。

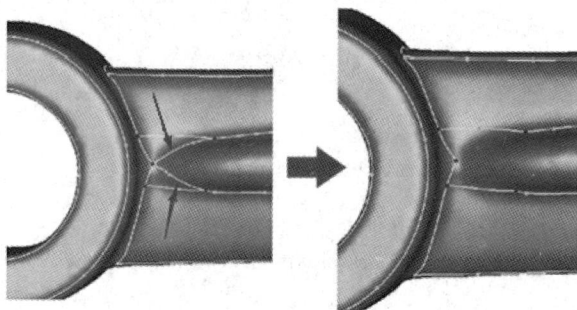

图 4-92　删除轮廓线　　　　　　彩图

(11) 按住 Shift 键，单击图 4-93 所示的红色点两次，红色点即变为橘黄色，曲线在该处的断点就被移除。

注意：不同颜色的点，有不同的含义。红色点表示曲线的一个角点，一个角可以是共线的或非共线的，若一个点的两侧的线段夹角大于预定的折角阈值，这个点就变为红色。橘黄色点表示曲线的内部节点。绿色点表示轮廓线的端点，当绘制轮廓线时，若起点不在任何轮廓线上，端点的颜色就为绿色。随后的绘制点为橙色，即为轮廓线的内部节点，若要强制该点成为进行中的线的终点，可在该位置双击鼠标左键或按 Esc 键。有效的轮廓线是一个闭环，因此当绘制过程完成时，首尾端点重合，绿色点就变为一个。

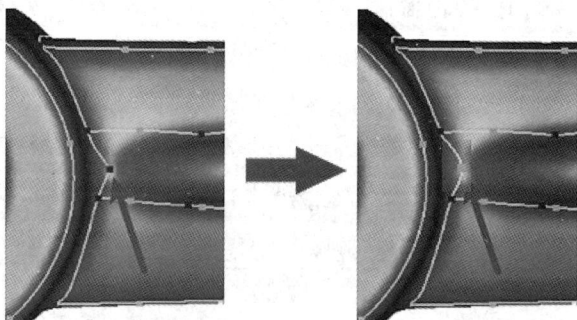

图 4-93　红色点变为橘黄色点　　　　　　彩图

(12) 与步骤(11)进行同样的操作，把另外两个红点也变为橘黄色点，如图 4-94 所示。

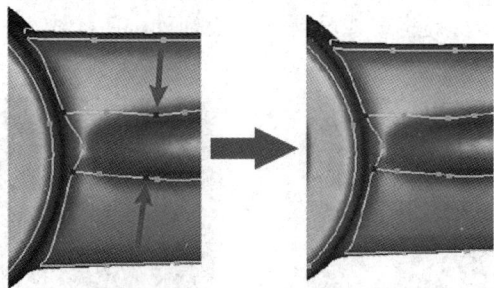

图 4-94　红色点变为橘黄色点　　　　　　　彩图

(13) 用鼠标拖拉节点，调整节点位置，使曲线变得光顺并大致处于零件的圆角处，如图 4-95 所示。若节点太多，则按住 Ctrl 键单击某个节点，就可以删除这个节点。鼠标若在曲线上双击，就可以在曲线上增加一个节点。

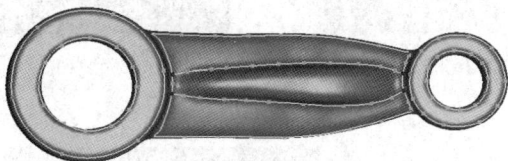

图 4-95　调整节点位置　　　　　　　彩图

(14) 绘制如图 4-96 所示的多条曲线。

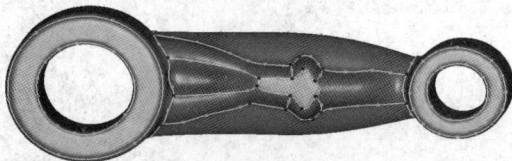

图 4-96　绘制轮廓线　　　　　　　彩图

(15) 调整轮廓曲线，除曲线的交点外，曲线内部不能有红色点。若有红色点，可以通过按住 Shift 键，单击红色点将之转换为黄色点。如果内部节点太少，可以双击曲线增加节点，使轮廓曲线变得光顺并基本布置在零件的圆角处，结果如图 4-97 所示。

注意：轮廓曲线不是必须布置在圆角处，而是可以在任何需要的位置，它起到一个曲面分块建模的作用。黄色的轮廓线会在后续扩展出一个连接面。圆角面处一般可以作为连接面，但连接面不一定都是圆角面。

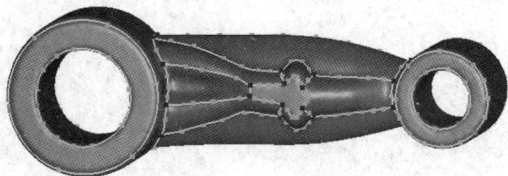

图 4-97　调整轮廓线结果　　　　　　　彩图

(16) 在如图 4-98(a)所示的放大区域，可以看到 1 线段与 2 线段相切，4 线段与 5 线段相切，这不符合要求。但是可以按住鼠标左键将 2 线段向 5 线段拖动，则所涉及的两个部分就变为共线(再拖一次则回到原来非共线)，这称为"拖拽"技术。若要使这种切换的效果更加明显，就选中"编辑轮廓线"对话框中"显示"组下的"共轴轮廓线"复选框，如

图 4-99 所示。再按住鼠标左键将 3 线段向 5 线段拖动，使 3 线段和 5 线段也共线，结果如图 4-98(b)所示。

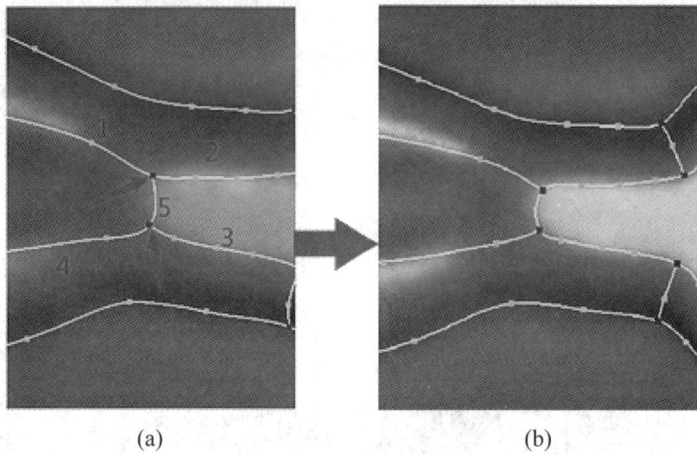

(a)　　　　　　　　　　　　　(b)　　　　　　彩图

图 4-98　调整共轴轮廓线

勾选"共轴轮廓线"
复选框后显示的线

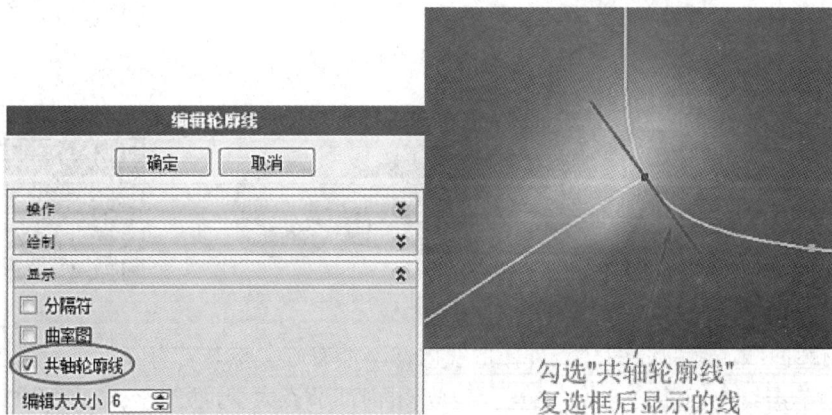

图 4-99　勾选"共轴轮廓线"复选框　　　　　　彩图

(17) 继续调整轮廓线，特别注意观察两条或多条轮廓线交点处的状况，并采用"拖拽"技术，设置交点处两边的轮廓线共线或非共线，以优化轮廓曲线的布置。最后调整为如图 4-100 所示的结果。

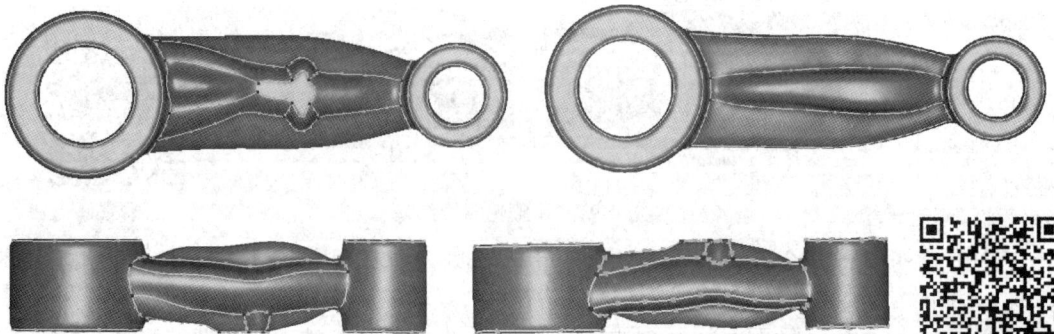

图 4-100　调整轮廓线完成结果　　　　　　彩图

(18) 单击 "延伸轮廓线"命令 ，打开"延伸轮廓线-自适应"对话框。单击"延伸"按钮，如图 4-101 所示。弹出警告对话框，如图 4-102 所示。警告对话框显示"轮廓线结构有问题，请使用编辑延伸线命令去调整它们"，说明轮廓线有问题，但可以调整解决。单击"确定"按钮，关闭警告对话框。再单击"延伸轮廓线-自适应"对话框中的"确定"按钮，退出"延伸轮廓线"命令。零件上轮廓线扩展的连接面如图 4-103 所示。

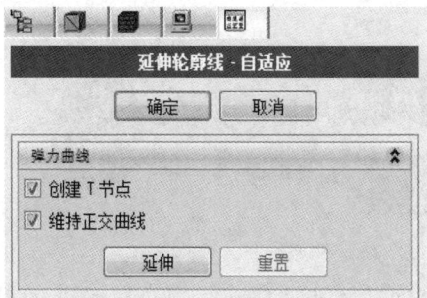

图 4-101　"延伸轮廓线-自适应"对话框　　　　　　图 4-102　警告对话框

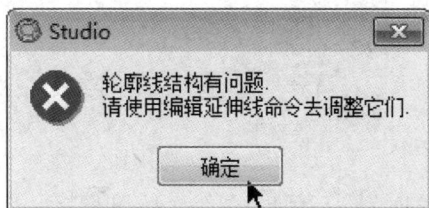

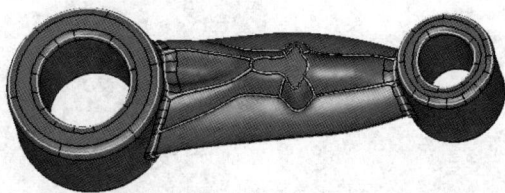

图 4-103　"延伸轮廓线"结果　　　　　　　　　　彩图

(19) 单击"编辑延伸"命令 ，打开"编辑延伸"对话框，如图 4-104 所示。

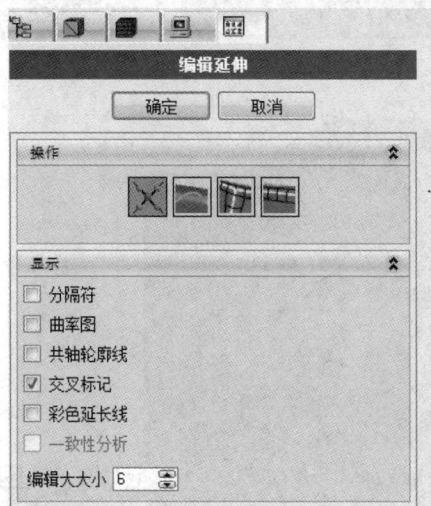

图 4-104　"编辑延伸"对话框及零件变化　　　　　　彩图

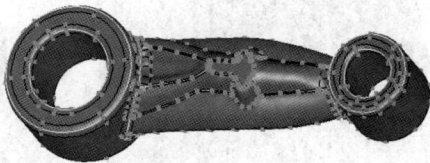

(20) 勾选"彩色延长线"，则零件上的曲线颜色就会改变，如图 4-105 所示。曲线变为不同的颜色，有利于识别不同类型的曲线，也有利于调整。

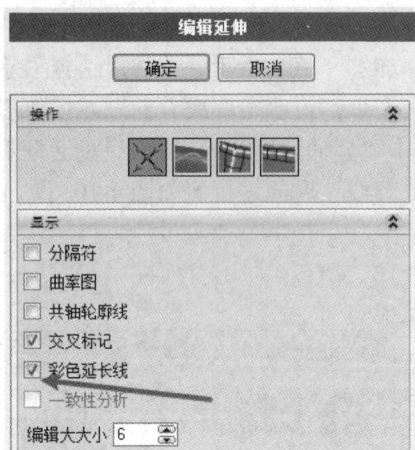

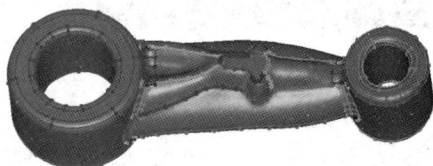

图 4-105　勾选"彩色延长线"后零件显示

(21) 单击"弹力曲线"按钮 ，如图 4-106 所示。单击"移除 T 节点"按钮，再单击"创建 T 节点"按钮，结果如图 4-107 所示。

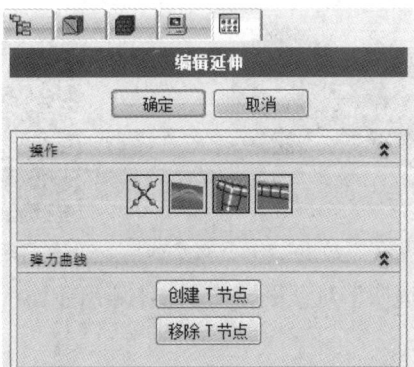

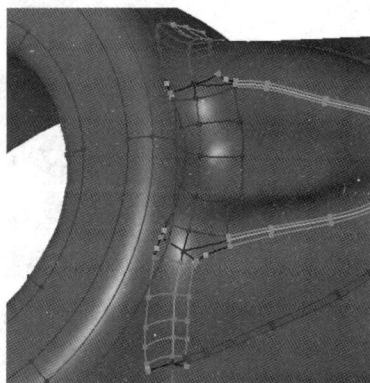

图 4-106　单击"弹力曲线"按钮　　　　彩图

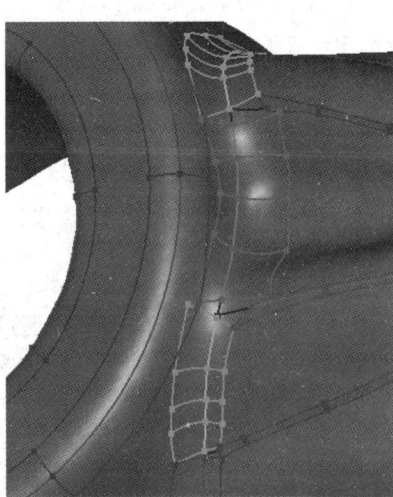

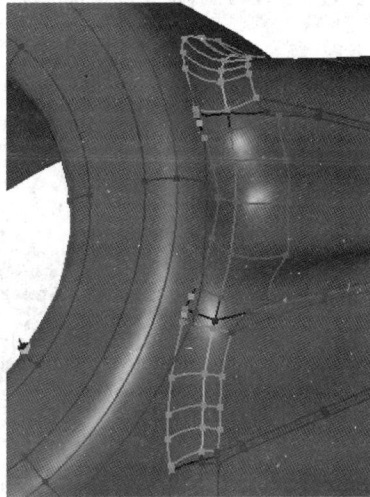

图 4-107　单击"移除 T 节点"和"创建 T 节点"效果　　　彩图

(22) 单击 "编辑" 按钮 ⊠，调整橙色轮廓线及黑色延伸扩展线。橙色轮廓线与黑色延伸线不能有相交，而且四边域轮廓线曲面片的四个内角越大越好，最好接近 90°，如图 4-108 所示。

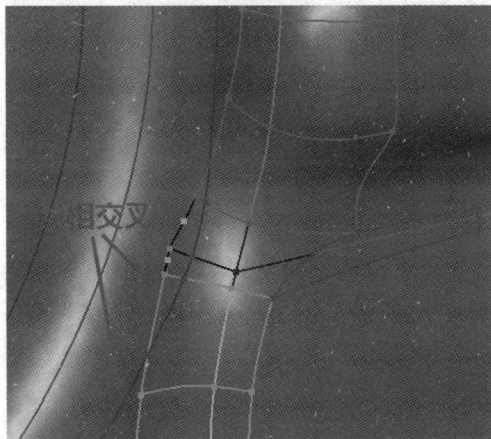

图 4-108　编辑延伸　　　　　　　　　　彩图

(23) 单击 "确定" 按钮，退出 "编辑轮廓线" 对话框，如图 4-109 所示。

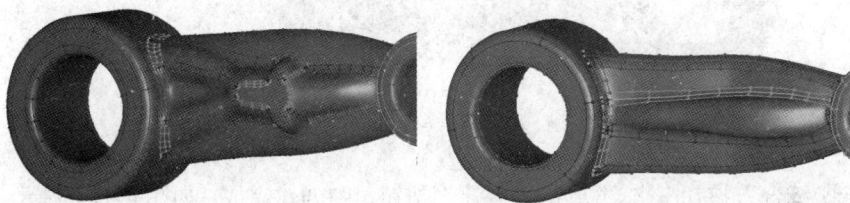

图 4-109　编辑延伸最终效果　　　　　　　　彩图

(24) 单击 "创建修剪曲面" 命令 🖫，打开 "创建修剪曲面" 对话框，如图 4-110 所示。单击对话框中的 "自动探测" 按钮 🔍，软件就自动检测曲面类型并自动分类，从零件的表面颜色对比 "创建修剪曲面" 对话框中曲面分类图标的颜色可知该零件有平面、圆柱面和自由曲面三种类型，如图 4-111 所示。

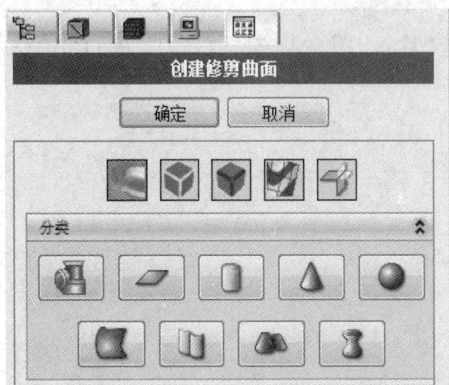

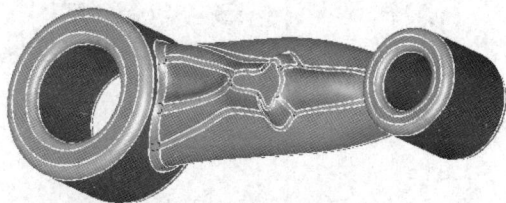

图 4-110　创建修剪曲面

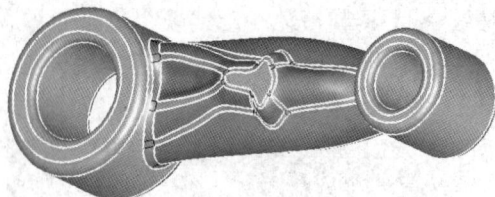

图 4-111　自动探测曲面

彩图

(25) 单击"创建初级曲面"按钮，再单击"全部拟合"按钮，结果如图 4-112 所示。

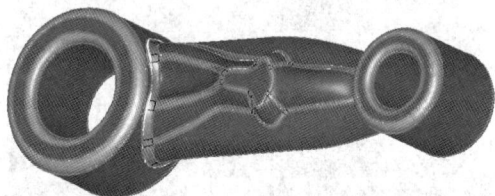

图 4-112　"创建初级曲面"后效果显示

(26) 单击"拟合连接"按钮 ，再单击"全部拟合"按钮，结果如图 4-113 所示。

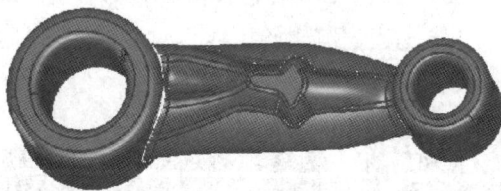

图 4-113　"拟合连接"后效果显示

(27) 单击"修剪/缝合"按钮 ，再单击"创建"按钮，则创建完成，如图 4-114 所示。

图 4-114　"修剪/缝合"后效果显示

(28) 在"模型管理器"列出该模型名称为"(模型名)-缝合模型"，即图 4-115 箭头所指的对象。

图 4-115　"模型管理器"中显示创建的曲面对象

(29) 选择该对象并右击，在弹出的快捷菜单中，选择"保存"，如图 4-116 所示。

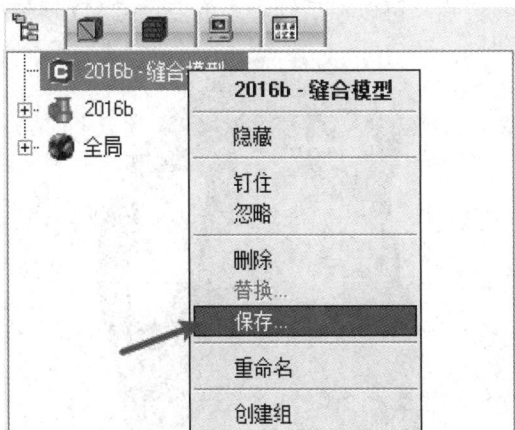

图 4-116   右键菜单

(30) 出现"另存为"对话框，选择保存类型为 IGES 格式，如图 4-117 所示。设置好保存路径，单击"保存"按钮，即可保存为 IGES 格式的通用文件，也可以被其他三维CAD 设计软件打开进行后续处理。

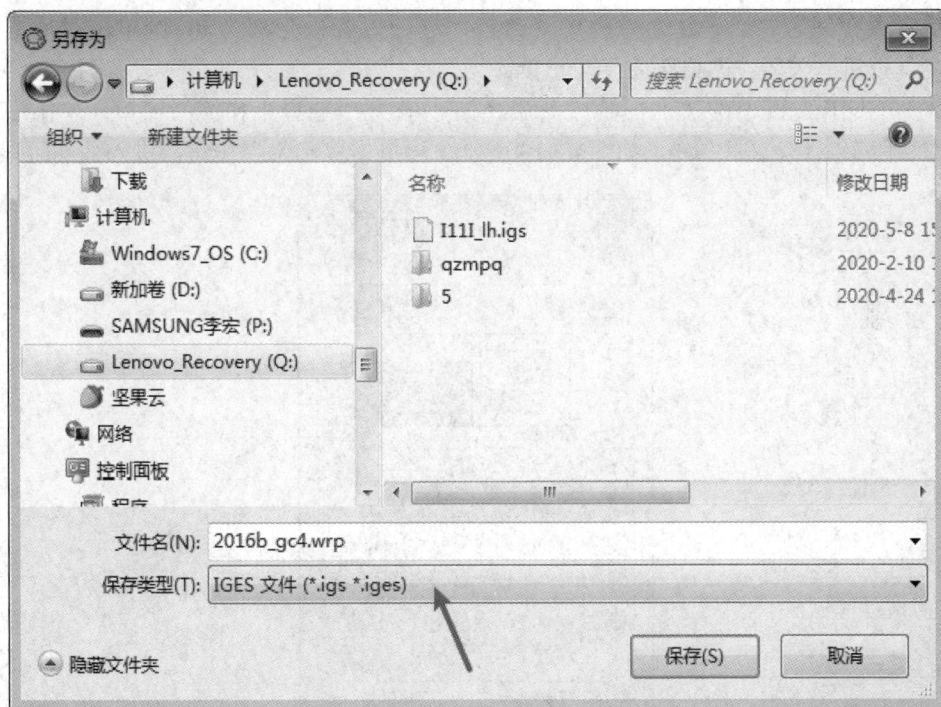

图 4-117   "另存为"对话框

4.1.6   洗衣液瓶的逆向建模

洗衣液瓶的逆向建模过程如下：

(1) 单击工具栏中的"打开"命令，打开 xiyiyeping.wrp 文件，

洗衣液瓶的逆向建模

如图 4-118 所示。这是一个洗衣液塑料瓶三角网格面模型，瓶口的螺纹部分已被截除，因为在杰魔中创建螺纹不够精确，可以在后续导入的三维 CAD 软件中再创建。

图 4-118　xiyiyeping.wrp 文件

(2) 单击工具栏中的"网格医生"命令 ，打开"网格医生"对话框，检查该三角网格面是否存在问题。当确认对话框中"分析"选项组各项全部为 0，则单击对话框中的"确定"按钮，关闭"网格医生"对话框。

(3) 单击工具栏中的"曲面阶段"命令 ，打开"选择工作流"窗口，单击右边的"制作阶段"工作流按钮 ，如图 4-119 所示。再单击"确定"按钮，进入曲面阶段。

图 4-119　"选择工作流"对话框

(4) 单击工具栏中的"探测轮廓线"命令 ，打开"探测轮廓线"对话框。参数值选择默认，单击"计算区域"按钮，软件就自动进行计算，等待计算结束后，零件就被红色分隔符分成若干个区域，如图 4-120 所示。

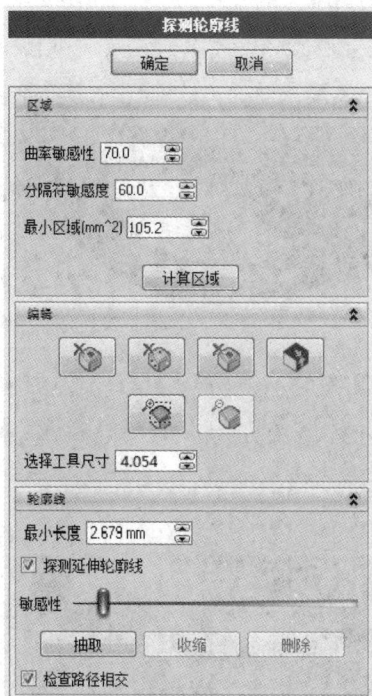

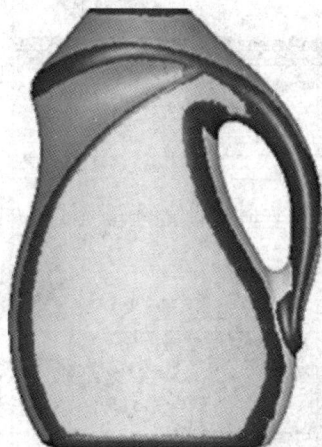

图 4-120　"探测轮廓线"对话框及显示的零件

(5) 旋转零件，观察底部，按住鼠标左键在零件上画红色分隔线(按住 Ctrl 键，在红色分隔线上画，可以删除该线)，把零件底部的红色分隔线修改为如图 4-121 所示。

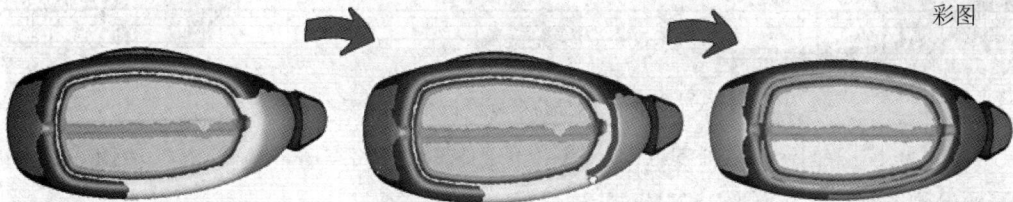

图 4-121　修改分隔线

(6) 旋转零件到侧面，修改分隔线，如图 4-122 所示。

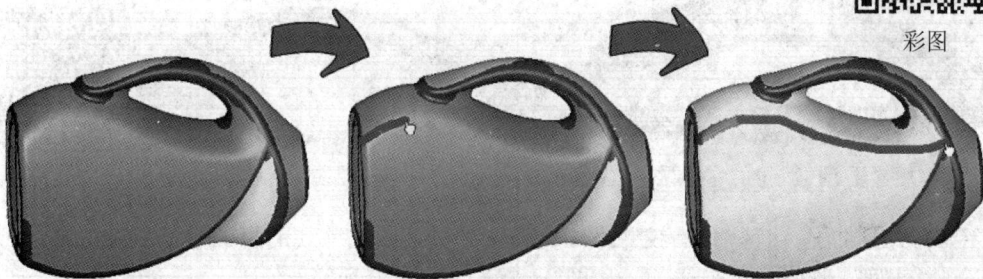

图 4-122　修改分隔线

(7) 修改手柄部位分隔线，如图 4-123 所示。

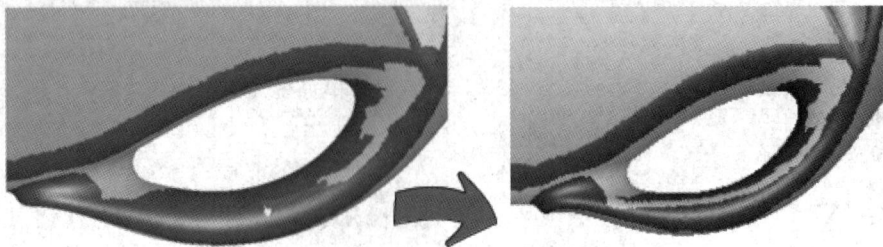

图 4-123　修改分隔线

彩图

(8) 继续修改手柄部位的分隔线，如图 4-124 所示。

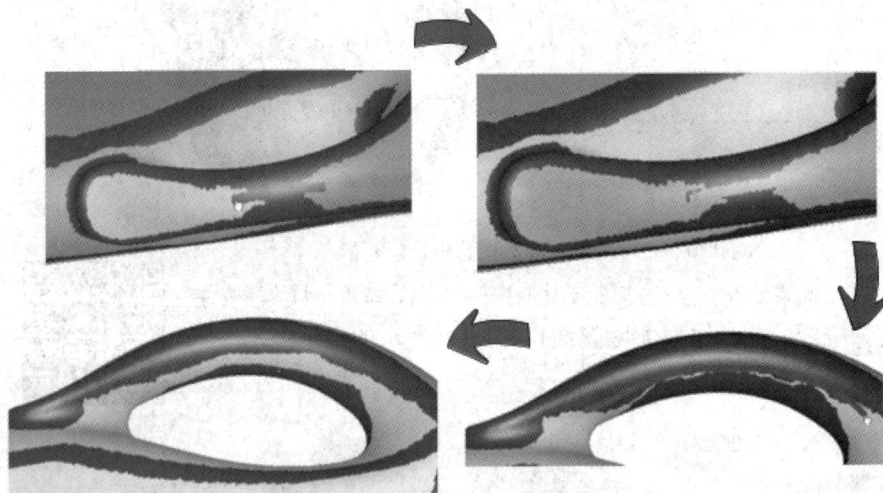

图 4-124　修改手柄部位分隔线

彩图

(9) 在"探测轮廓线"对话框中，单击"编辑"选项组中的"删除岛"按钮，删除手柄内侧的一块红色孤岛，如图 4-125 所示。

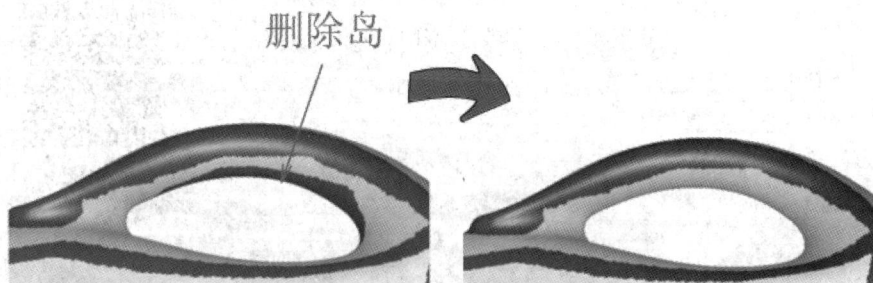

删除岛

图 4-125　删除手柄内侧的一块红色孤岛

彩图

(10) 分割曲面。有些分隔线并不一定在圆角处，画这些线的目的是把复杂的曲面分隔成简单的曲面，以便于拟合成功，如图 4-126～图 4-130 所示。

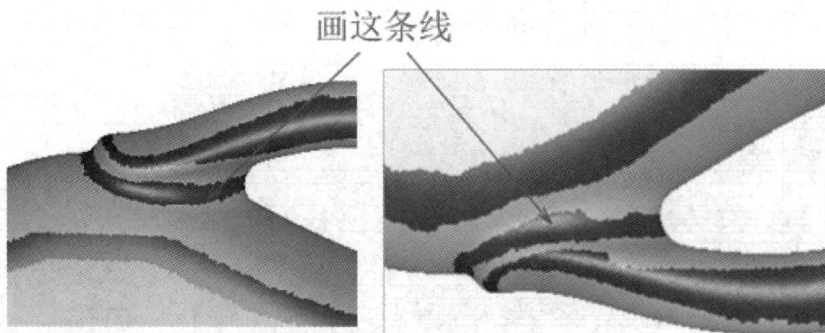

图 4-126　分割曲面　　　　　　彩图

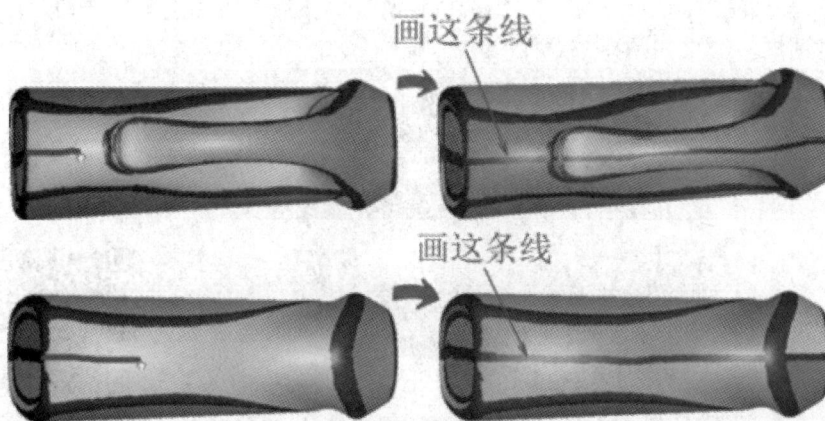

图 4-127　分割曲面　　　　　　彩图

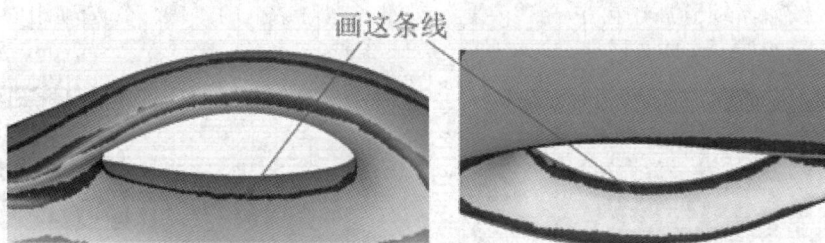

图 4-128　分割曲面　　　　　　彩图

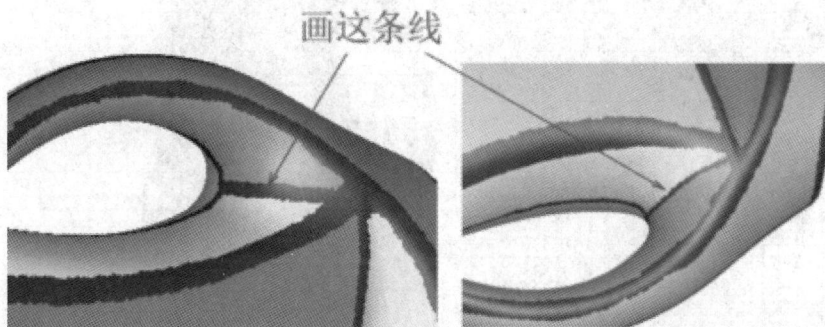

图 4-129　分割曲面　　　　　　彩图

图 4-130 分割曲面 彩图

(11) 单击对话框中的"抽取"按钮，得到黄色轮廓线，然后单击"确定"按钮，退出"探测轮廓线"对话框，结果如图 4-131 所示。

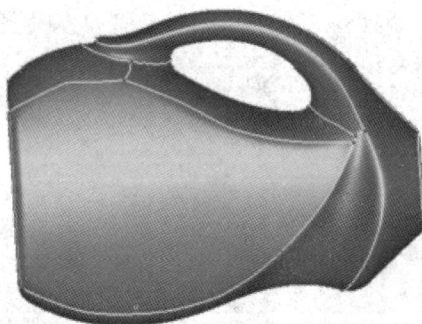

图 4-131 "抽取"的黄色轮廓线 彩图

(12) 单击工具栏中的"编辑轮廓线"命令 ，打开"编辑轮廓线"对话框，在对话框中单击"细分"按钮。细分后，再单击"接受"按钮，则对话框中"操作"选项组中的按钮就变为可用，如图 4-132 所示。

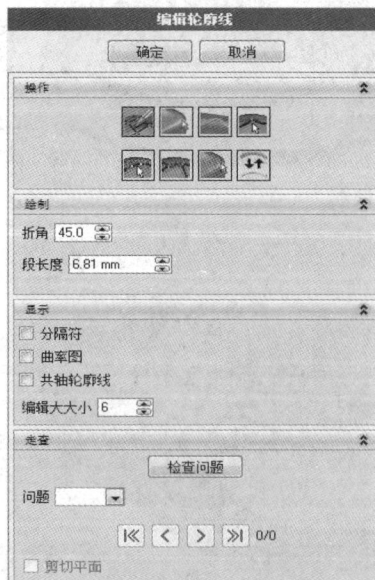

图 4-132 "编辑轮廓线"对话框及零件显示

(13) 单击"操作"选项组中的"指定尖角轮廓线"按钮 ，按住 Ctrl 键，单击橙色线，把橙色线转变为黄色线，如图 4-133 所示。在随后的操作中，橙色分隔线不能延伸出连接面，而黄色分隔线必须向两边延伸出一块连接面。

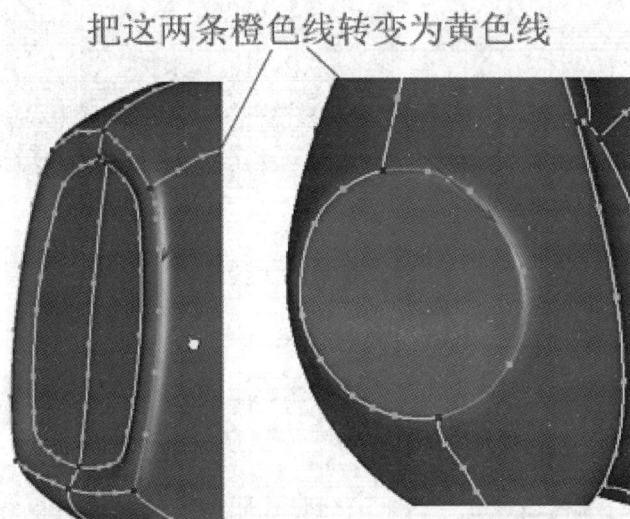

图 4-133 橙色线转变为黄色线　　　　彩图

(14) 单击"操作"选项组中的"收缩"按钮 ，再单击图 4-134(a)所示的这段轮廓线，删除该段轮廓线，如图 4-134(b)所示。

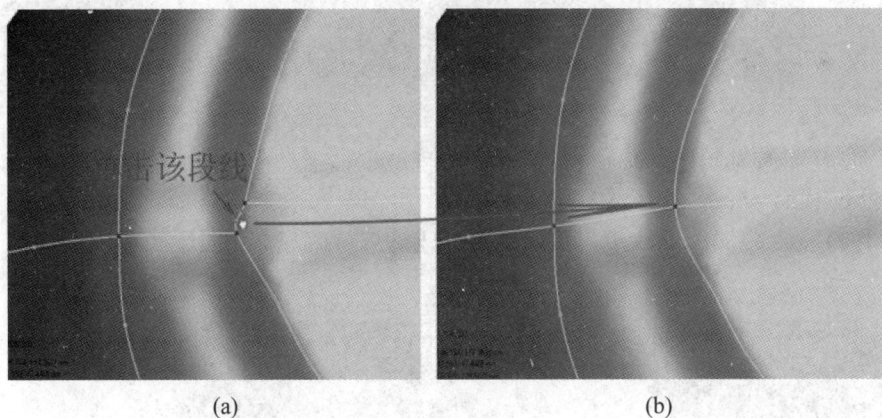

(a)　　　　　　　　　　　　　　(b)　　　　　彩图

图 4-134 "收缩"曲线

(15) 单击"操作"选项组中的"绘制"按钮或按键盘快捷键 D，即可用鼠标拖动节点调整轮廓线，也可直接拖动曲线，则整条曲线一起移动。调整的项目有：

① 调整轮廓线位置，使轮廓线大致布置在圆角面的中间。调整内部黄色的节点，使曲线光顺。

② 增加或减少节点。在节点少的地方通过在轮廓线上双击增加一个节点，若按住 Ctrl 键单击节点，则会删除一个节点，如图 4-135 所示。

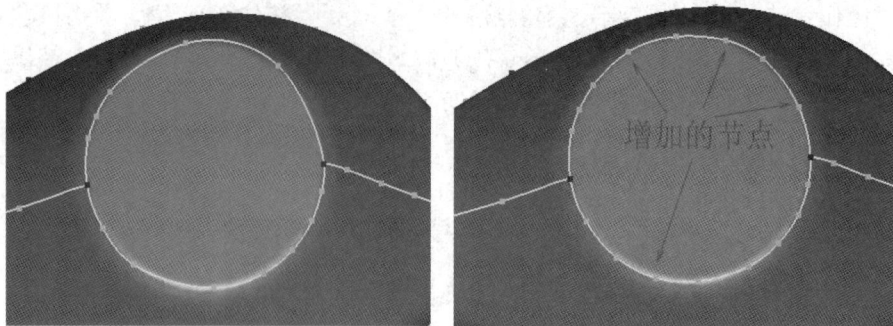

图 4-135　增加曲线内部的节点　　　　　　　彩图

③ 通过"拖拽"技术，使相邻两段应该共线的曲线成为共线，如图 4-136 所示。轮廓线交点处有许多需要如此操作。

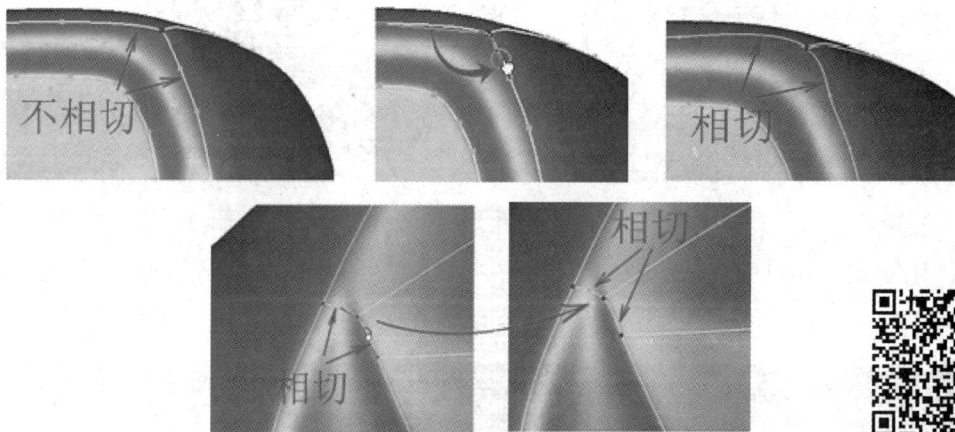

图 4-136　"拖拽"技术　　　　　　　彩图

④ 轮廓线内部如果有红色的断点，则按住 Shift 键，单击该点，可将该点转换为黄色节点。继续按住 Shift 键，再次单击，该点又转换为红色，使用该操作可以来回进行切换，如图 4-137 所示。红色点为曲线的端点，黄色点为曲线的内部节点。不是交点处，曲线不要分段。

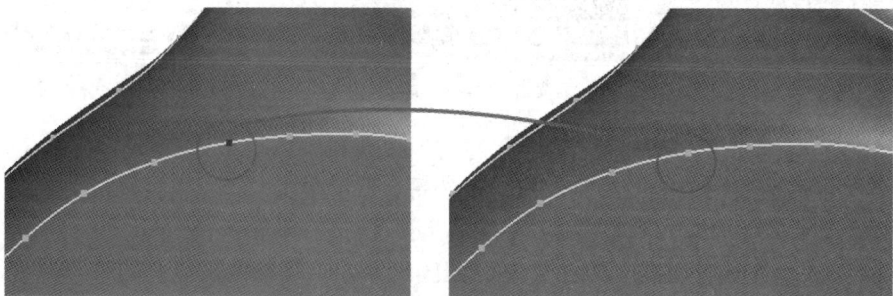

图 4-137　红色的断点转换为黄色节点　　　　　　　彩图

(16) 调整好轮廓线以后，单击"确定"按钮，退出"编辑轮廓线"对话框，完成后效果如图 4-138 所示。

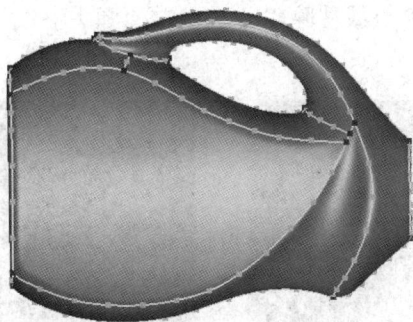

图 4-138　调整轮廓线完成效果　　　　　　　　　　彩图

(17) 单击工具栏中的"延伸轮廓线"命令▦，在打开的对话框中单击"延伸"按钮，一般会弹出警告对话框，如图 4-139 所示。单击对话框中的"确定"按钮，关闭警告对话框，等下一步用"编辑延伸"命令去解决。

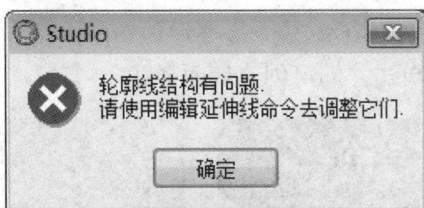

图 4-139　警告对话框

(18) 单击工具栏中的"编辑延伸"命令▦，在打开的对话框中单击"弹力曲线"按钮▦，随后单击"移除 T 节点"按钮，再单击"创建 T 节点"按钮。

(19) 单击对话框中的"编辑"按钮▦，调整延伸曲面的边界线。调整的项目有：

① 使延伸面均匀向轮廓线的两边扩展。

② 通过"拖拽"技术，使交点处延伸曲面的边界线相邻两段线相切，如图 4-140 所示。

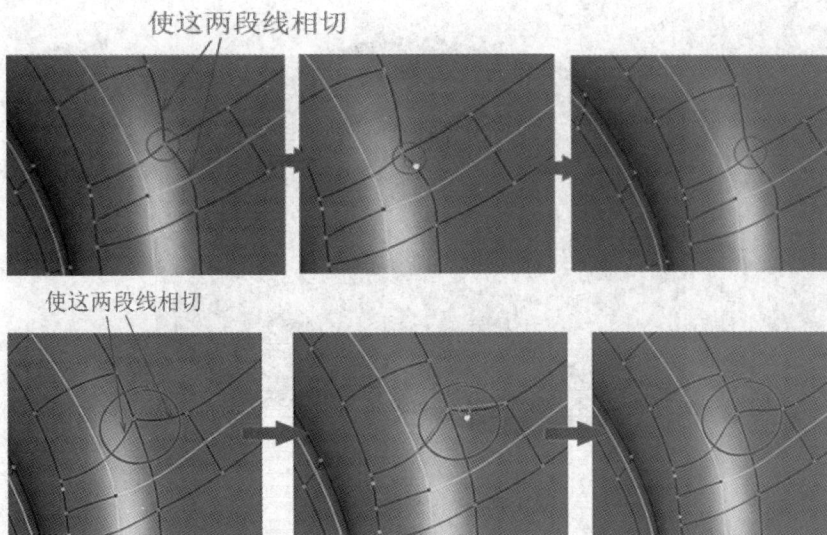

图 4-140　使相邻两段线相切

③ 有些交点还要增加 T 点或移除 T 点。单击"弹力曲线"按钮![icon]，在图 4-141 所示的交点处单击，增加一个 T 节点。

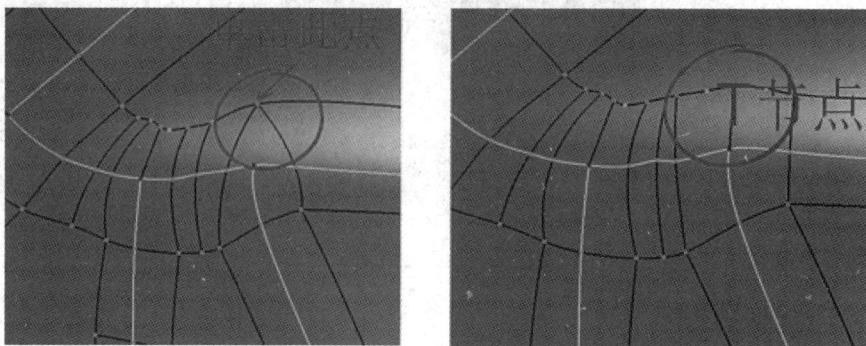

图 4-141 增加一个 T 节点

④ 有些地方的切面曲线相距比较宽，需要增加切面曲线。单击"切面曲线"按钮![icon]，在图 4-142 所示的轮廓线上单击，即可创建切面曲线。

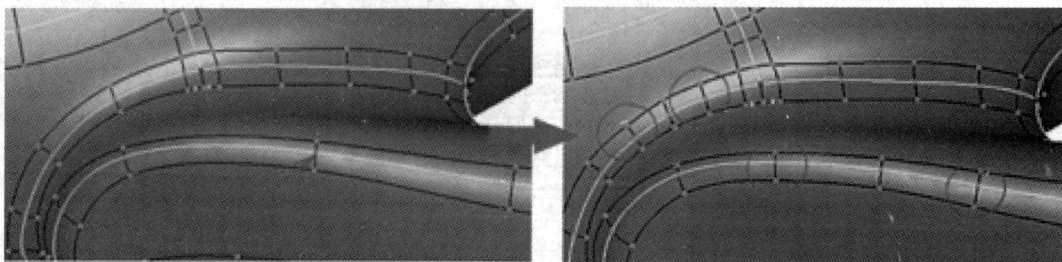

图 4-142 创建切面曲线

(20) 调整好轮廓线以后，单击"确定"按钮，退出"编辑轮廓线"对话框，完成后效果如图 4-143 所示。

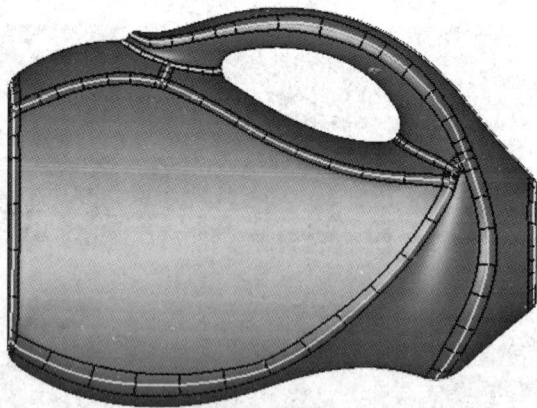

图 4-143 轮廓线调整完成

(21) 单击"创建修剪曲面"命令，打开"创建修剪曲面"对话框，如图 4-144 所示。

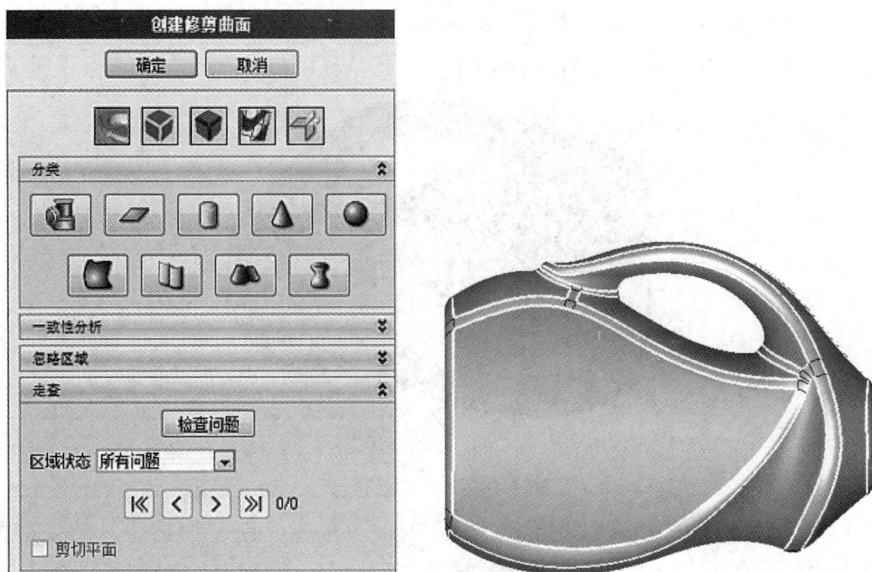

图 4-144　创建修剪曲面

(22) 单击对话框中的"自动探测"按钮 ，软件就自动把零件的表面分成三种类型的曲面，绿色代表平面，黄色代表圆柱面，棕色代表自由曲面，如图 4-145 所示。

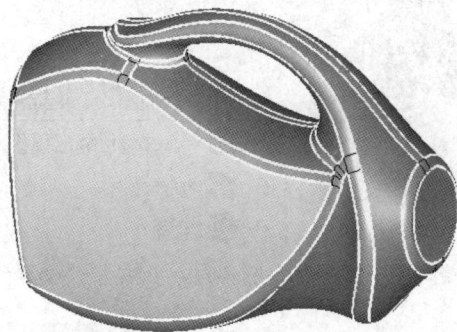

图 4-145　"自动探测"曲面

(23) 单击对话框中的"拟合初级曲面"按钮 ，再单击"全部拟合"按钮，软件就自动拟合全部曲面，拟合结果如图 4-146 所示。

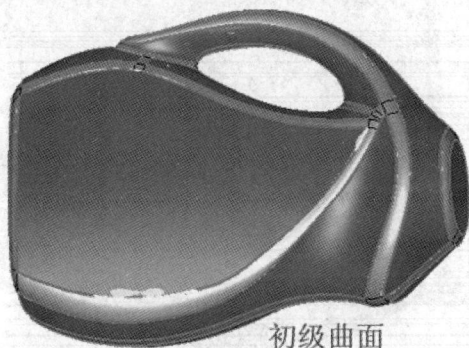

初级曲面

图 4-146　拟合初级曲面

(24) 单击对话框中的"拟合连接"按钮 ，再单击"全部拟合"按钮，软件就自动拟合全部连接曲面，拟合结果如图 4-147 所示。

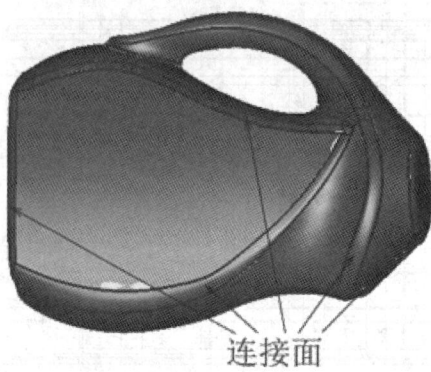

图 4-147　拟合连接面

(25) 单击对话框中的"修剪/缝合"按钮 ，再单击"创建"按钮，结果如图 4-148 所示。单击"确定"按钮，结束"创建修剪曲面"命令。此时在"模型管理器"中可见创建的 NURBS 曲面，即显示如图 4-149 所示的"xiyiyeping-缝合模型"。

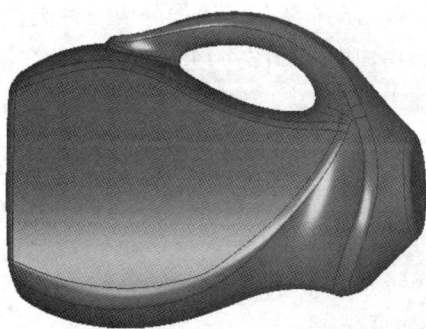

图 4-148　创建"修剪/缝合"

图 4-149　"模型管理器"显示"xiyiyeping-缝合模型"

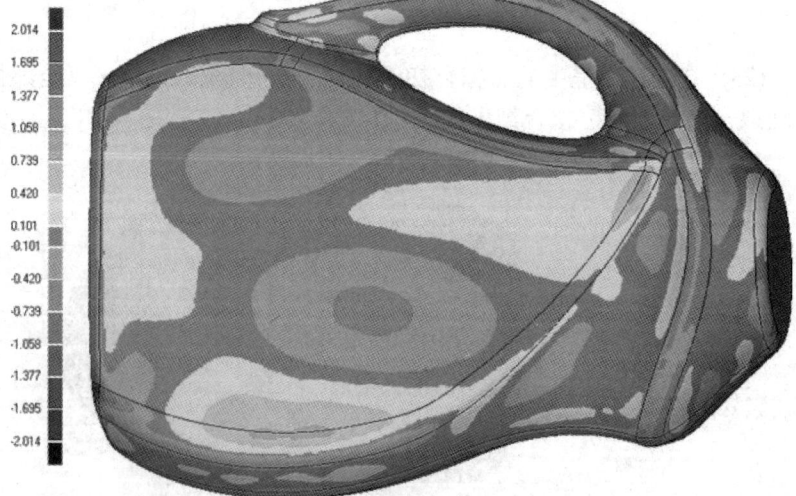

图 4-150　显示分析结果

(26) 在"模型管理器"中选中"xiyiyeping-缝合模型"，单击菜单栏中的"分析"→"3D 比较"，在打开的对话框中单击"应用"按钮，软件就自动分析比较 NURBS 曲面模型与三角网格面模型，最后显示分析结果，如图 4-150 所示。从色谱可见，曲面模型与三角网格面模型误差大都在 ±0.4 之间。

(27) 在"模型管理器"中右击"xiyiyeping-缝合模型"，在弹出的快捷菜单中选择"保存"，在弹出的"另存为"对话框中"保存类型"选择为 IGS，单击"保存"按钮，即保存模型曲面在指定的路径下，如图 4-151 所示。

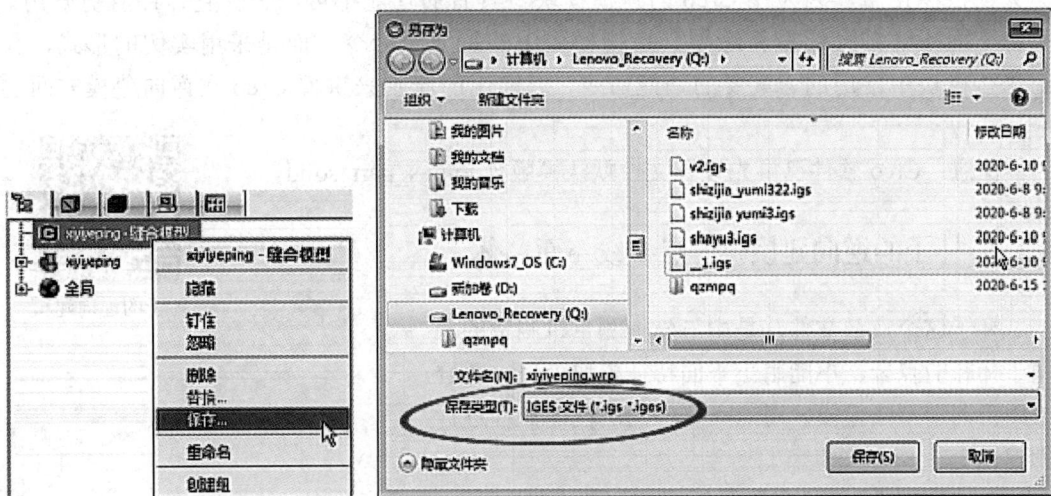

图 4-151　"另存为"对话框

思考与练习

1. shpe phase 流程中，Geomagic Studio 软件的建模思路是什么？

2. shpe phase 流程中，首先分成若干个面板区域，面板边界的颜色是什么？面板区域又分成许多曲面片，曲面片的边界颜色是什么？

3. fashion phase 流程中，编辑轮廓线中的"拖拽"技术如何操作？

4. fashion phase 流程中，总结一下哪些点需要增加一个 T 节点？哪些 T 节点要删除？

5. 给 4.1.3 节创建的玩具鸭实体模型抽壳。

6. 下载教材附带的资源对生肖马首模型进行逆向建模。

7. 下载教材附带的资源对靠枕模型进行逆向建模。

玩具鸭子逆向建模-抽壳　　　　　　　　　生肖马首的逆向建模

任务 4.2　Creo 逆向建模

　　Creo 在逆向建模方面功能很强大。早期的版本中有独立几何逆向造型模块，后来的版本加入了重新造型、造型模块，都是基于逆向工程的模块。这些模块中功能很多，但大都很少使用，因为在 Creo 的建模模块下具有的功能都可以替代它，而且更好用。所以下面不详细介绍重新造型、造型模块中的每一个命令，而是采用实例的形式，介绍这些模块中常用的、重要的功能命令，以够用的原则来讲授 Creo 在逆向建模方面的应用。

　　注意：Creo 软件已事先设置文件默认模版为 mmns_part_solid。

4.2.1　杯子的逆向建模——点→线→面→体

　　杯子这个点云文件，是由三坐标测量机测量的，属于稀疏的点云，不能用小平面特征模块处理，适合采用正向造型法建模，用点→线→面的创建流程进行创建。

　　(1) 打开杯子点云文件 beizi.igs，如图 4-152 所示。

　　(2) 创建基准平面。单击“创建基准平面”工具 ▱，弹出“基准平面”对话框，如图 4-153 所示。按住 Ctrl 键，选择同一平面上的三个点，如图 4-154 所示。单击“确定”按钮，创建出基准平面 DTM1，如图 4-155 所示。

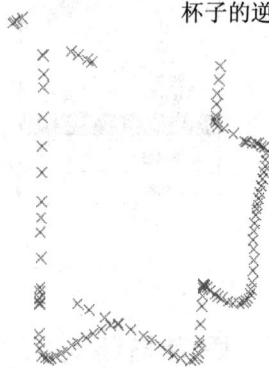

杯子的逆向建模

图 4-152　文件 beizi.igs

　　注：杯子倒扣在工作台上测量，这三个点是测针在工作台上测的三点。

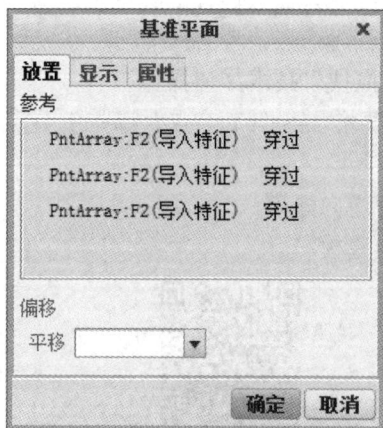

图 4-153　“基准平面”对话框

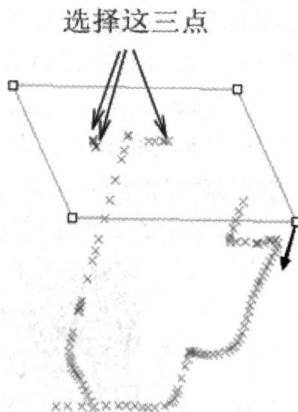

图 4-154　选择同一平面上的三个点

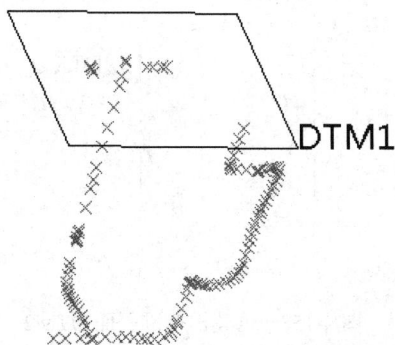

图 4-155 创建出基准平面 DTM1

(3) 再次单击"创建基准平面"工具 ▱，弹出"基准平面"对话框，选取 DTM1，把"偏移"改为"法向"，如图 4-156 所示。按住 Ctrl 键，选择图 4-157 所示的两点。再单击"确定"按钮，创建出基准平面 DTM2，如图 4-158 所示。

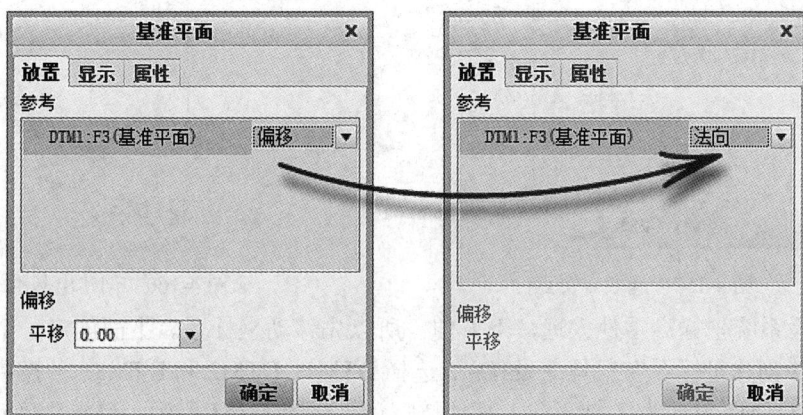

图 4-156 把"偏移"改为"法向"

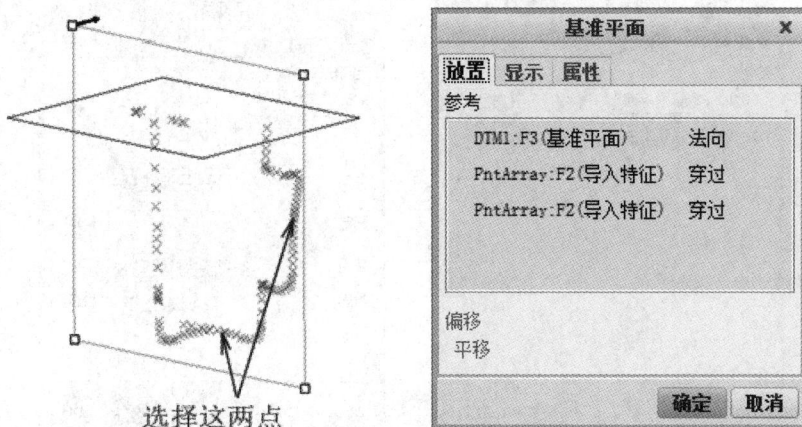

图 4-157 选择两点

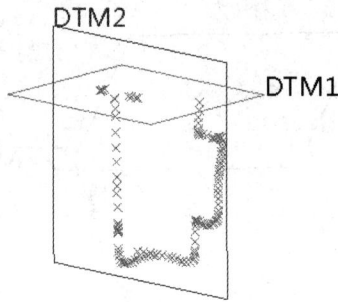

图 4-158　创建出基准平面 DTM2

(4) 第三次单击"创建基准平面"工具 ，选取 DTM1、DTM2 及图 4-159 所示的一个点，并设置两平面皆为法向，再单击"确定"按钮，创建出基准平面 DTM3，如图 4-160 所示。

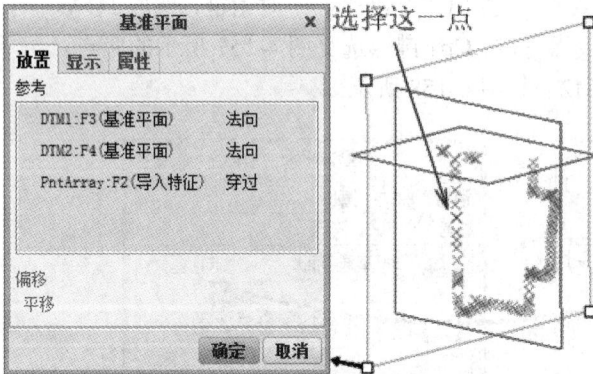

图 4-159　选取一个点

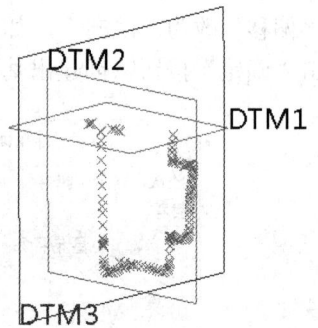

图 4-160　创建出基准平面 DTM3

(5) 因为系统坐标离零件太远，不方便，所以先移动坐标系。下面创建一个自定义坐标系。单击"创建坐标系"工具 坐标系，选择 DTM1、DTM2 和 DTM3。转换到"方向"标签，设置 DTM1 方向为 Z 轴正向，其他按默认，如图 4-161 所示。单击"确定"按钮，创建出自定义坐标系 CSO。

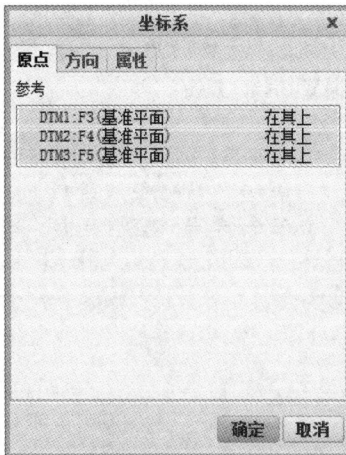

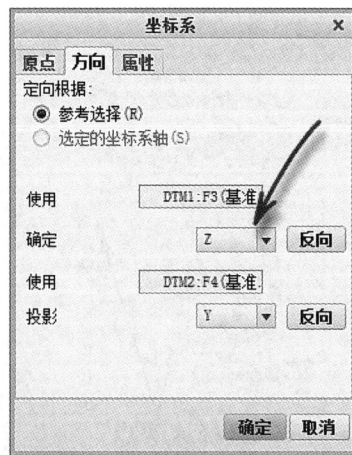

图 4-161　"创建坐标系"对话框

(6) 单击"文件"→"另存为",类型改为"IGES",单击"确定"按钮,弹出"导出 IGES"对话框,单击图 4-162 所示的"箭头"按钮 ,然后在绘图区域或者模型树中选取自定义坐标系 CSO,结果如图 4-163 所示。单击"确定"按钮,关闭"导出 IGES"对话框。

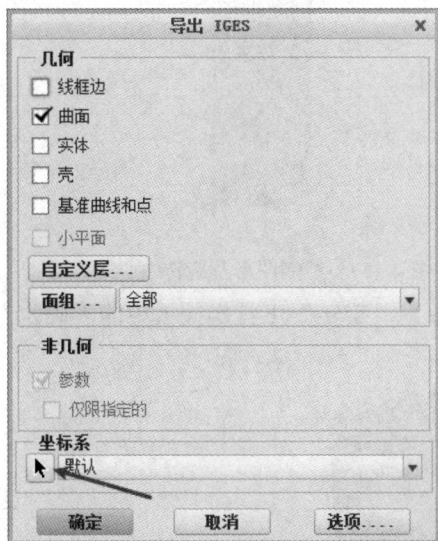

图 4-162 "导出 IGES"对话框   图 4-163 选取自定义坐标系 CSO

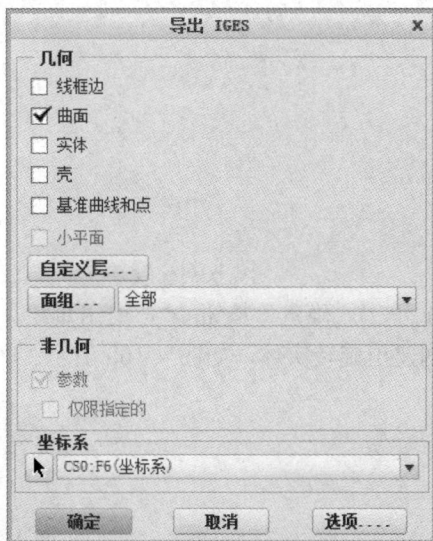

(7) 重新打开 beizi.igs 文件,坐标位置已经改变。在模型管理器中,按住"在此插入"的箭头,把"在此插入"往上拖到坐标系下方,如图 4-164 所示。单击"创建基准平面"工具 ,系统立即创建三个坐标系的基准平面,再把"在此插入"箭头拖回到最后,则以新坐标系为基础的三个基准平面就创建好了,如图 4-165 所示。

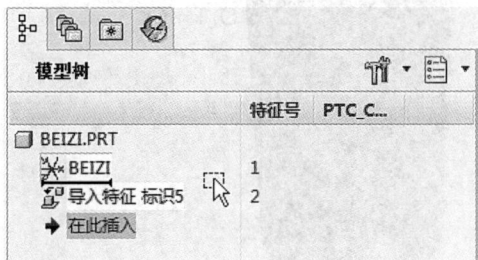

图 4-164 把"在此插入"往上拖到坐标系下方   图 4-165 创建以新坐标系为基础的三个基准平面

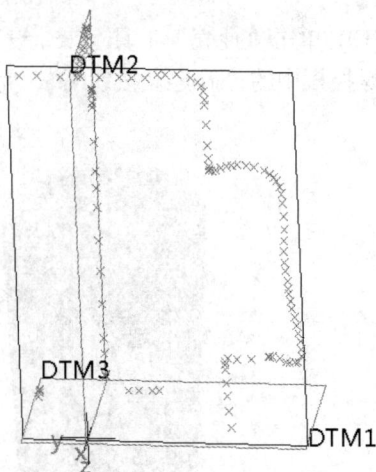

(8) 单击"旋转"工具 旋转,选择 DTM2 为草绘平面,待平面转正后,在图形窗口中的工具栏中单击"平面显示"图标 ,隐藏基准平面,此时画面显示如图 4-166 所示。参考点的位置,绘制如图 4-167 所示的图形及一条旋转中心线。

旋转中心线

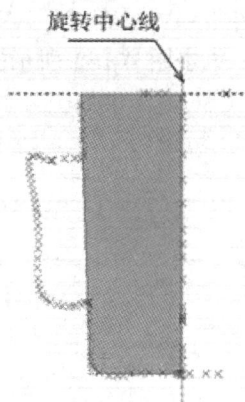

图 4-166　草绘平面　　　　　图 4-167　绘制图形及旋转中心线

(9) 单击"确定"按钮 ✔，退出草绘。再单击"旋转"工具操控板中的"确定"按钮 ✔，创建出旋转实体，如图 4-168 所示。

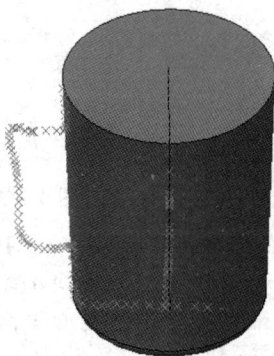

图 4-168　创建出旋转实体

(10) 单击"抽壳"工具 回壳 ，设置厚度为 2，选择顶部平面为去除面，再单击"抽壳"工具操控板中的"确定"按钮 ✔，完成抽壳结果如图 4-169 所示。

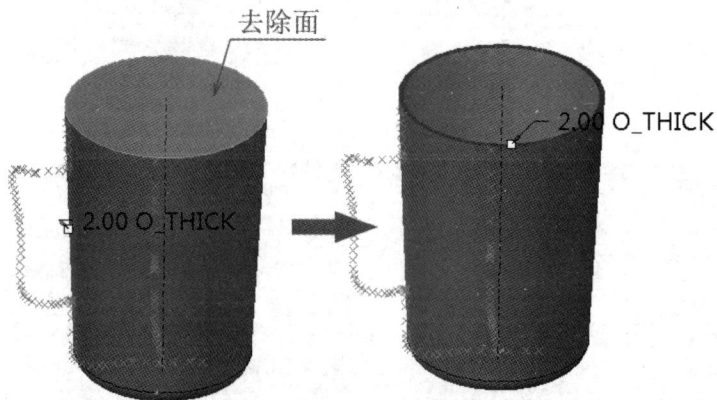

去除面

2.00 O_THICK

2.00 O_THICK

图 4-169　完成抽壳结果

(11) 单击"草绘"工具 〜，打开"草绘"对话框，单击"使用先前的"按钮，如图 4-170 所示。图形转正后，绘制如图 4-171 所示的手柄曲线。再单击"草绘"工具操控板中的"确定"按钮 ✔，则完成手柄曲线的绘制。

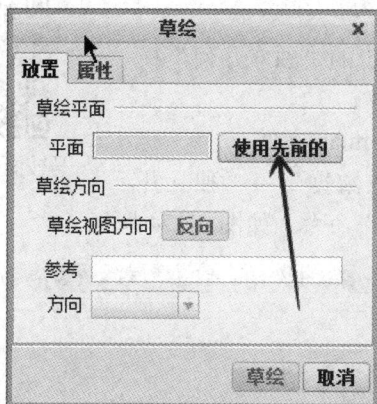

图 4-170 单击"使用先前的"按钮

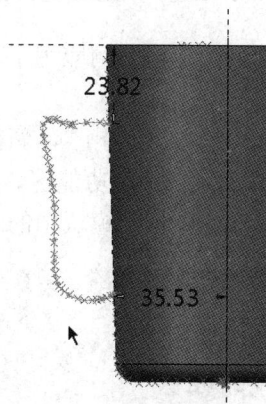

图 4-171 绘制手柄曲线

(12) 单击"扫描"工具 ✎扫描，选择步骤(11)绘制的曲线为轨迹线，在"扫描"工具操控板中选择"恒定截面扫描方式"按钮 ━，单击"草绘"按钮 ✍，待图形转正后，绘制一个矩形，尺寸如图 4-172 所示。

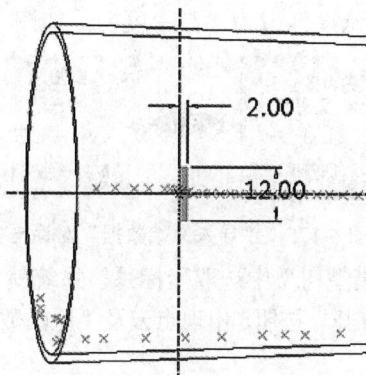

图 4-172 绘制一个矩形

(13) 在"扫描"工具操控板中，单击"选项"标签，勾选"合并端"，再单击"确定"按钮 ✔，就完成杯柄特征的创建，如图 4-173 所示。

图 4-173 完成杯柄特征的创建

4.2.2　马鞍面的逆向建模——独立几何

马鞍面的逆向建模实例应用了 Creo 软件中的"独立几何"模块。其具体操作步骤如下：

(1) 单击"新建"命令 ⬜，新建一个 maanmian 文件。

(2) 在"模型"标签功能区，单击"获取数据"→"独立几何"，进入"独立几何"模块中的"扫描工具"命令，如图 4-174 所示。

马鞍面的逆向建模

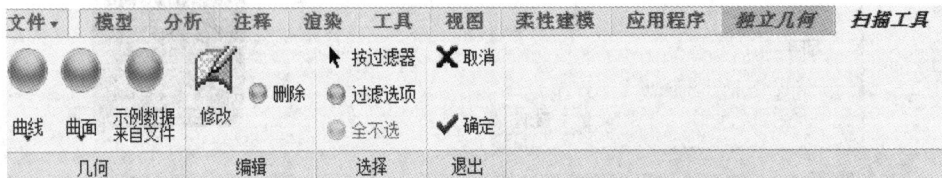

图 4-174　"扫描工具"标签下的工具

(3) 在"扫描工具"操控板中，单击"示例数据来自文件"按钮 🔵，在弹出的"导入原始数据"菜单中，把"低密度"改为"高密度"，如图 4-175 所示。

图 4-175　"导入原始数据"对话框

(4) 在"图形窗口"或"模型树"中选取坐标系，系统就自动弹出"打开"对话框，找到 maanmian.igs 文件，单击"打开"按钮，出现点云及"原始数据"对话框，如图 4-176 所示。

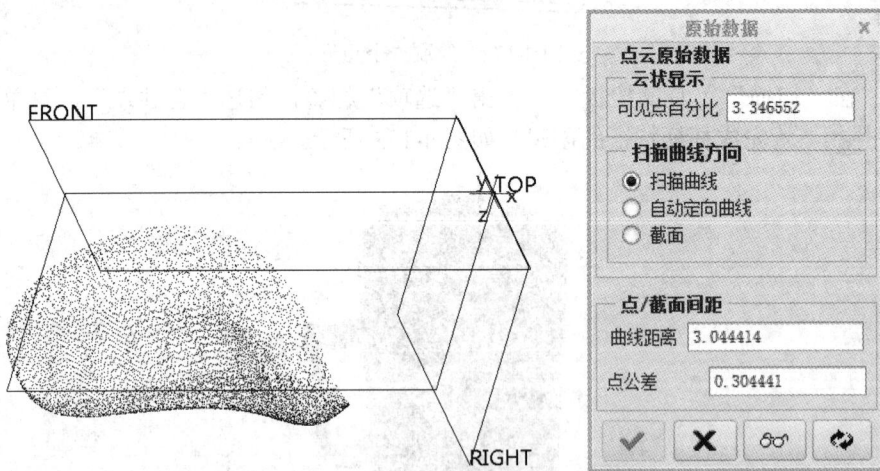

图 4-176　点云及"原始数据"对话框

(5) 在"原始数据"窗口，选择"自动定向曲线"，"截面数量"设置为 21，其他参数按默认不变，如图 4-177(a)所示。单击"预览"按钮 👓，结果如图 4-177(b)所示。

(a)　　　　　　　　　　　　　　　　　　(b)

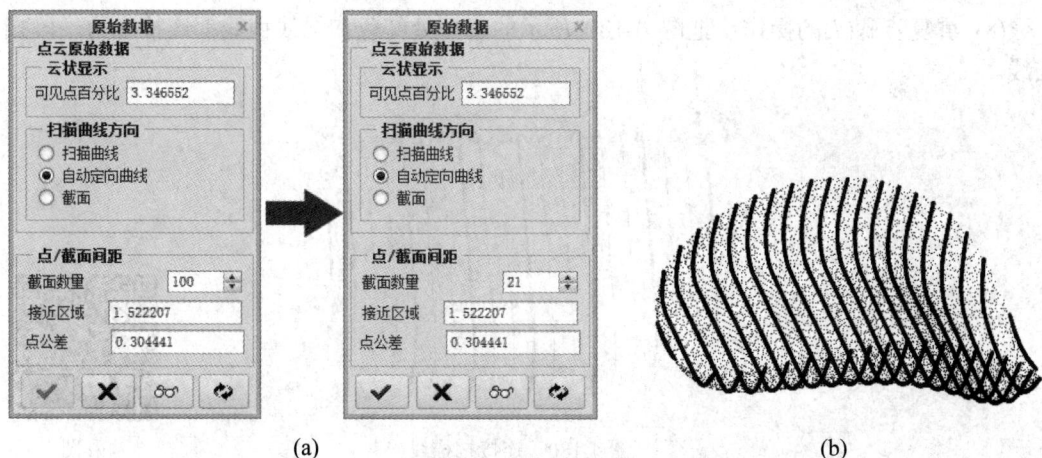

图 4-177　"原始数据"单击"预览"按钮后显示结果

　　(6) 单击"原始数据"窗口中的"确定"按钮 ✔ ，点云被截成一组扫描线，如图 4-178 所示。

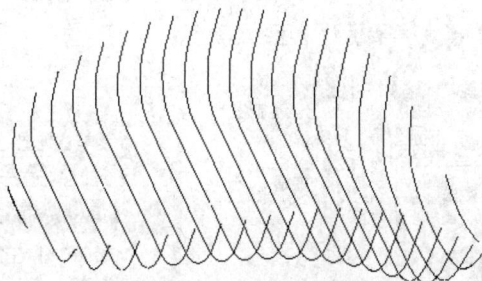

图 4-178　被截成的一组扫描线

　　(7) 单击"修改"按钮 ，然后在图形窗口选择扫描线，弹出"菜单管理器"。在"菜单管理器"中单击"重组点"→"连接"，按住 Ctrl 键，选择两段线，如图 4-179 所示。然后在"菜单管理器"中单击"接受"，继续选择后一段线(此时可以不按住 Ctrl 键)，再单击"接受"，直到这一条扫描线全部连接。单击"分开"按钮，再单击"连接"按钮。

　　注：单击"分开"是为了结束上一次重组点命令，正常是应该单击"确定"，但单击"确定"后又要重新单击"重组点"→"连接"这一过程才能进行下一条扫描线的连接。

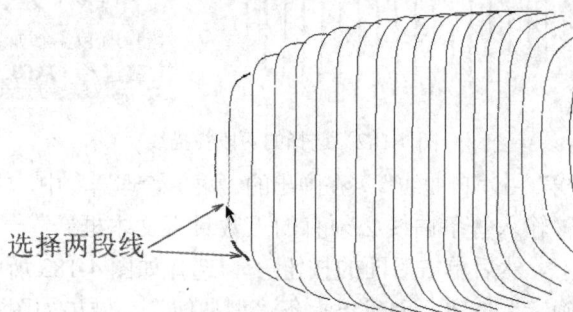

选择两段线

图 4-179　连接两段扫描线　　　　　　　　　彩图

(8) 重复步骤(7)的操作，把图 4-180 所示的每一处红色扫描线截线都连接成为一段扫描线。

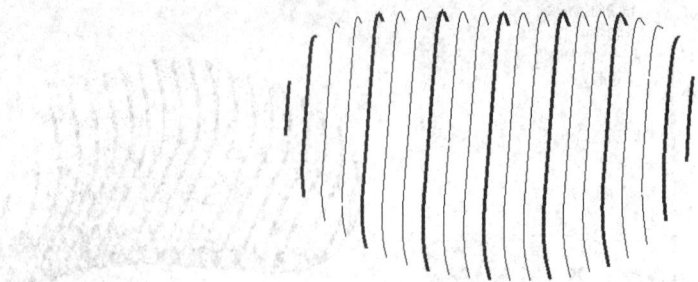

图 4-180　连接扫描线　　　　　　　　　　　　　彩图

(9) 单击"曲线"→"自曲线"，如图 4-181 所示。在弹出的"菜单管理器"中，单击"点数"，则系统在绘图区的顶部出现"输入每条曲线必须有的点数目"文本框 ，在文本框中输入"8"，然后单击后面的按钮 ，再选择头尾两条扫描线，如图 4-182 所示。在"选择"对话框中单击"确定"按钮，创建出两条"型曲线"。

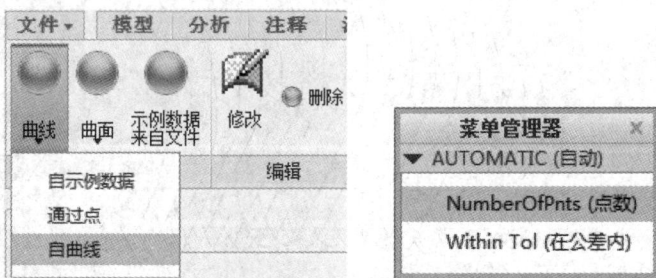

图 4-181　创建"型曲线"

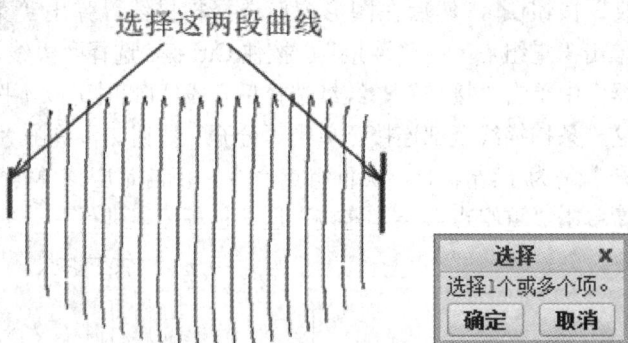

图 4-182　选择的两段扫描线

(10) 再单击"曲线"→"自曲线"，在弹出的"菜单管理器"中，单击"点数"，系统就在绘图区的顶部出现"输入每条曲线必须有的点数目"文本框 ，在文本框中输入"17"，然后单击后面的按钮 ，选择如图 4-183 所示的扫描线。在"选择"对话框中单击"确定"按钮，创建出七条"型曲线"，结果如图 4-184 所示。扫描线与型曲线重叠，注意区分。

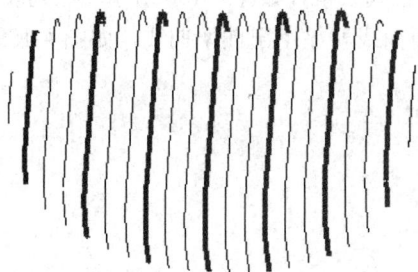

图 4-183　选择的扫描线　　　　　　　图 4-184　完成"型曲线"创建

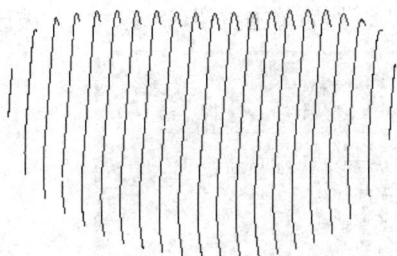

(11) 单击"修改"按钮，然后在图形窗口选择一条型曲线，弹出"修改曲线"对话框，如图 4-185 所示。在"修改曲线"对话框中单击"区域"标题栏，展开"区域"下拉列表框。

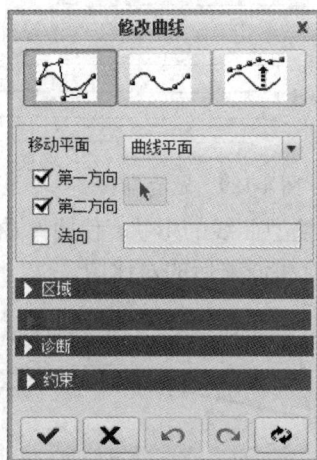

图 4-185　"修改曲线"对话框

(12) 单击"平滑区域"列表框右侧的下三角按钮，如图 4-186 所示。弹出一个列表，在列表中选择"局部"，如图 4-187 所示。

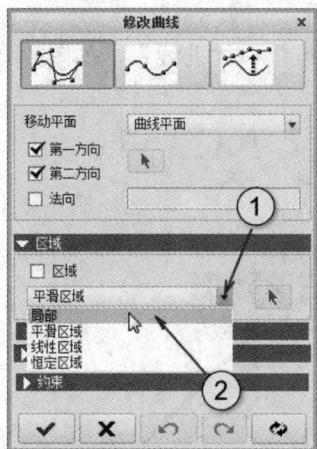

图 4-186　单击"平滑区域"列表框右侧的下三角按钮　　　图 4-187　选择"局部"

(13) 单击"诊断"标题栏，展开"诊断"下拉列表框，如图 4-188 所示。在列表中选择"曲率"，然后单击按钮 ，被选中的型曲线就显示出曲率曲线，如图 4-189 所示。

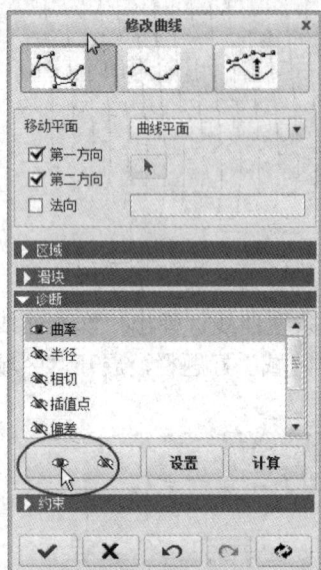

图 4-188　"诊断"下拉列表框　　　　　　　图 4-189　显示曲率

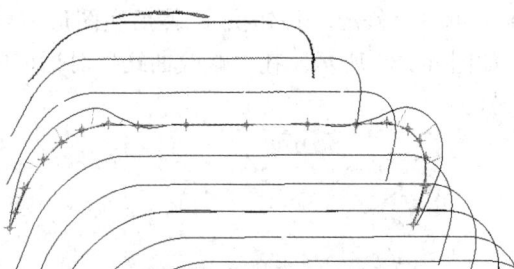

(14) 通过拖拉控制曲线多边形顶点的位置来调整型曲线的形状，使曲率曲线没有正负来回的变化，图 4-190 所示为其中一条型曲线调整前和调整后的对比图。

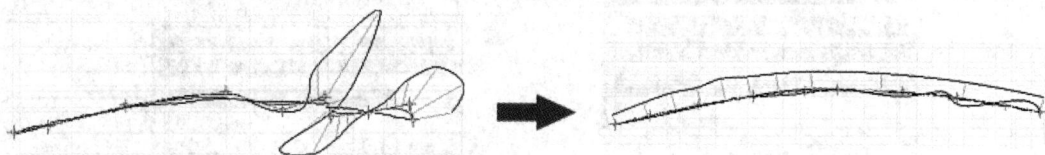

图 4-190　调整前后曲率变化

(15) 通过上述方法，调整好每一条型曲线后，在"扫描工具"操控板中，单击"确定"按钮 ，再在"独立几何"操控板中，单击"确定"按钮 ，退出"独立几何"模块。

(16) 创建坐垫的边界线。在功能区，单击"基准"→"曲线"，如图 4-191 所示。打开"通过点的曲线"命令操控板。

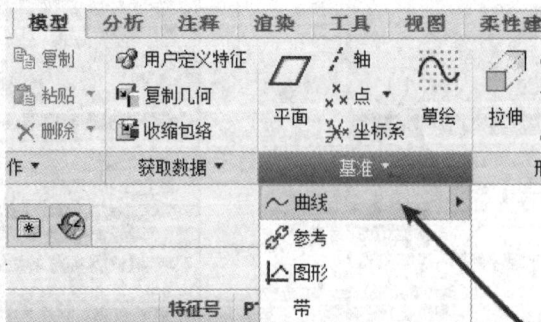

图 4-191　"通过点的曲线"命令

(17) 将鼠标移动到型曲线端点的附近，系统就会自动捕捉曲线的端点。按顺序连续单击零件型曲线的端点，就可以画出一条样条曲线，起点、终点如图 4-192 所示。

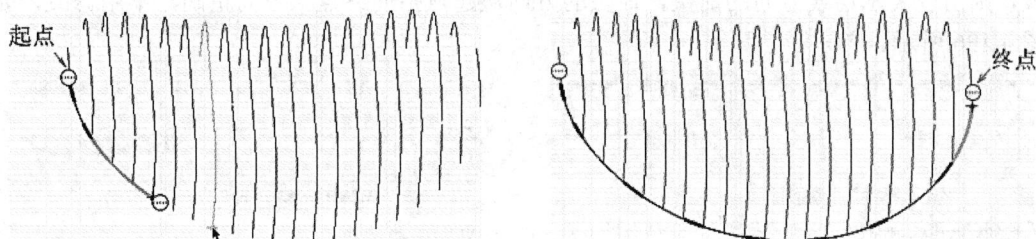

图 4-192　创建样条曲线

(18) 单击操控板中的"末端条件"标签，出现"末端条件"选项卡。在"曲线侧"文本框中先选择"起点"对象，"终止条件"下拉菜单中选择"相切"，如图 4-193 所示。再将鼠标移回到图形窗口，单击与曲线起点相连接的型曲线，如图 4-194(a)所示，则出现表示切线方向的箭头，观察发现：箭头方向非从起点指向终点，单击"末端条件"选项卡中的"反向"按钮 反向(F)，则箭头反向，结果如图 4-194(b)所示。

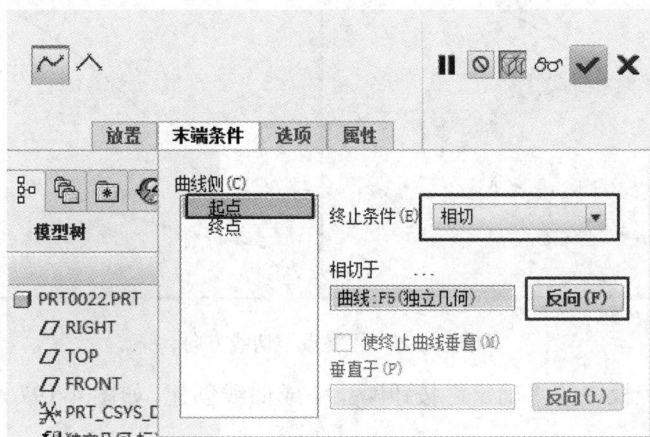

图 4-193　设置样条曲线的"起点"约束

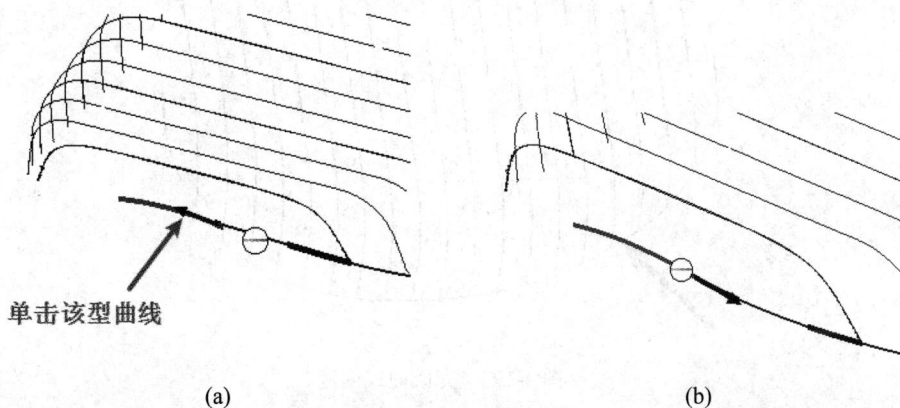

(a)　　　　　　　　　　　　　　　(b)

图 4-194　单击"反向"按钮

(19) 在"曲线侧"文本框中选择"终点"对象，"终止条件"下拉菜单中选择"相切"，如图 4-195 所示。再将鼠标移回到图形窗口，单击与曲线终点的端点相连接的型曲线，则出现表示切线方向的箭头，箭头的方向从起点指向终点，方向正确，不用修改，如图 4-196 所示。

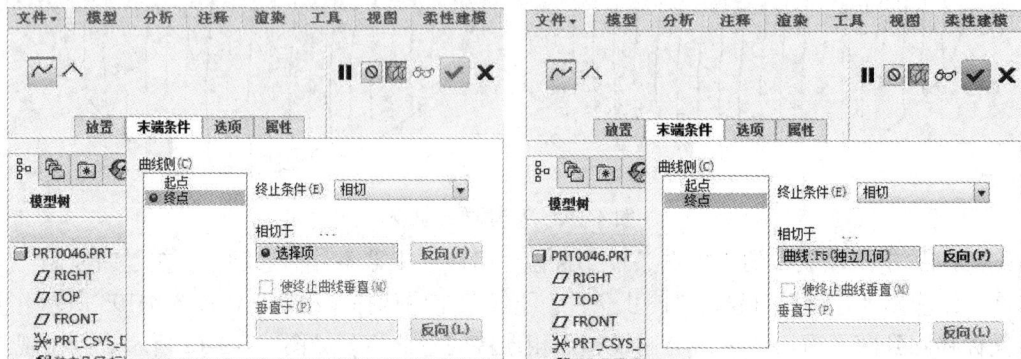

图 4-195　设置样条曲线的"终点"约束

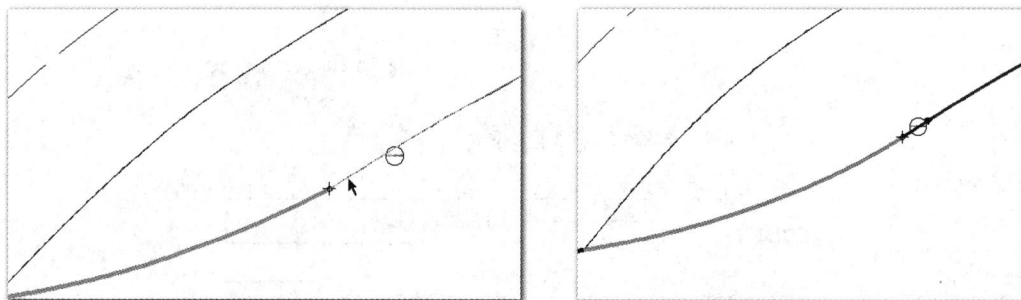

图 4-196　"终点"切线方向

(20) 单击操控板中的"确定"按钮 ✔，完成曲线创建，如图 4-197 箭头所指的曲线。

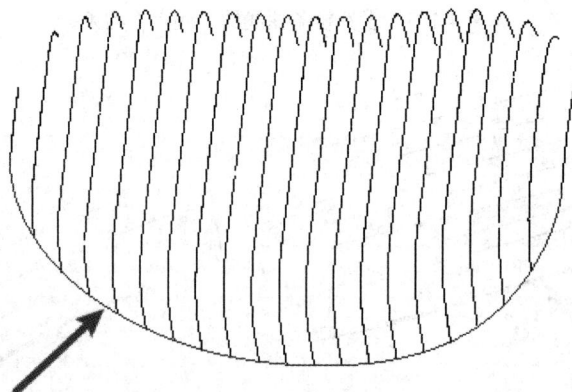

图 4-197　完成曲线创建

(21) 用同样的方法创建出另一条边界线，如图 4-198 箭头所指的曲线。

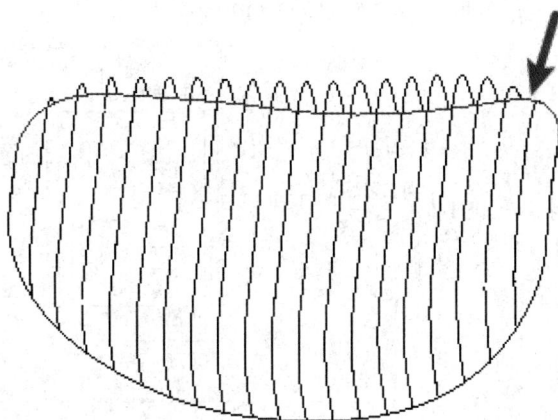

图 4-198　完成另一条曲线创建

(22) 单击"创建基准点"命令 _x×点 ▼，打开"创建基准点"对话框，如图 4-199 所示。按住 Ctrl 键，在绘图窗口用鼠标选择起始的一条型曲线和基准平面 TOP，如图 4-200 所示，创建出一个交点 PNT0，如图 4-201 所示。放开 Ctrl 键，在"创建基准点"对话框的"放置"文本框中箭头自动下移一行，预备创建"新点"，如图 4-202 所示。

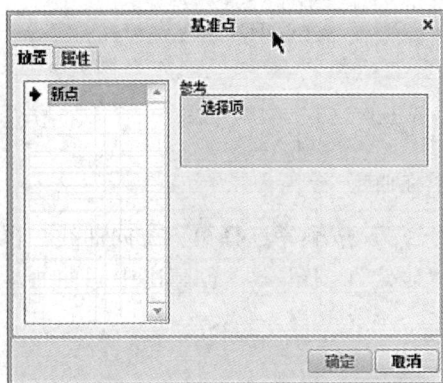

图 4-199　"创建基准点"对话框

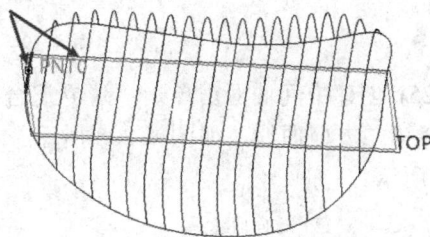

图 4-200　选择基准平面 TOP

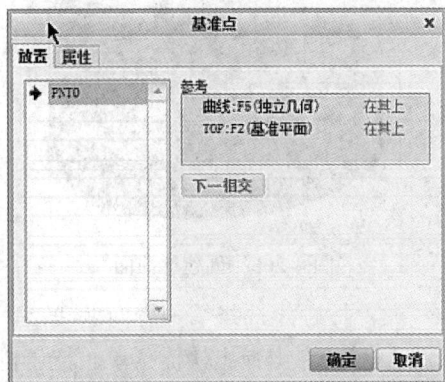

图 4-201　创建出一个交点 PNT0

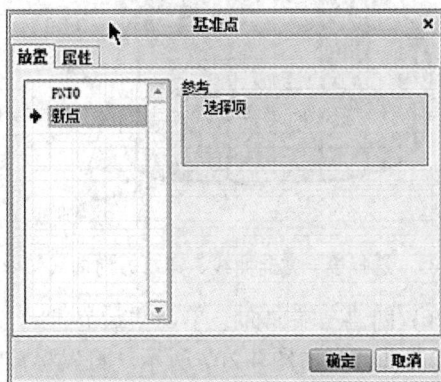

图 4-202　预备创建"新点"

(23) 依次创建每一条型曲线与基准平面 TOP 的交点，一共 9 个点，如图 4-203 所示。

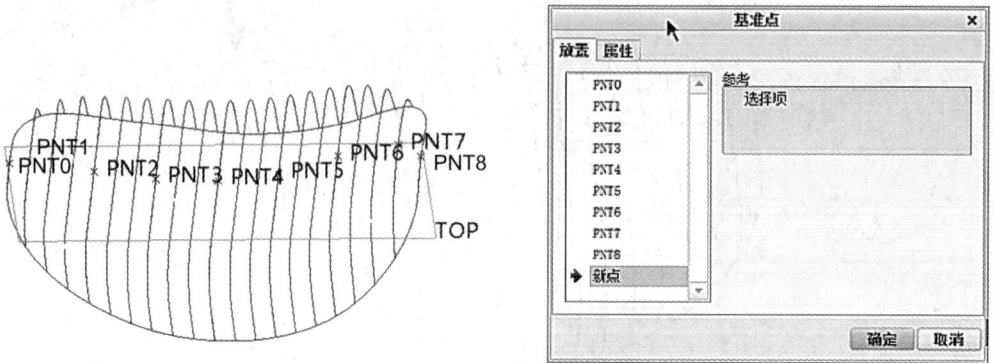

图 4-203　创建 9 个基准点

(24) 在功能区，单击"基准"→"曲线"，打开"通过点的曲线"命令操控板。依次连接 PNT0→PNT8，创建出一条样条曲线，如图 4-204 所示。

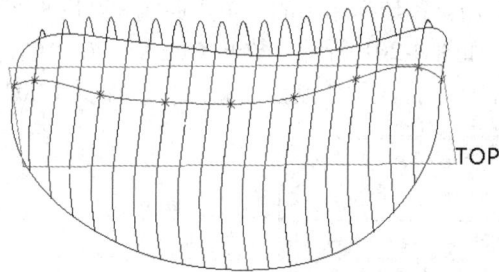

图 4-204　一条样条曲线

(25) 创建中间曲面。单击"边界混合"命令 ，按顺序选择第一方向曲线，再按顺序选择第二方向曲线，如图 4-205 所示。单击"确定"按钮 ，创建出中间曲面，如图 4-206 所示。

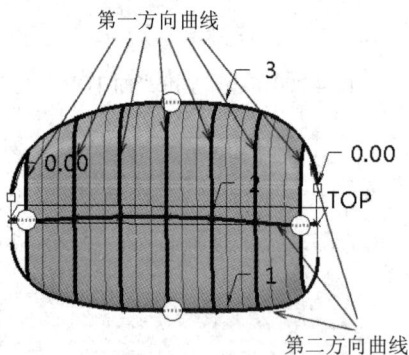

图 4-205　选择第一方向曲线、第二方向曲线

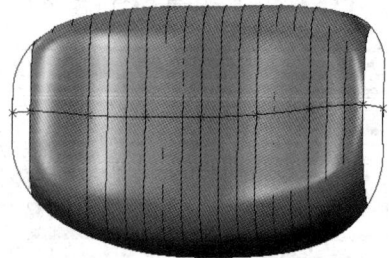

图 4-206　创建的曲面

(26) 创建左端曲面。单击"边界混合"命令 ，按顺序选择第一方向曲线，再选择第二方向曲线，如图 4-207 所示。将鼠标放在圆圈内 ，右击弹出快捷菜单。把"自由"改为"相切"，如图 4-208 所示。单击中间曲面为相切的边界曲面，再单击操控板中的"确定"按钮 ，则完成曲面创建，如图 4-209 所示。

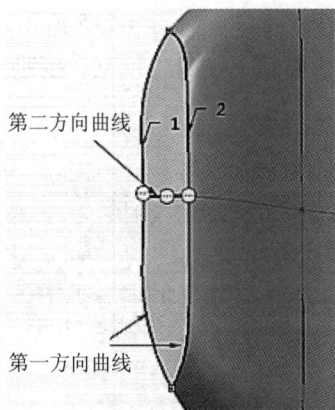

图 4-207　选择曲线　　　　　图 4-208　设置相切　　　　　图 4-209　完成曲面创建

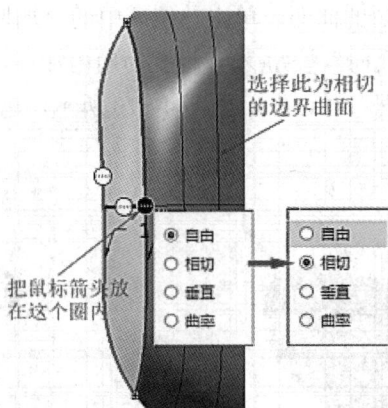

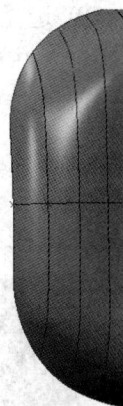

(27) 创建右端曲面。单击"边界混合"命令 ，按顺序选择第一方向曲线，再选择第二方向曲线，如图 4-210 所示。设置曲面与边界曲面相切，如图 4-211 所示。单击操控板中的"确定"按钮 ，完成曲面创建，如图 4-212 所示。

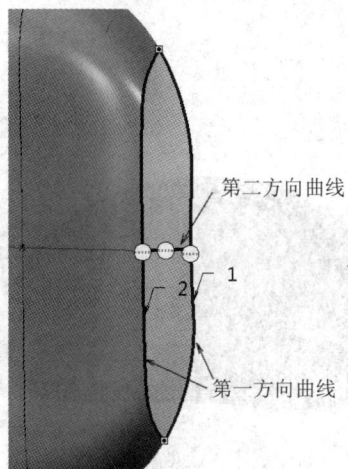

图 4-210　选择曲线　　　　　图 4-211　设置相切　　　　　图 4-212　完成曲面创建

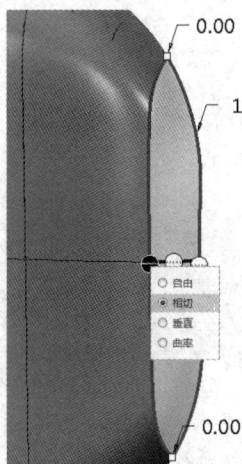

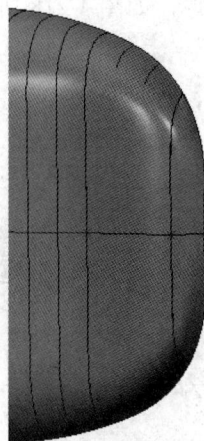

(28) 合并曲面。按住 Ctrl 键，同时选中三块曲面，如图 4-213 所示。然后单击功能区中的"合并"命令 ，再在打开的"合并"操控板中单击"确定"按钮 ，则完成曲面合并。隐藏全部曲线后，曲面如图 4-214 所示。

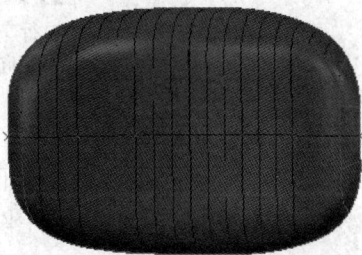

图 4-213　合并曲面　　　　　　　　　图 4-214　完成效果

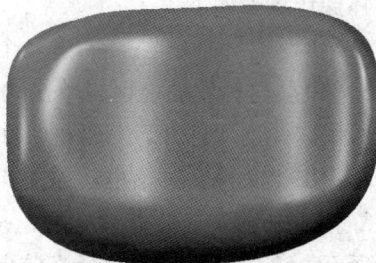

(29) 选择合并后的曲面，单击功能区中的"加厚"命令 ⊏加厚，如图 4-215 所示。再单击操控板中的"反向"按钮 ✗，设置为向内加厚，厚度为默认。单击"预览"按钮 ∞，弹出"定义特殊处理"对话框，如图 4-216 所示，单击"是"按钮。

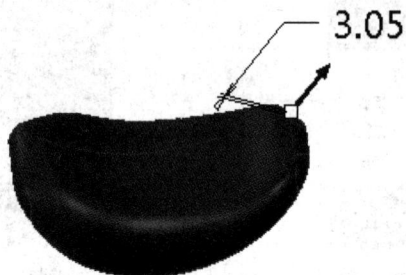

图 4-215　曲面加厚

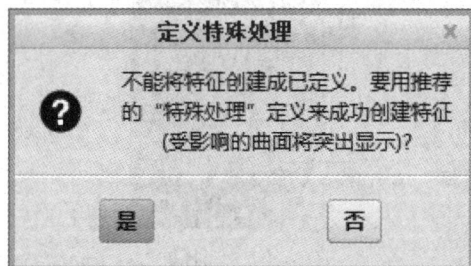

图 4-216　弹出"定义特殊处理"对话框

(30) 单击操控板中的"退出暂停模式"按钮 ▶，单击"选项"标签，如图 4-217 所示。再单击下拉菜单右边的下三角，选择"自动拟合"，单击"确定"按钮 ✔，则完成曲面加厚，如图 4-218 所示。

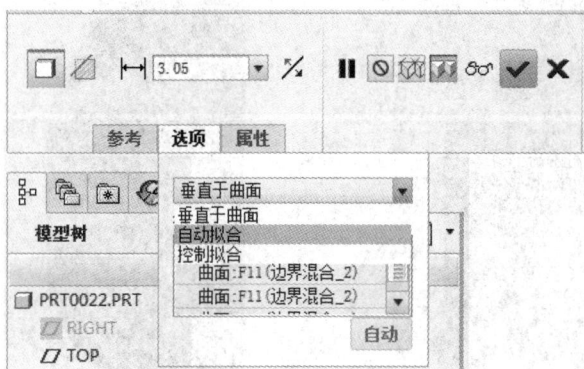

图 4-217　选择"自动拟合"

图 4-218　完成加厚效果

4.2.3　自行车坐垫的逆向建模——重新造型

自行车坐垫的逆向建模

自行车坐垫的逆向建模实例应用了小平面特征模块和重新造型模块。其具体操作步骤如下：

(1) 单击"新建"命令 ▯，新建一个 zuodian 文件。

(2) 在"模型"标签功能区，单击"获取数据"→"导入"，如图 4-219 所示。弹出"打开"对话框，如图 4-220 所示。找到 zuodian.igs 文件，单击"打开"按钮，弹出"文件"对话框，如图 4-221 所示。选择"导入类型"为"小平面"，单击"确定"按钮，进入点云处理模块，操控板变为如图 4-222 所示，导入的坐垫点云如图 4-223 所示。在"消息区"显示当前点数目为 273 404 个。

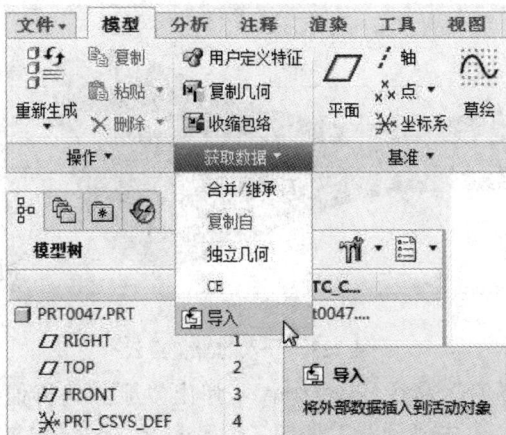

图 4-219　"导入"命令

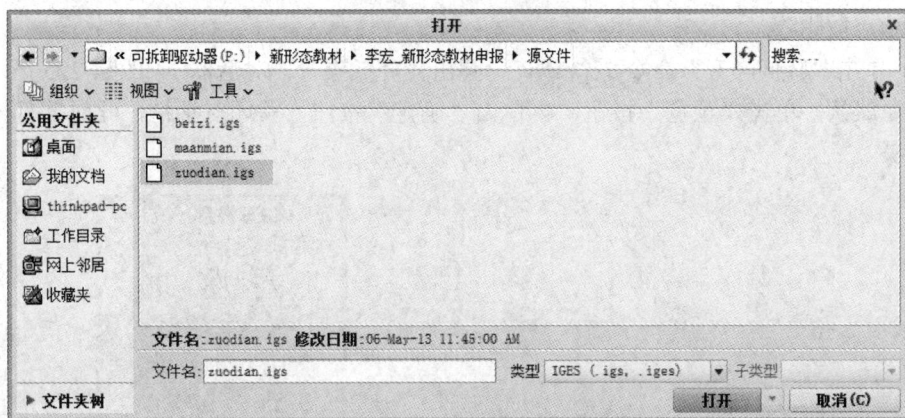

图 4-220　"打开"对话框

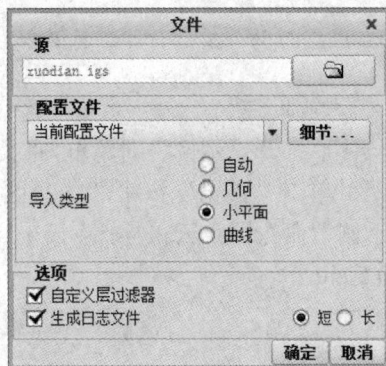

图 4-221　"文件"对话框

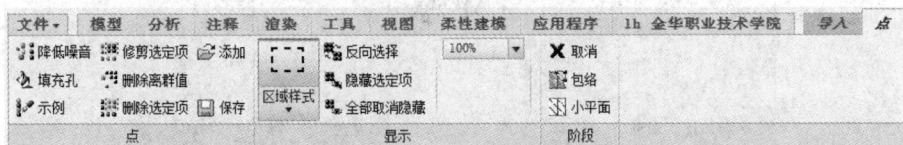

图 4-222　点云处理模块操控板

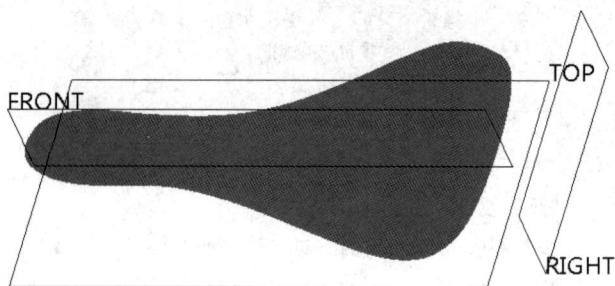

图 4-223　导入的坐垫点云

　　(3) 单击"删除离群值"命令 ，弹出"删除离群值"对话框，如图 4-224 所示。参数设置为默认，单击"预览"按钮，"消息区"显示选择 0 个点，说明该点云精度比较高，没有偏离较远的点。单击"取消"按钮，关闭对话框。这步操作是防止有杂点存在而没有被删除。

　　(4) 单击"降低噪音"命令 ，弹出"降低噪音"对话框，如图 4-225 所示。参数设置为默认，单击"预览"按钮，再单击"确定"按钮，关闭对话框，此时零件已做了一次降噪。

图 4-224　"删除离群值"对话框　　　　图 4-225　"降低噪音"对话框

　　(5) 单击"示例"命令 ，打开"示例"对话框，"类型"改为"统一抽样"，间距设为 0.5 mm，如图 4-226 所示。单击"预览"按钮，"消息区"显示当前点数目为 169 734 个，再单击"确定"按钮。"示例"命令即点云采样，点云采样算法有很多，"统一抽样"为最常用，间距一般取 0.3～0.5 mm。

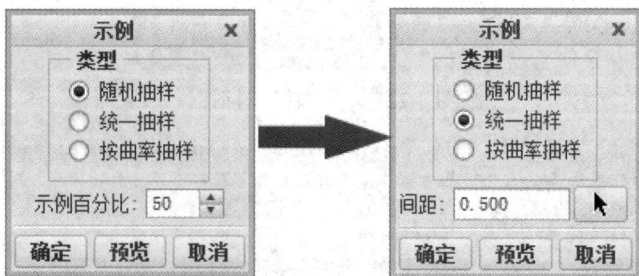

图 4-226　选择"统一抽样"选项

(6) 单击"小平面"命令 ，软件经过一段时间的计算，显示如图 4-227 所示。然后进入小平面特征模块，操控板界面如图 4-228 所示。

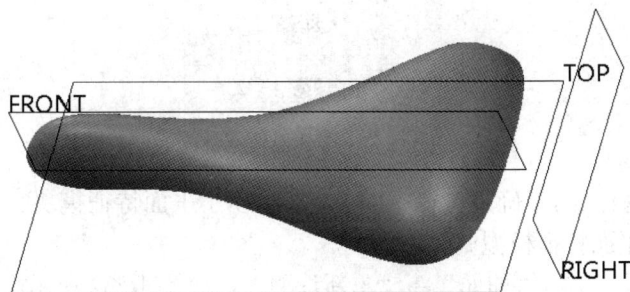

图 4-227　进入小平面特征模块后模型显示

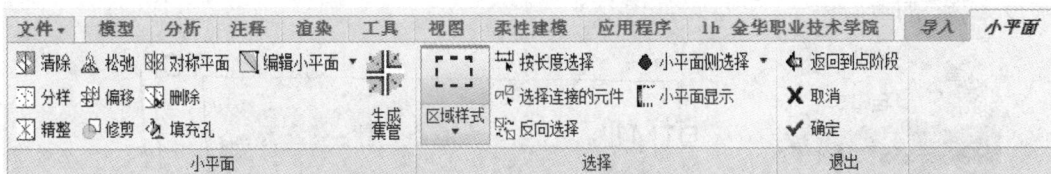

图 4-228　小平面特征模块操控板界面

(7) 单击"对称平面"命令 ，弹出"平面"对话框，如图 4-229 所示。软件会根据零件的对称性，自动找到对称面。再单击"确定"按钮 ，则创建出对称平面 DTM1，隐藏 FRONT 平面，如图 4-230 所示。

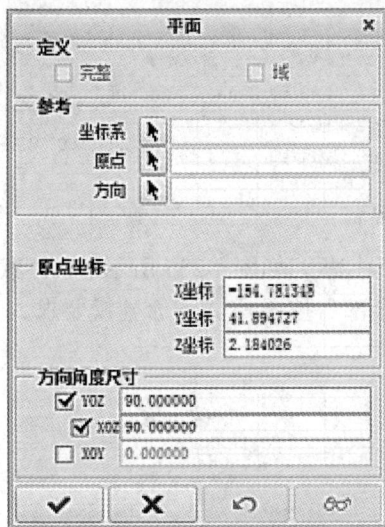

图 4-229　"平面"对话框

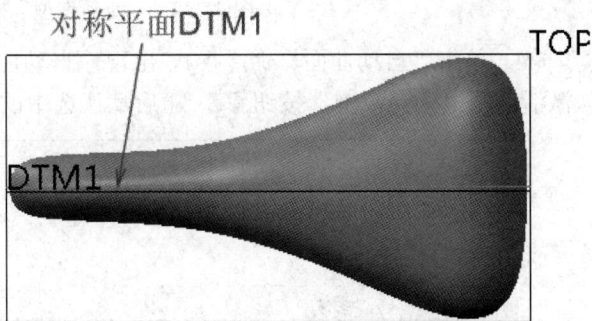

图 4-230　创建的对称平面 DTM1

(8) 单击"生成集管"命令 ，打开"生成集管"对话框，选择"打开"单选框，如图 4-231 所示。单击"预览"按钮，再单击"确定"按钮，删除非流形三角面。不管有没有非流形三角面，单击该命令一次，为顺利进入重新造型模块做准备。选择"打开"单选框是因为该零件是开放的、有边界的，如果零件是封闭的，就可以选择"封闭的"单选框。

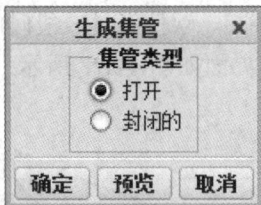

图 4-231　"生成集管"对话框

(9) 单击操控板上的"确定"命令 ✔确定，退出小平面特征模块。再次单击"确定"命令 ✔，导入小平面特征模型。

(10) 在功能区，单击"曲面"→"重新造型"，如图 4-232 所示，进入"重新造型"模块，零件颜色变为绿色，如图 4-233 所示。"重新造型"操控板界面如图 4-234 所示。

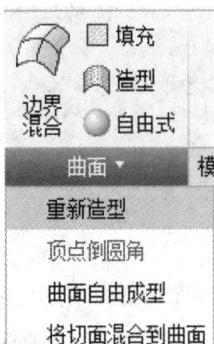

图 4-232　"重新造型"命令

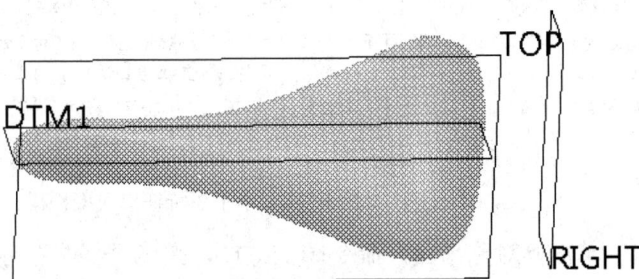

图 4-233　进入"重新造型"模块模型显示

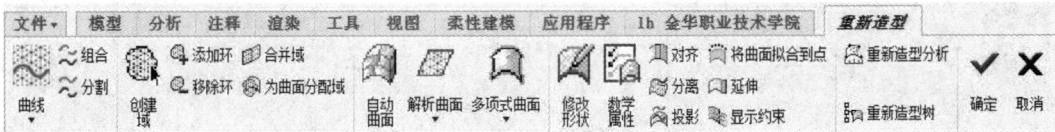

图 4-234　"重新造型"操控板界面

(11) 单击"自动曲面"命令 ，出现"自动曲面"操控板，如图 4-235 所示。软件默认激活的是"确定范围"按钮 ，随后默认选中的是"全部"按钮 ，符合建模要求。

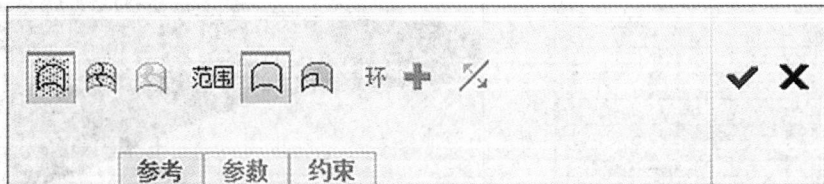

图 4-235　"自动曲面"操控板

(12) 转换为"定义曲面片结构"按钮 ，操控板如图 4-236 所示。"添加曲面片"数目为默认值 100 不变，单击按钮 ，结果如图 4-237 所示。执行此步骤时，软件自动产生四边域的曲面片布局，观察发现该布局比较混乱，有一些曲面片内角很小，在随后的曲面拟合中会产生不良效果。

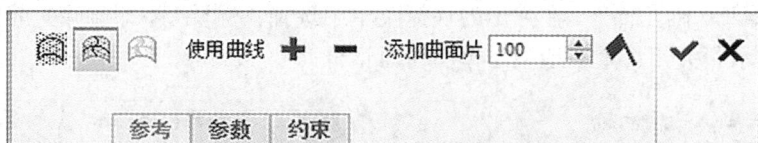

图 4-236　"定义曲面片结构"操控板

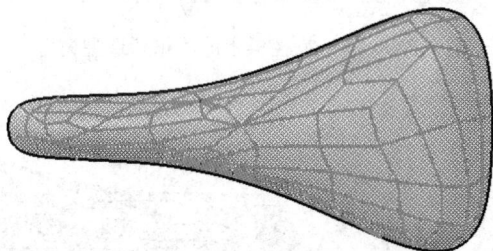

图 4-237　"添加曲面片"数目为 100 的结果显示

(13) 转换到"自动创建曲面"按钮，分辨率值默认为 10，如图 4-238 所示。单击按钮，曲面已经创建。

图 4-238　"自动创建曲面"操控板

(14) 单击"自动曲面"操控板上的"确定"按钮，退出"自动曲面"命令。单击"重新造型"操控板上的"确定"按钮，退出"重新造型"模块。隐藏小平面特征，结果如图 4-239(a)所示。局部放大可见曲面存在扭曲、破裂等情况，如图 4-239(b)所示。可见，用"自动曲面"命令拟合的曲面效果不能满足实际要求。

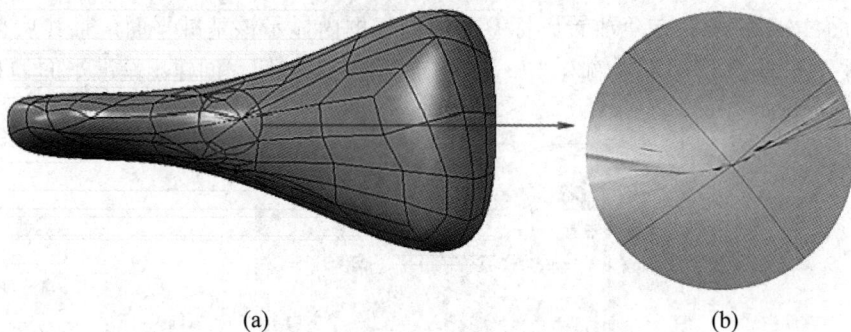

(a)　　　　　　　　　　　　　　(b)

图 4-239　自动创建的曲面

(15) 继续运用"自动曲面"命令，但采用手动布局曲面片的方法重新创建曲面。在模型树中，右击"小平面特征"，在弹出的快捷菜单中选择"取消隐藏"，即显示小平面特征。

(16) 右击模型树内的"重新造型"特征，在弹出的快捷菜单中选择"编辑定义"。再退回到"重新造型"模块，单击操控板上的"重新造型树"，如图 4-240 所示。打开"重新造型"模型树对话框，如图 4-241 所示。

(17) 右击"基础元件"，在弹出的快捷菜单中选择"删除"，即删除先前创建的曲面，如图 4-242 所示。关闭"重新造型"模型树对话框。

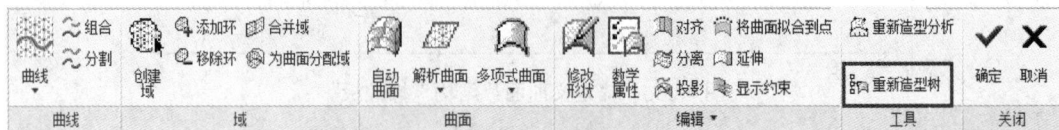

图 4-240　单击操控板上的"重新造型树"

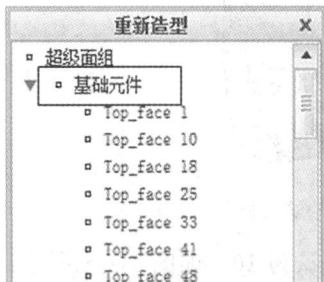

图 4-241　"重新造型"模型树

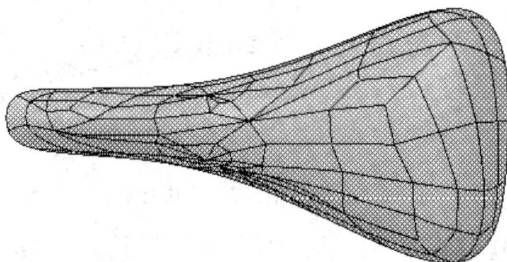

图 4-242　删除创建的曲面后

(18) 在图形区框选全部的曲线，按键盘的 Delete 键，删除全部的曲线，如图 4-243 所示。

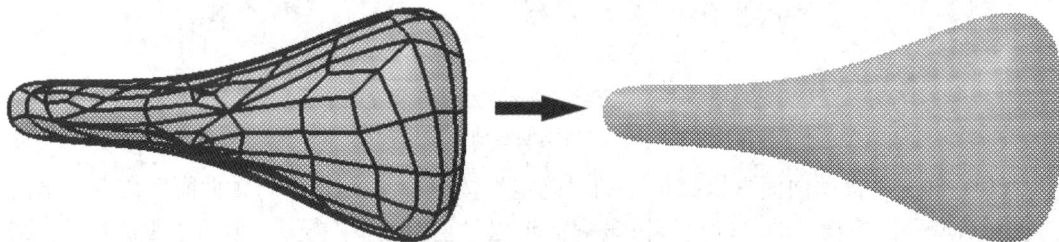

图 4-243　删除全部的曲线

(19) 转换为"模型"标签，单击"平面"命令 ⬜，弹出"基准平面"对话框，选中"基准平面 RIGHT"，在"放置"标签下的列表框内显示该基准平面，且其后自动选择"偏移"，在"平移"文本框输入"70"，单击"确定"按钮，创建出基准平面 DTM2，如图 4-244 所示。

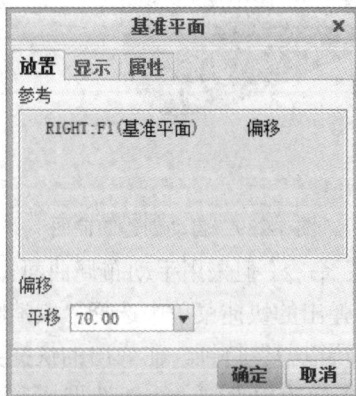

图 4-244　创建基准平面 DTM2

(20) 按照步骤(19)相同操作，再创建出 4 个基准平面 DTM3、DTM4、DTM5、DTM6，分别与基准平面 RIGHT 的距离为 300、190、125、245 mm，如图 4-245 所示。

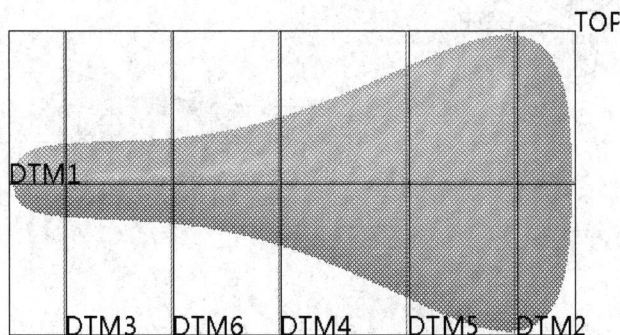

图 4-245 创建基准平面 DTM3、DTM4、DTM5、DTM6

(21) 回到"重新造型"标签，单击"曲线"命令 下面的下拉箭头，单击"从小平面边界"命令 ，如图 4-246 所示。然后在零件边界的任意处单击一个点，再单击鼠标中键"确定"。零件的边界就自动生成一条边界线，如图 4-247 所示。

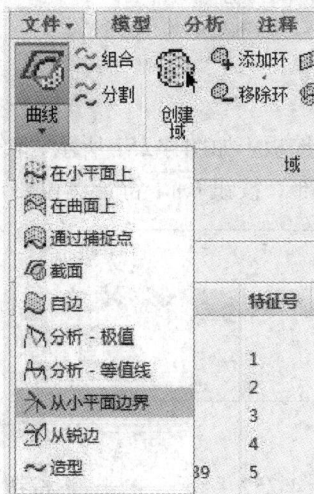

图 4-246 "从小平面边界"命令   图 4-247 生成一条边界线

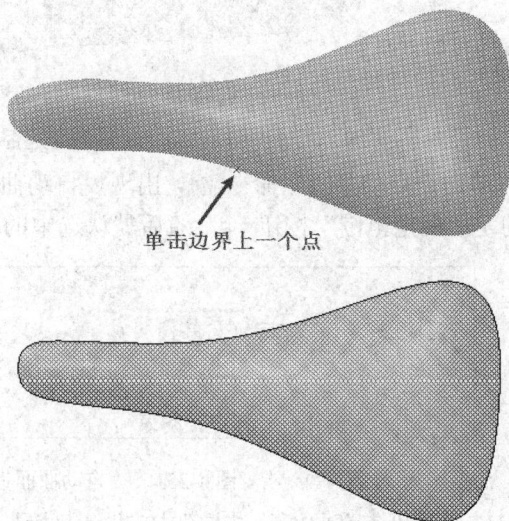

(22) 再单击"曲线"命令 下面的下拉箭头，单击"截面"命令 ，如图 4-248 所示。然后在图形区分别选择上两步创建的 5 个基准平面及对称面，则立即创建出基准平面与小平面特征的交线，如图 4-249 所示。

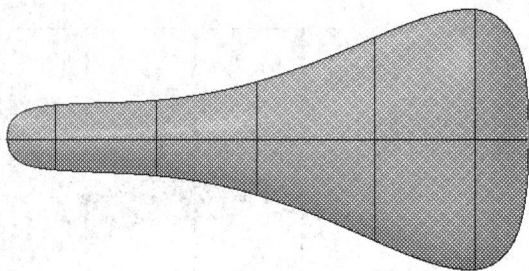

图 4-248　"截面"命令　　　　图 4-249　创建的基准平面与小平面特征的交线

(23) 单击"组合"命令 ～ 组合，鼠标箭头移到截出的曲线上，观察曲线是否存在断点，如图 4-250 所示。检查每一条截线，若都没有断点，则单击鼠标中键退出"组合"命令。

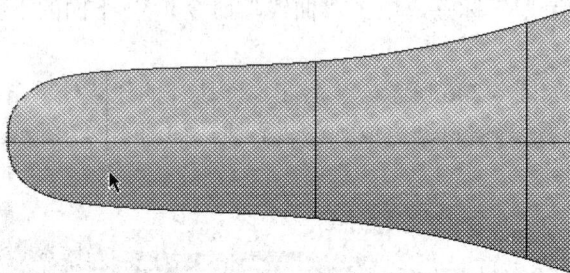

图 4-250　观察曲线是否存在断点

(24) 单击"自动曲面"命令，出现"自动曲面"操控板，如图 4-251 所示。软件默认激活的是"确定范围"按钮，随后默认选中的是"全部"按钮，符合建模要求。

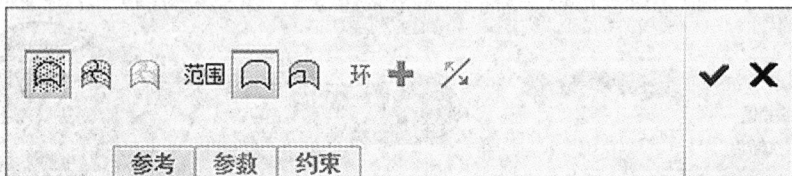

图 4-251　"自动曲面"操控板

(25) 转换为"定义曲面片结构"按钮，操控板如图 4-252 所示。单击 ✚ 按钮，在图形区框选全部的曲线，单击鼠标中键确定，如图 4-253 所示。

图 4-252　"定义曲面片结构"操控板

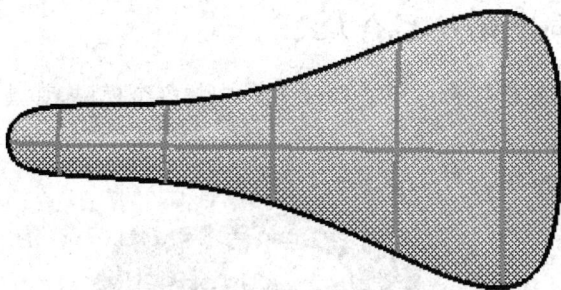

图 4-253　框选全部的曲线后

(26) 转换到"自动创建曲面"按钮 ，分辨率值默认为 10，如图 4-254 所示。单击 按钮，结果如图 4-255 所示，曲面已经创建。单击"自动曲面"操控板上的"确定"按 钮 ，退出"自动曲面"命令。再单击"重新造型"操控板上的"确定"按钮 ，退出 "重新造型"模块。

图 4-254　转换到"自动创建曲面"按钮后的操控板

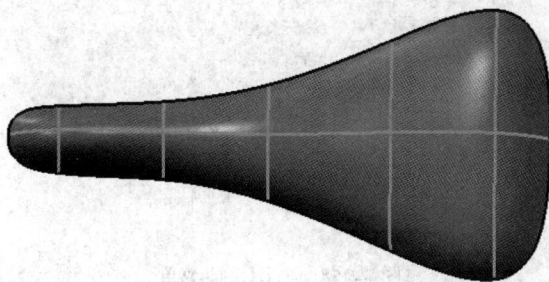

图 4-255　创建曲面结果

(27) 隐藏全部曲线及小平面特征，创建的曲面效果如图 4-256 所示。

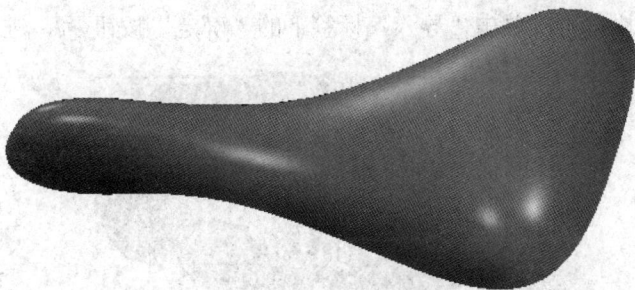

图 4-256　隐藏全部曲线及小平面特征的坐垫曲面

4.2.4　电熨斗的逆向建模——综合方式

电熨斗的逆向建模实例综合运用了 Creo 软件中的多个模块。其具体操作步骤如下：

电熨斗的逆向建模

(1) 打开 dianyundou.stl 文件，如图 4-257 所示。

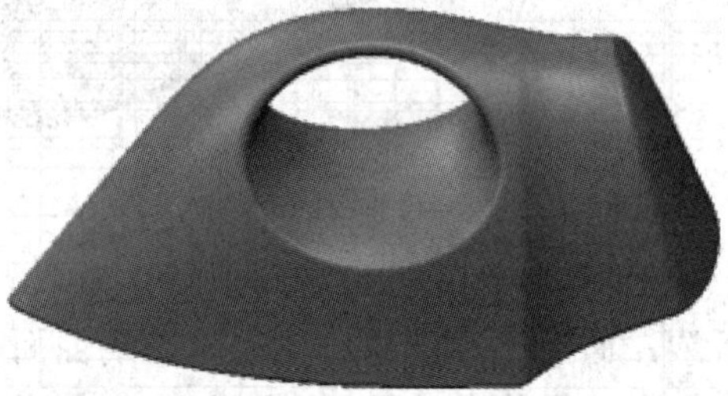

图 4-257　dianyundou.stl 文件

(2) 在模型树中右击"小平面特征"，在弹出的快捷菜单中选择"编辑定义"，如图 4-258 所示，进入"小平面特征"模块。在标签栏多了一个"小平面"标签及其下的命令工具。

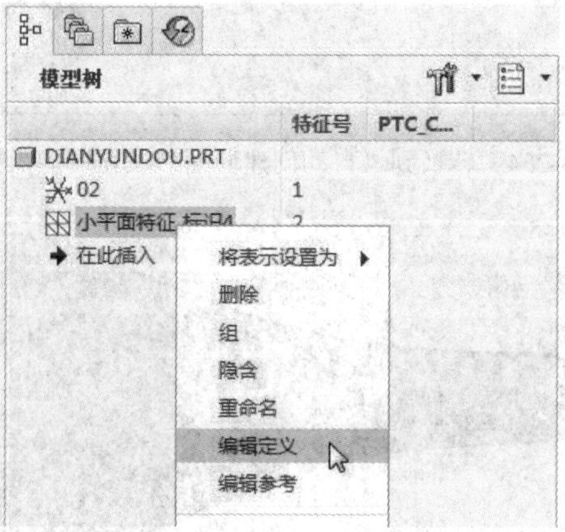

图 4-258　右键快捷菜单

(3) 单击"小平面"标签下的"对称平面"命令 对称平面 ，软件会自动寻找零件的对称面，并弹出"平面"对话框。单击对话框中的"确定"按钮 ✔ ，创建了一个对称面 DTM1，并关闭对话框，如图 4-259 所示。单击"小平面"标签下的"确定"按钮 ✔确定 ，退出"小平面"模块。再次单击"导入"标签下的"确定"按钮 ✔ ，进入建模模块。

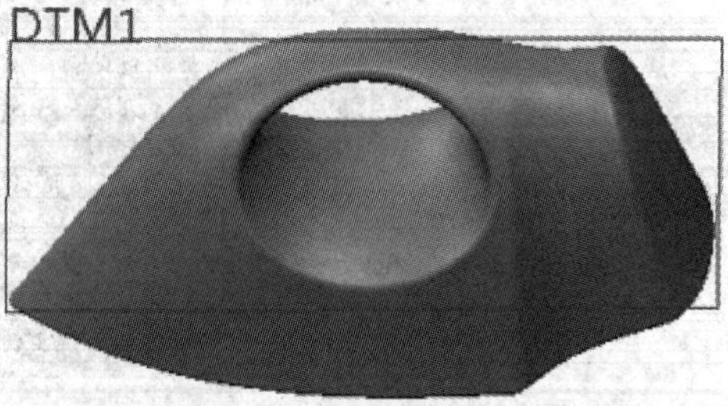

图 4-259　创建基准平面 DTM1

(4) 单击"模型"标签下的"创建基准平面"命令 ⬚，弹出"基准平面"对话框，选中基准平面 DTM1，在对话框中设置为"法向"，再按住 Ctrl 键，选择零件底部小平面的一条边，如图 4-260 所示。单击"确定"按钮，创建出基准平面 DTM2，如图 4-261 所示。

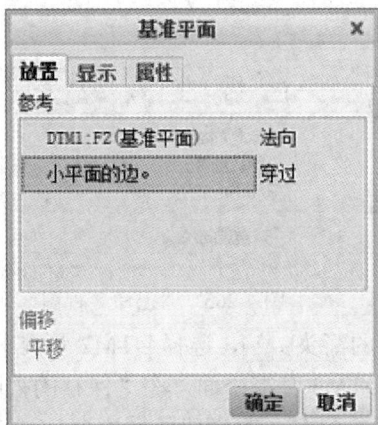

图 4-260　"基准平面"对话框　　　　　　　　图 4-261　创建基准平面 DTM2

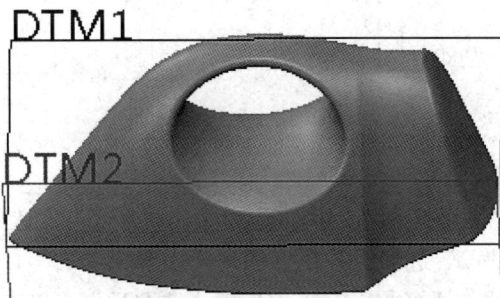

(5) 再次单击"创建基准平面"命令 ⬚，弹出"基准平面"对话框，如图 4-262 所示。选中基准平面 DTM1、在对话框中设置为"法向"，再按住 Ctrl 键，选中基准平面 DTM2，在对话框中也设置为"法向"，继续按住 Ctrl 键，选择零件侧面小平面的一个顶点，单击"确定"按钮，创建出基准平面 DTM3，如图 4-263 所示。

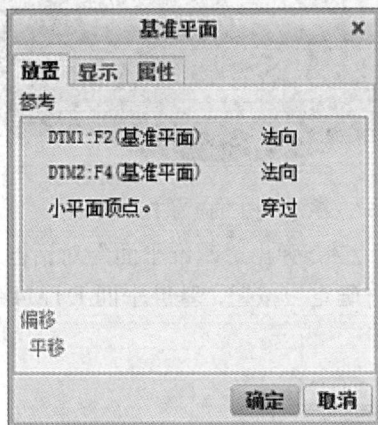

图 4-262　"基准平面"对话框　　　　　　　　图 4-263　创建基准平面 DTM3

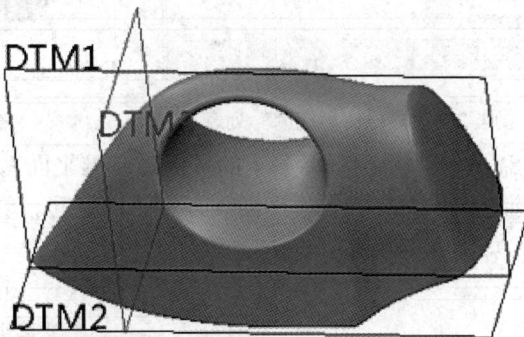

(6) 在视图工具栏，单击"重定向"命令 ⬚，打开"方向"对话框，在"参考 1"选项组中"前"视图选择 DTM1 基准平面；"参考 2"选项组，在下拉列表中选择"右"，选择 DTM3 基准平面。单击"保存的视图"标题栏，展开该选项组，在"名称"文本框内输入"FRONT"，单击"保存"按钮，就创建了一个 FRONT 视图方向，如图 4-264 所示。在"视图工具"栏中单击"已命名视图"按钮可以查看到"FRONT"，如图 4-265 所示。

选择"前" ←→ 选择"DTM1"

选择"右" ←→ 选择"DTM3"

单击"保存的视图"
栏可展开该选项组

输入"FRONT" ←→ 单击"保存"按钮

图 4-264　"方向"对话框　　　　　　　　图 4-265　"已命名视图"列表

（7）继续创建视图方向，单击"参考 1"选项组下的箭头 ![arrow]，选择 DTM2 基准平面；"参考 2"选项组，在下拉列表中选择"右"，选择 DTM3 基准平面，在"保存的视图"选项组，"名称"文本框内输入"TOP"，单击"保存"按钮，就创建了另一个 TOP 视图方向。在"视图工具"栏单击"已命名视图"按钮可以查看到已创建的视图，如图 4-266 所示。单击对话框中的"确定"按钮，结束视图方向创建，现在零件视图方向为 TOP 方向，如图 4-267 所示。

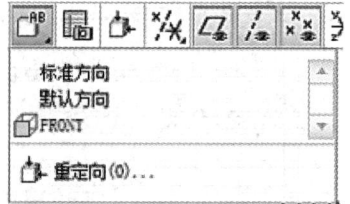

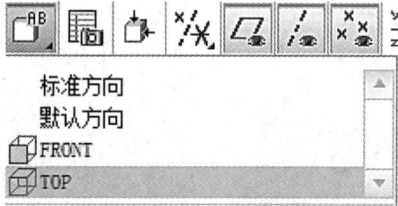

图 4-266　"已命名视图"列表

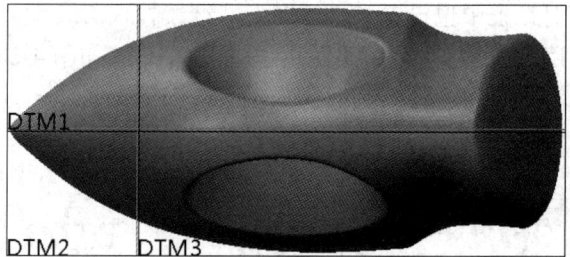

图 4-267　零件视图方向为 TOP 方向

（8）单击"模型"标签下的"创建基准平面"命令 ![icon]，弹出"基准平面"对话框，选中基准平面 DTM3，平移平面到零件孔的中间。单击"确定"按钮，基准平面 DTM4 创建完成，如图 4-268 所示。

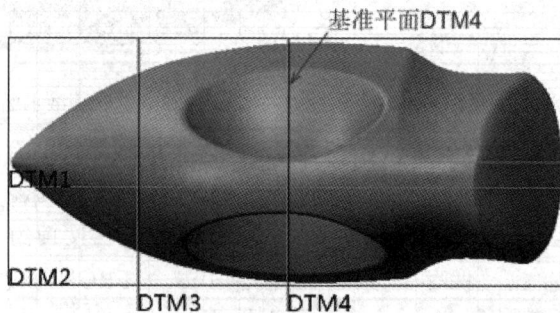

图 4-268　创建基准平面 DTM4

(9) 创建基准平面 DTM5，要求是与 DTM1 法向、过两个点，如图 4-269 所示。

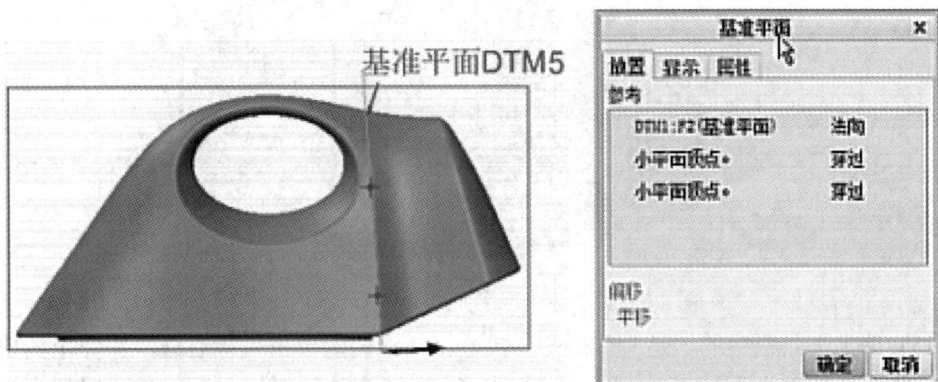

图 4-269　创建基准平面 DTM5

(10) 用同样的方法创建基准平面 DTM6，如图 4-270 所示。

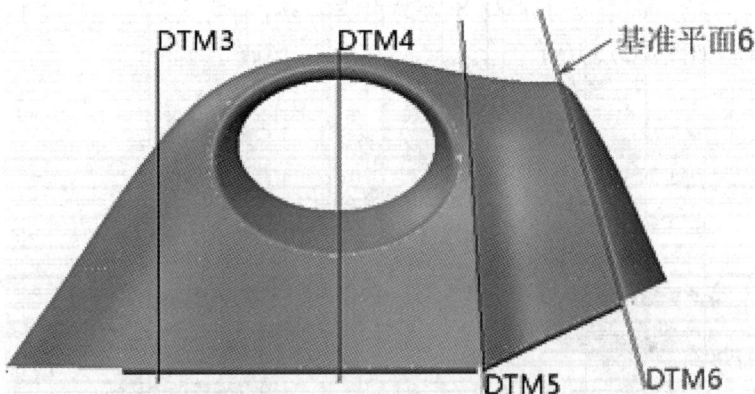

图 4-270　创建基准平面 DTM6

(11) 创建基准平面 DTM7，要求是 DTM2 向上偏移 2.5 mm，如图 4-271 所示。

图 4-271　创建基准平面 DTM7

(12) 单击"模型"标签下的"曲面"选项组　曲面▼　，显示隐藏命令，单击"重新造型"命令，进入"重新造型"模块环境。单击工具栏中的"截面"命令，再分别选择基准平面 DTM1、DTM3、DTM4、DTM5、DTM6，创建平面与三角网格面的交线，如图 4-272 所示。单击工具栏中的"确定"按钮 ✓，退出重新造型环境。

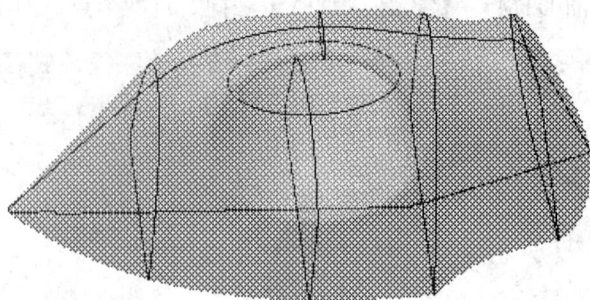

图 4-272　创建基准平面与小平面特征的交线

(13) 单击工具栏中的"造型"命令 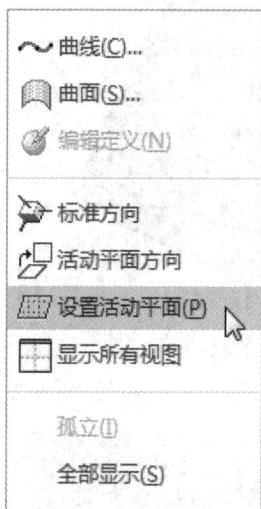，在绘图区单击鼠标右键，在弹出的快捷菜单中选择"设置活动平面"，如图 4-273 所示。选择 DTM1 基准平面，单击鼠标中键，活动平面设置完成。

(14) 再次在绘图区单击鼠标右键，在弹出的快捷菜单中选择"活动平面方向"，如图 4-274 所示，零件就自动转到 DTM1 平面与电脑屏幕平行方向，隐藏基准平面和小平面特征模型后，屏幕如图 4-275 所示。

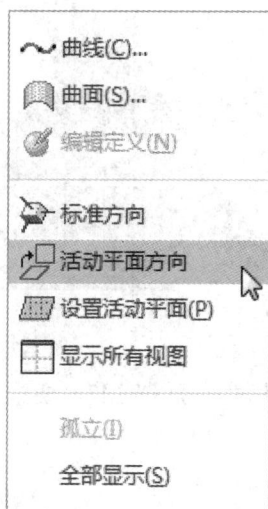

图 4-273　选择"设置活动平面"　　　　　图 4-274　选择"活动平面方向"

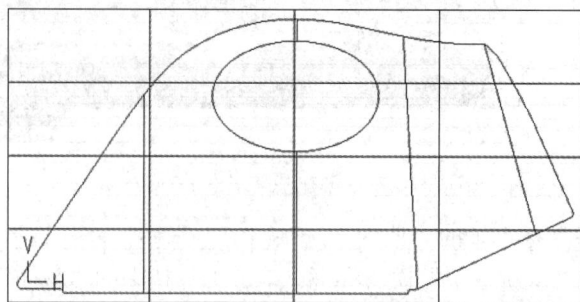

图 4-275　零件显示的视图方向

(15) 单击"曲线"命令 ~，在操控板中选择"创建平面曲线"按钮 ▱，如图 4-276 所示。

创建平面曲线

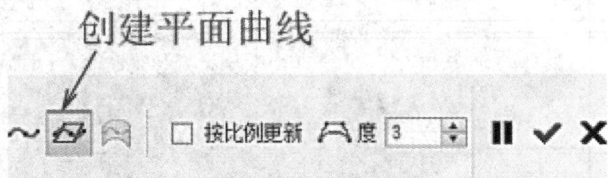

图 4-276　创建曲线操控板

(16) 参照屏幕曲线，绘制一条曲线，如图 4-277(a)所示，单击"确定"按钮 ✔，绘制了一条造型曲线。

(17) 单击"曲线编辑"命令 ✍曲线编辑，调整上一步绘制的曲线，调整好后，如图 4-277(b)所示。

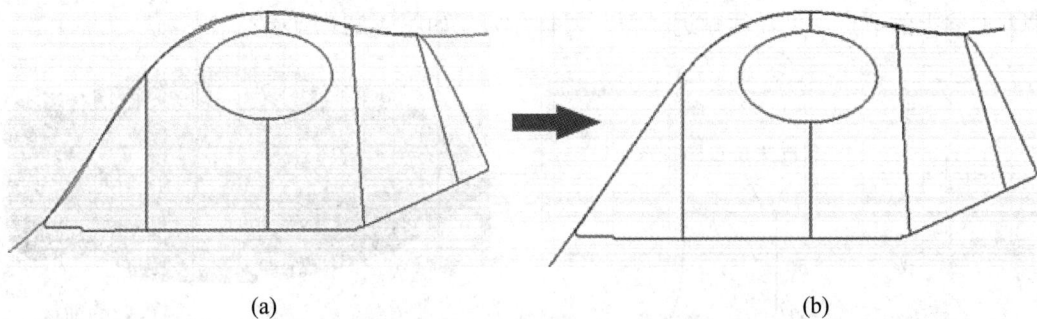

(a)　　　　　　　　　　　　　　　　(b)

图 4-277　曲线调整

(18) 在绘图区单击鼠标右键，在弹出的快捷菜单中选择"设置平面方向"，选择 DTM7 基准平面为活动平面，然后单击鼠标中键，活动平面设置完成。

(19) 再次在绘图区单击鼠标右键，在弹出的快捷菜单中选择"活动平面方向"，零件就自动转到 DTM7 平面与电脑屏幕平行方向，显示小平面特征后，屏幕如图 4-278 所示。

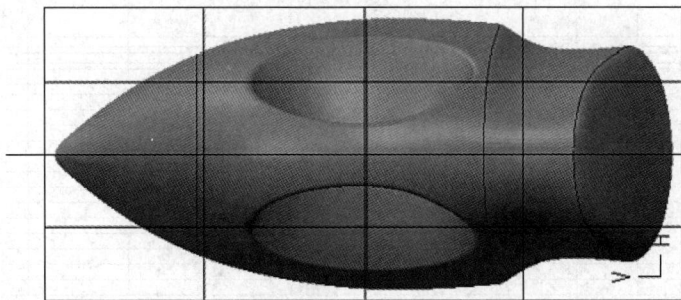

图 4-278　零件显示的视图方向

(20) 单击"曲线"命令 ~，在操控板中选择"创建平面曲线"按钮 ▱，按住 Shift 键，当鼠标出现"小十字"时，单击鼠标左键，捕捉前面创建的造型曲线，即得到造型曲线与活动平面的交点。参照三角网格面模型，继续绘制出模型的底部轮廓线，如图 4-279 所示。

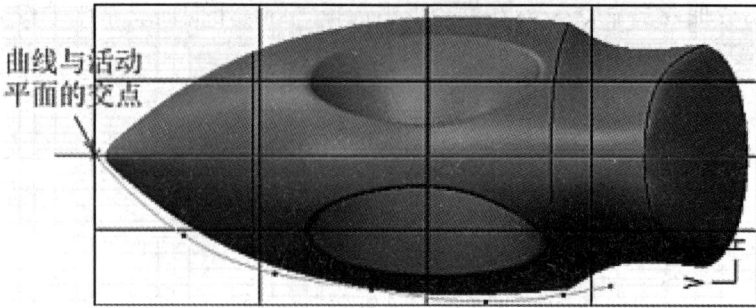

图 4-279 创建造型曲线

(21) 单击"曲线编辑"命令 ✐曲线编辑，调整上一步绘制的造型曲线。单击开始点，系统显示该点的切线，如图 4-280 所示。选中该切线后，长按鼠标右键，在弹出的快捷菜单中选择"法向"，选择基准平面 DTM1，即该造型曲线的始端垂直于基准平面 DTM1，再调整曲线上的节点，使曲线贴近模型，调整好后，如图 4-281 所示。

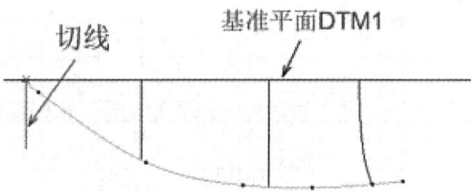

图 4-280 编辑曲线

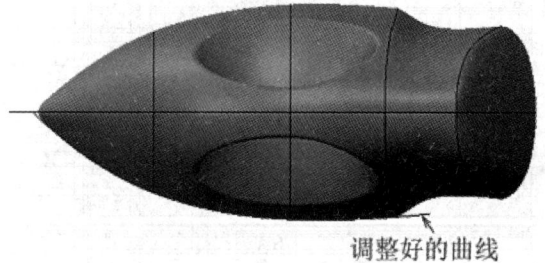

图 4-281 曲线编辑完成

(22) 用同样的方法创建 DTM3、DTM4、DTM5 上的造型曲线，如图 4-282 所示。在创建过程中，第一点捕捉 DTM1 上的造型曲线，最后一点捕捉 DTM7 上的造型曲线，并设置始端约束与基准平面 DTM1 法向。单击工具栏中的"确定"按钮 ✔，退出造型工具环境。

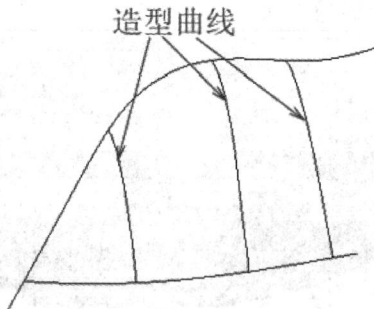

图 4-282 创建其他造型曲线

(23) 单击工具栏中的"边界混合"命令 🔲，按住 Ctrl 键，依次选中如图 4-283 所示的造型曲线 1、造型曲线 2 作为第一方向曲线。

(24) 激活第二方向链收集器，按住 Ctrl 键，依次选中如图 4-284 所示的造型曲线 3、造型曲线 4、造型曲线 5 作为第二方向曲线。

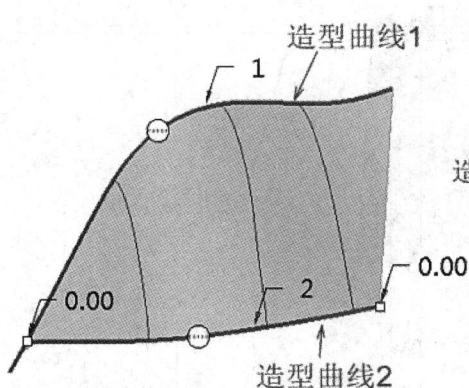

图 4-283　选择第一方向曲线　　　　图 4-284　选择第二方向曲线

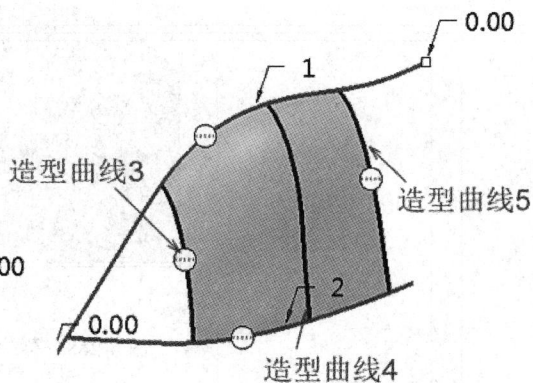

(25) 鼠标指向造型曲线 1 中的小圆圈，长按右键，在弹出的快捷菜单中选择法向，选择基准平面 DTM1，设置对称面边界垂直于对称平面 DTM1，如图 4-285 所示。单击鼠标中键，边界混合曲面创建完成，如图 4-286 所示。

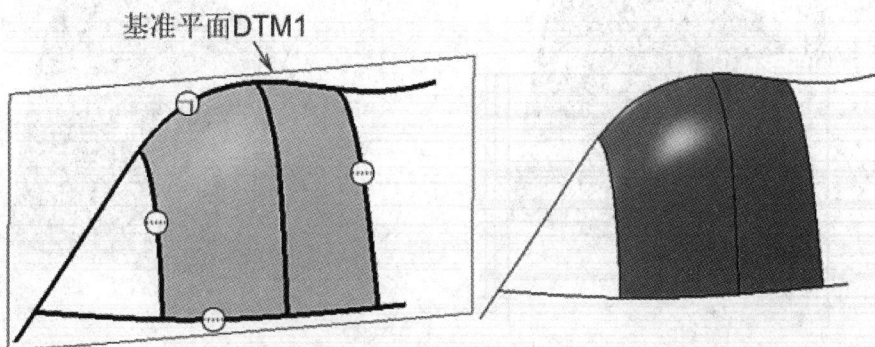

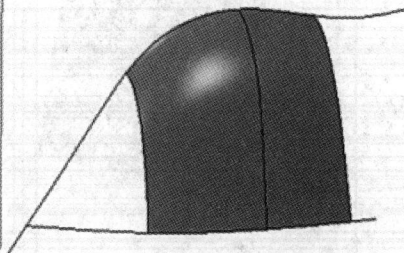

图 4-285　设置约束　　　　　　　　图 4-286　混合曲面创建完成

(26) 单击工具栏中的"拉伸"按钮 ，单击操控板中的"拉伸为曲面"按钮 ，单击"移除材料"按钮 ，选中上一步创建的曲面，单击"放置"标签，在"草绘"选项中单击"定义"按钮，以基准平面 DTM1 为绘图平面，默认参照进入草绘，如图 4-287 所示。

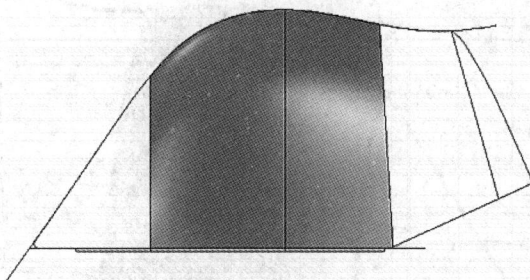

图 4-287　进入草绘环境零件方向

(27) 单击草绘工具栏中的"矩形"按钮，绘制如图 4-288 所示的矩形，尺寸随意，只要能切割到曲面即可。

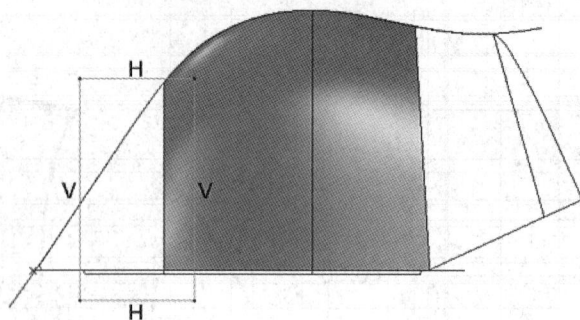

图 4-288　草绘曲线

(28) 单击草绘工具栏中的"确定"按钮 ✓，完成草绘。调整拉伸距离，使拉伸矩形能切割到曲面，如图 4-289 所示。单击"确定"按钮 ✓，拉伸切割曲面结果如图 4-290 所示。

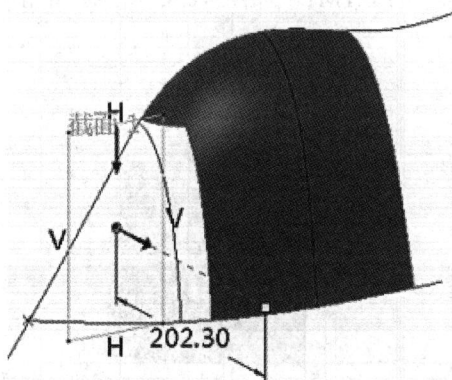

图 4-289　双向拉伸

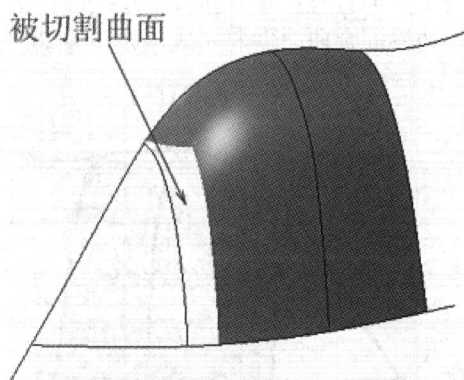

图 4-290　切割曲面完成

(29) 单击工具栏中的"边界混合曲面"命令 🖉，按住 Ctrl 键，选中第一方向曲线，激活第二方向链收集器，继续按住 Ctrl 键，再选中第二方向曲线，并设置与边界曲面约束为"切线"，与对称面 DTM1 约束为"垂直"，如图 4-291 所示。

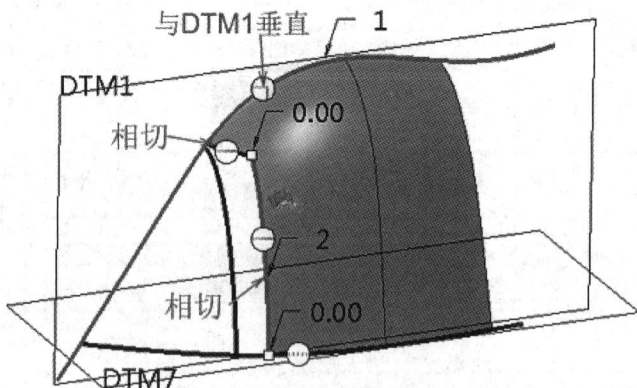

图 4-291　创建边界混合曲面

(30) 单击"选项"标签,如图 4-292 所示,单击"影响曲线"收集器,再单击如图 4-293 所示的曲线。

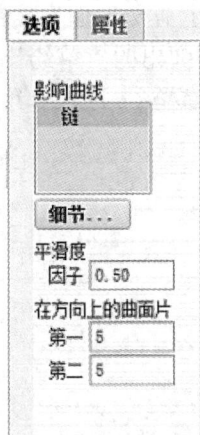

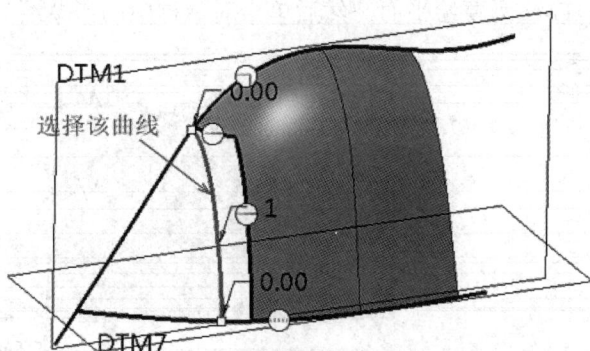

图 4-292　操控板中的"选项"标签　　　图 4-293　选择的"影响曲线"

(31) 单击"确定"按钮 ✔ ,曲面创建完成,如图 4-294 所示。

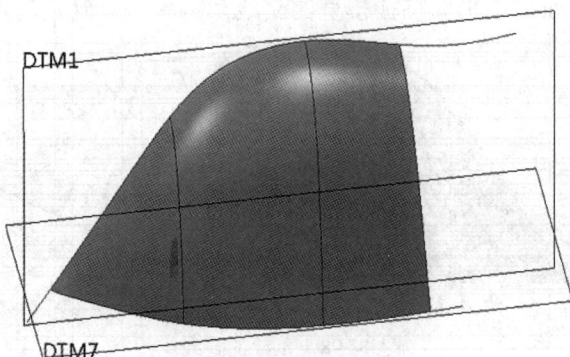

图 4-294　曲面创建完成效果

(32) 设置过滤器为"几何",如图 4-295 所示。按住 Ctrl 键,依次选中如图 4-296 所示的两块边界混合曲面。

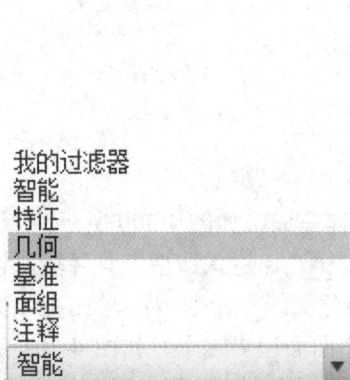

图 4-295　过滤器设置　　　　　　　　图 4-296　选择两块曲面

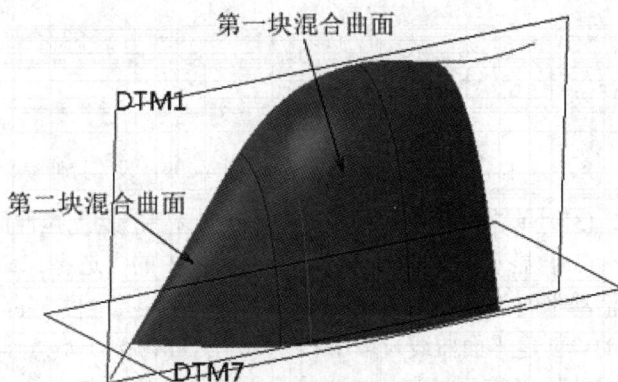

(33) 单击工具栏中的"合并"命令 ，再单击鼠标中键或单击操控板中的"确定"按钮 ，曲面就合并完成。

(34) 单击工具栏中的"拉伸"命令 ，再单击操控板中的"拉伸为曲面"按钮 ，长按鼠标右键，在弹出的快捷菜单中选择"定义内部草绘"，在弹出的"草绘"对话框中选择 DTM1 为草绘平面，然后单击对话框中的"草绘"按钮 草绘 ，进入草绘，如图 4-297 所示。

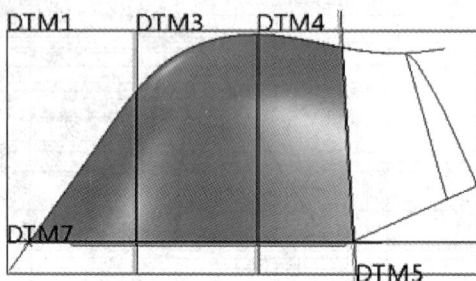

图 4-297　进入草绘环境零件方向

(35) 单击草绘工具栏中的"直线"按钮 线，绘制如图 4-298 所示的直线，绘制的直线要覆盖 DTM1 平面与小平面特征模型的交线，再单击"确定"按钮 ，完成草绘。

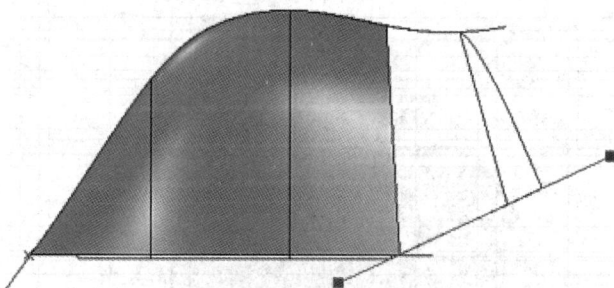

图 4-298　草绘的直线

(36) 在拉伸操控板中，拉伸方式改为"对称拉伸"，拉伸深度为 200，如图 4-299 所示。

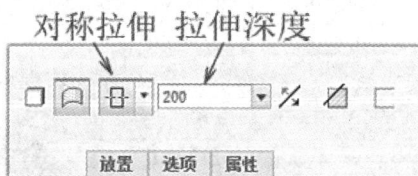

图 4-299　设置拉伸参数

(37) 单击鼠标中键或单击"确定"按钮 ，拉伸面创建完成，如图 4-300 所示。

(38) 显示小平面特征，单击工具栏中的"造型"命令 ，进入造型工具环境。设置活动平面为上一步创建的拉伸平面，单击工具栏中的"创建曲线"命令 ，单击操控板中的"创建平面曲线"按钮 ，按住 Shift 键，始点捕捉到曲面边界线上，如图 4-301 所示。松开 Shift 键，依次单击小平面特征边缘，单击"确定"按钮 ，造型曲线创建完成，如图 4-302 所示。

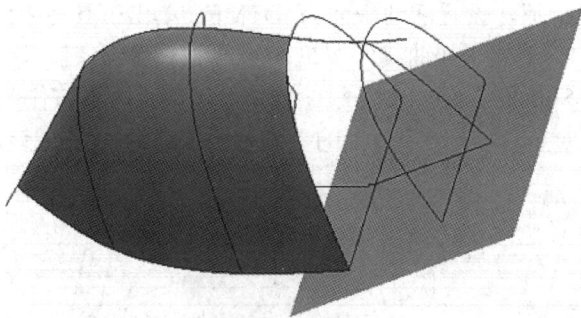

图 4-300 拉伸面创建完成效果

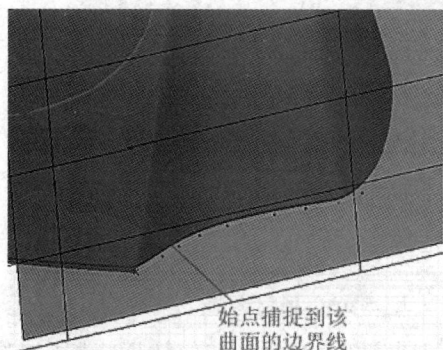

图 4-301 捕捉曲面边界位置

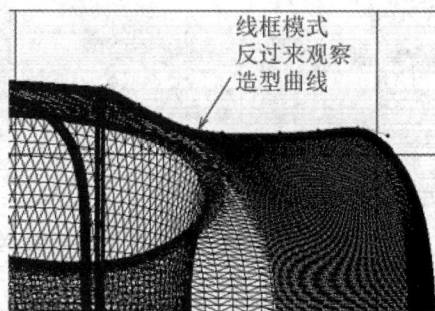

图 4-302 完成造型曲线创建效果

(39) 选中该造型曲线，长按右键，在弹出的菜单中选择"编辑定义"，再用鼠标左键单击该造型曲线的始点，系统则显示其切线。

(40) 用鼠标右键单击该切线，在弹出的菜单中选择"曲面相切"后，再选中如图 4-303 所示的边界混合曲面。然后仔细调整该造型曲线的位置，单击"确定"按钮 ✓，该造型曲线编辑完成。

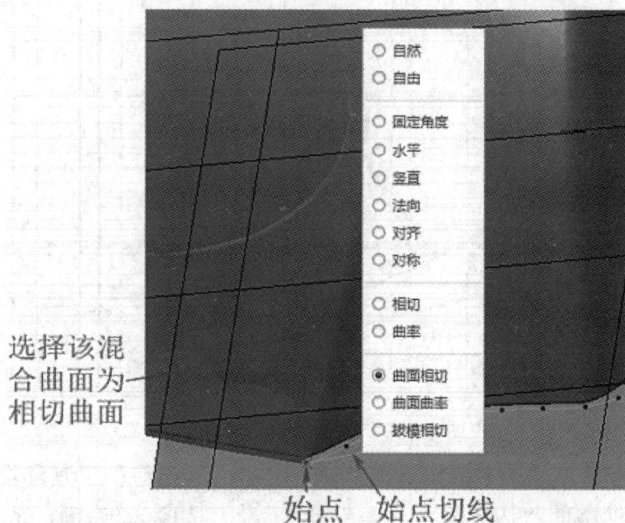

图 4-303 右键快捷菜单选择"曲面相切"

(41) 隐藏小平面特征，设置活动平面为 DTM6，单击工具栏中的"创建曲线"命令 ～，单击操控板中的"创建平面曲线"按钮 ⬦，再按住 Shift 键，始点捕捉如图 4-304 所示的造型曲线，松开 Shift 键，沿着参考线绘制，绘制终点时再按住 Shift 键，终点捕捉如图 4-305 所示的造型曲线。单击操控板上的"确定"按钮 ✓，完成该造型曲线的创建。

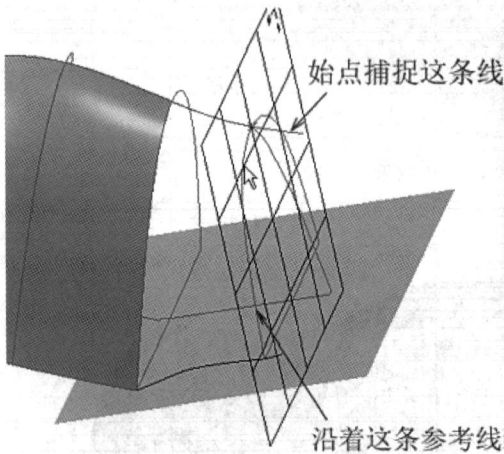

图 4-304　捕捉始点位置　　　　　　图 4-305　捕捉终点位置

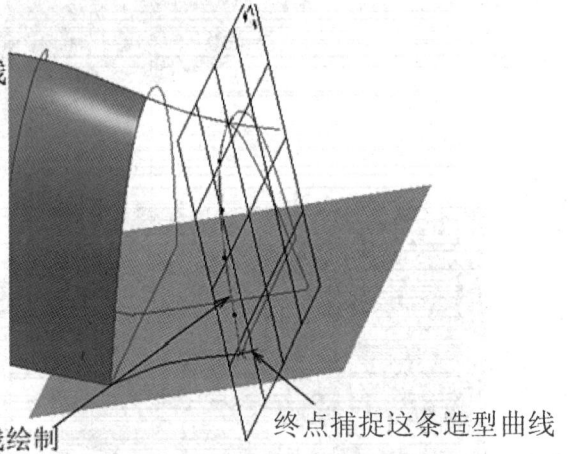

(42) 用同样的方法编辑该造型曲线，始点的切线在基准平面 DTM1 的法向，仔细调整该造型曲线，使该曲线覆盖参考线，如图 4-306 所示。

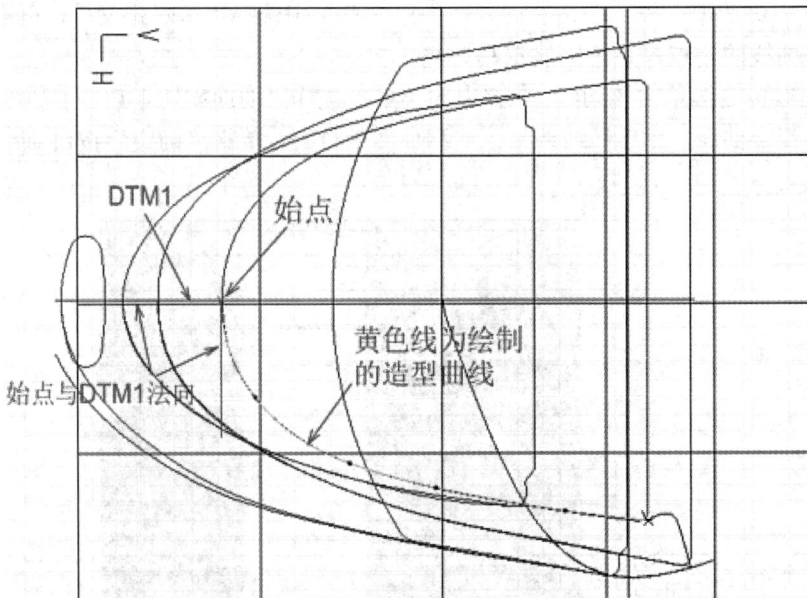

图 4-306　编辑调整造型曲线

(43) 单击"造型"工具栏中的"确定"按钮 ✓，退出造型工具环境。

(44) 单击工具栏中的"边界混合曲面"命令 ⬦，按住 Ctrl 键，依次选中如图 4-307 所示的曲线为第一方向曲线，并设置与边界曲面约束为"相切"。

(45) 激活第二方向链收集器，按住 Ctrl 键，依次选中如图 4-308 所示的曲线为第二方向曲线。

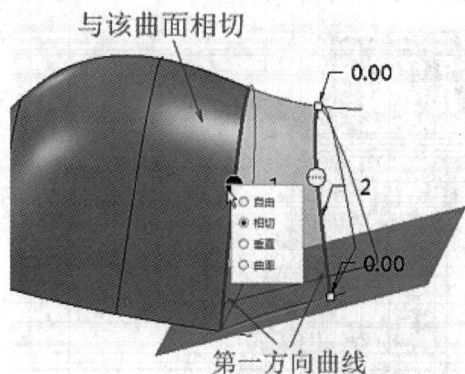

图 4-307   选择第一方向曲线

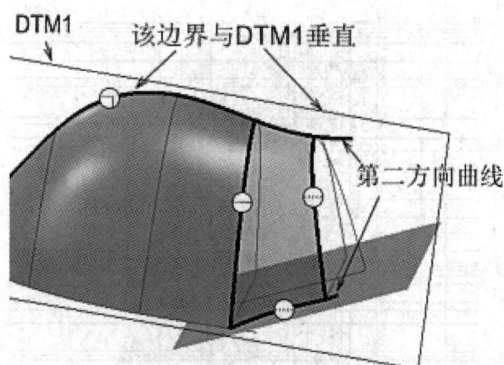

图 4-308   选择第二方向曲线

(46) 单击操控板中的"确定"按钮 ✓，边界混合曲面就创建完成，如图 4-309 所示。

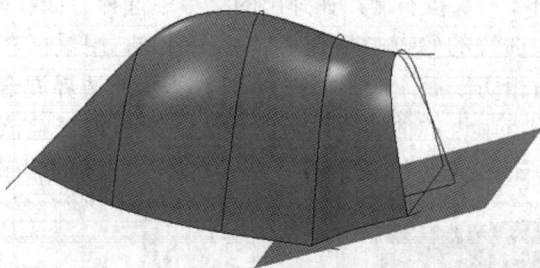

图 4-309   曲面创建完成效果

(47) 设置过滤器为"几何"，按住 Ctrl 键，依次选中如图 4-310 所示的两块曲面。

(48) 单击工具栏中的"合并"命令 合并，再单击鼠标中键，则完成曲面合并，如图 4-311 所示。

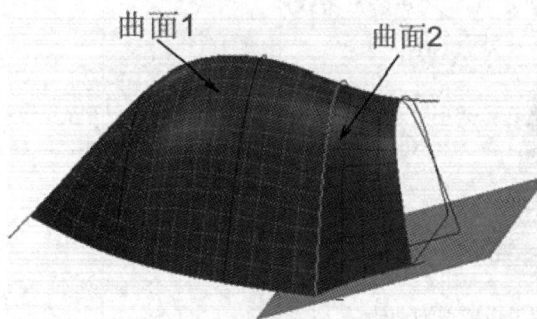

图 4-310   选择两块曲面

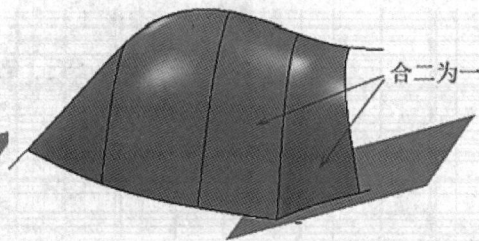

图 4-311   合并效果

(49) 单击工具栏中的"造型"命令 造型，进入造型工具环境。设置活动平面为 DTM1，单击工具栏中的"创建曲线"命令 ～，单击操控板中的"创建平面曲线"按钮 ，沿着如图 4-312 所示的参考曲线绘制。按住 Shift 键，始点捕捉如图 4-313 所示的曲面边界，终点穿过拉伸平面即可，再单击"确定"按钮 ✓，完成该造型曲线的创建。

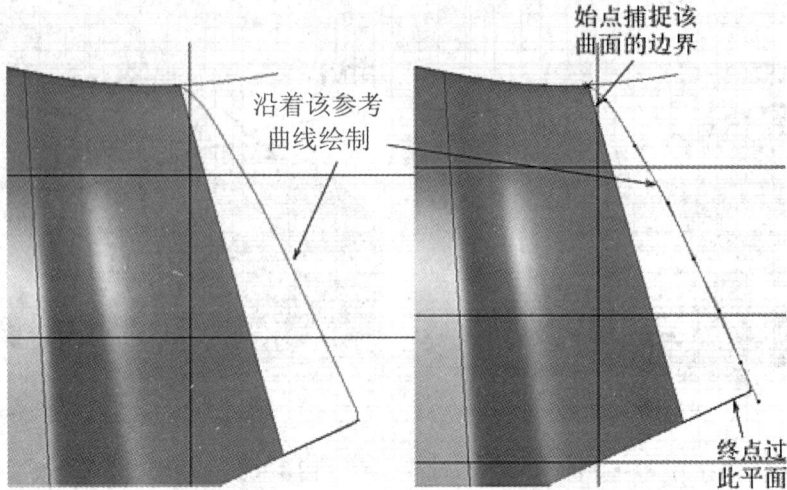

图 4-312　参考曲线　　　　　　　　图 4-313　创建的造型曲线

　　(50) 选中该造型曲线，长按右键，在弹出的菜单中选择"曲线编辑"命令 ✍曲线编辑。用鼠标左键单击该造型曲线的始点，系统则显示其切线。用鼠标右键单击该切线，在弹出的菜单中选择"曲面相切"后，选中如图 4-314 所示的边界混合曲面。调节始点切线的长度，使造型曲线始点附近的曲线更贴近参考线。再仔细调整该造型曲线内的节点使其覆盖参考线，然后单击"确定"按钮 ✓，完成该造型曲线的编辑，如图 4-314 所示。

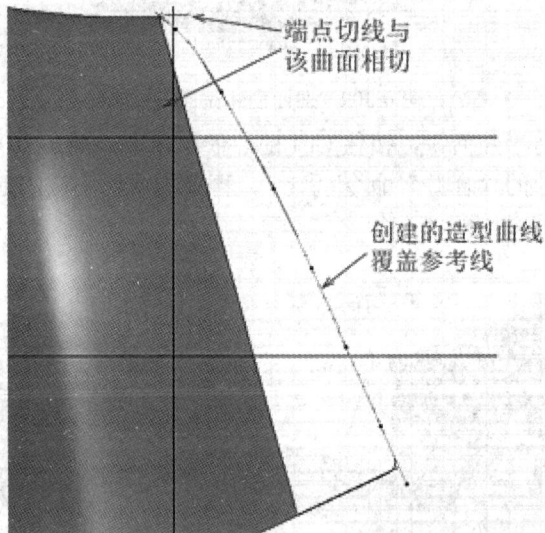

图 4-314　编辑设置造型曲线

　　(51) 显示小平面特征，单击工具栏中的"造型"命令 🏠造型，进入造型工具环境。设置活动平面为图 4-315 所示的拉伸平面，单击工具栏中的"创建曲线"按钮 ∿，单击操控板中的"创建平面曲线"按钮 ⟋，按住 Shift 键，始点捕捉如图 4-315 所示的曲面边界，松开 Shift 键，依次单击小平面特征边缘，绘制终点时再次按住 Shift 键，捕捉上一步创建的造型曲线，如图 4-315 所示。单击"确定"按钮 ✓，完成该曲线的创建。

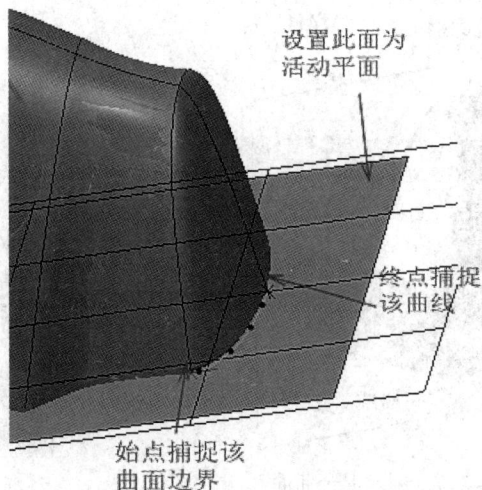

图 4-315　创建造型曲线要点

(52) 选中该造型曲线，长按右键，在弹出的菜单中选择"曲线编辑"命令 ✎ 曲线编辑。用鼠标左键单击该造型曲线的始点，系统则显示其切线。用鼠标右键单击该切线，在弹出的菜单中选择"曲面相切"后，选中如图 4-316 所示的边界混合曲面。调节始点切线的长度，使造型曲线始点附近的曲线更贴近参考线。再仔细调整该造型曲线内的节点使其覆盖参考线，单击"确定"按钮，完成该造型曲线的编辑，如图 4-316 所示。

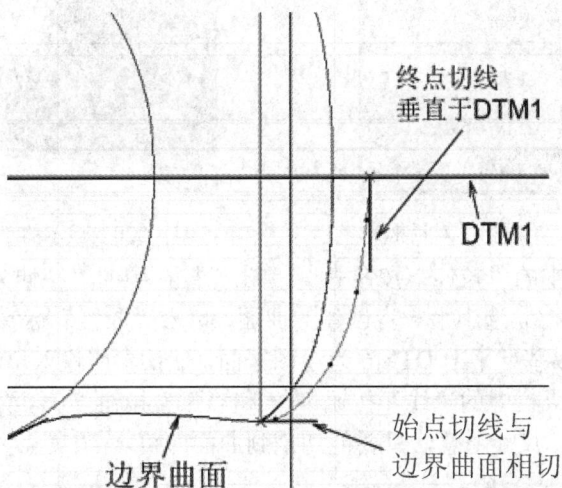

图 4-316　编辑造型曲线要点

(53) 单击"造型"工具栏中的"确定"按钮 ✔，退出造型环境。

(54) 隐藏小平面特征，单击工具栏中的"边界混合曲面"命令 🗇，按住 Ctrl 键，依次选中如图 4-317 所示的曲线为第一方向曲线，并设置与边界曲面约束为"相切"，与 DTM1 平面垂直。

(55) 激活第二方向链收集器，按住 Ctrl 键，再选中如图 4-317 所示的曲线为第二方向曲线。

(56) 单击操控板中的"确定"按钮 ✔，完成该曲面的创建，如图 4-318 所示。

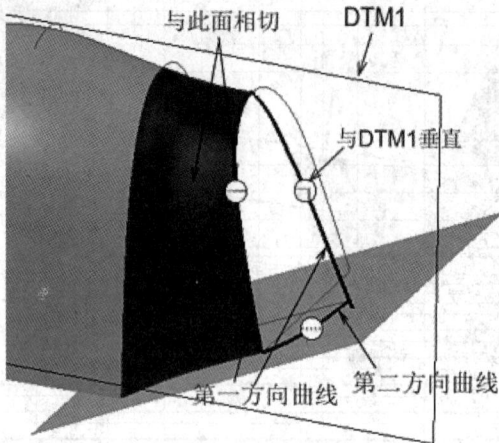

图 4-317 创建混合曲面

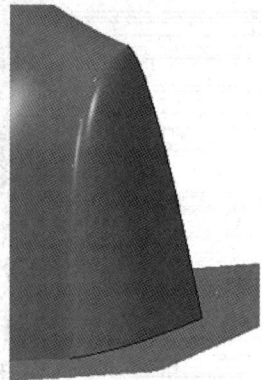

图 4-318 完成效果

(57) 单击"分析"标签，在"分析"标签下的工具栏中，单击"网格化曲面"命令 网格化曲面，弹出"网格"对话框，如图 4-319 所示。单击上一步创建的曲面，显示曲面网格，如图 4-320 所示，可以看到曲面有收敛点会影响曲面的质量。

图 4-319 "网格"对话框

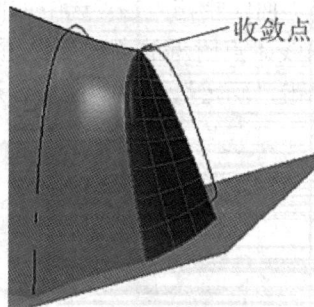

图 4-320 显示的"收敛点"

(58) 单击工具栏中的"拉伸"按钮，单击操控板中的"拉伸为曲面"按钮，单击"移除材料"按钮，选中上一步创建的曲面，单击"放置"标签，在"草绘"选项中单击"定义"按钮，以基准平面 DTM6 为绘图平面，默认参照进入草绘，如图 4-321 所示。

(59) 单击草绘工具栏中的"线"按钮 线 和"弧"按钮 弧，绘制如图 4-322 所示的一条直线和一段圆弧，尺寸随意，只要能切割到曲面即可。

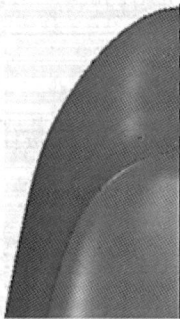

图 4-321 进入草绘状态

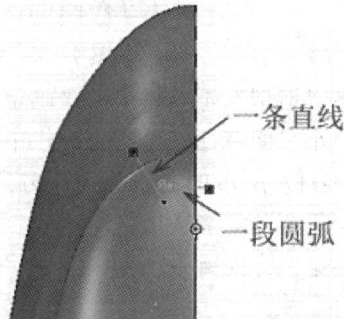

图 4-322 草绘的曲线

(60) 单击草绘工具栏中的"确定"按钮 ✔，完成草绘，然后改为对称拉伸，如图 4-323 所示。单击"确定"按钮 ✔，拉伸切割曲面结果如图 4-324 所示。

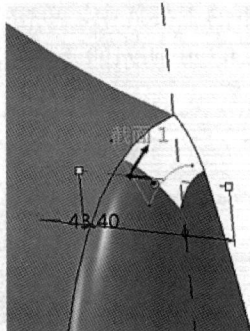

图 4-323　拉伸方向　　　　　　　　图 4-324　切割的曲面

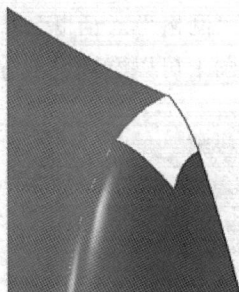

(61) 单击工具栏中的"边界混合曲面"命令 🔲，按住 Ctrl 键，依次选中第一方向曲线，然后激活第二方向链收集器，继续按住 Ctrl 键，依次选中第二方向曲线，并设置与边界曲面约束为"切线"，与对称面 DTM1 约束为"垂直"，如图 4-325 所示。

(62) 单击"确定"按钮 ✔，该曲面就创建完成，如图 4-326 所示。

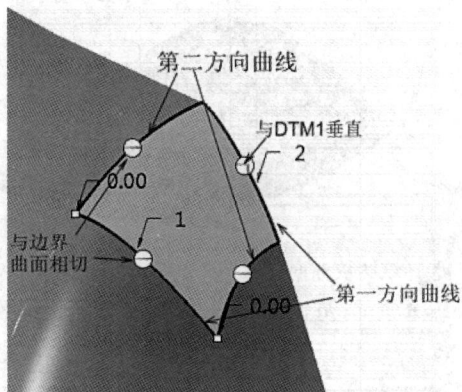

图 4-325　创建混合曲面　　　　　　图 4-326　完成创建效果

(63) 设置过滤器为"几何"，如图 4-327 所示。按住 Ctrl 键，依次选中如图 4-328 所示的两块边界混合曲面。

图 4-327　过滤器设置　　　　　　　图 4-328　选择的两块面

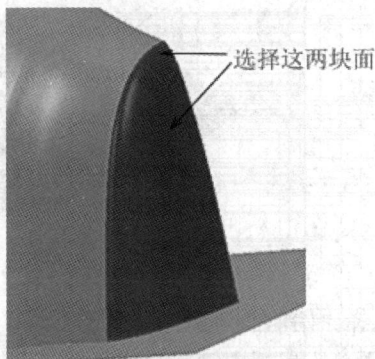

(64) 单击工具栏中的"合并"命令 合并，再单击鼠标中键或单击操控板中的"确定"按钮 ，曲面就合并完成了。

(65) 单击"分析"标签，在"分析"标签下的工具栏中，单击"网格化曲面"命令 网格化曲面，弹出"网格"对话框。单击如图 4-329 所示的两块曲面，显示曲面网格，如图 4-330 所示，从图中可以看到已消除了收敛点。

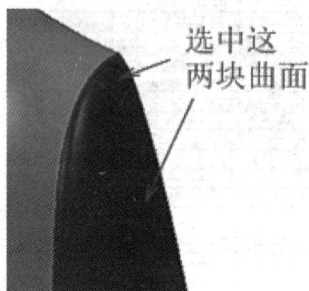

图 4-329　选择这两块面　　　　　　　　图 4-330　曲面网格显示状况

(66) 设置过滤器为"几何"，按住 Ctrl 键，依次选中如图 4-331 所示的两块边界混合曲面。

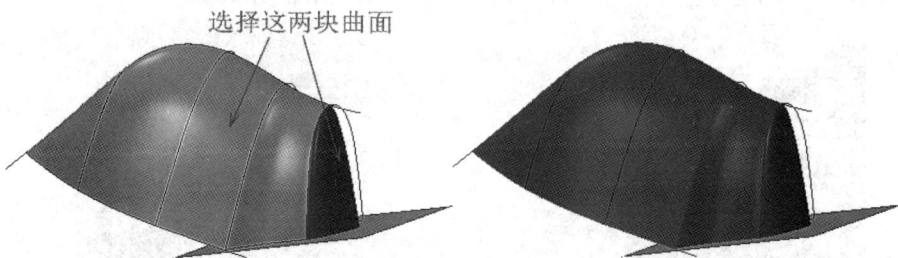

图 4-331　选择这两块曲面

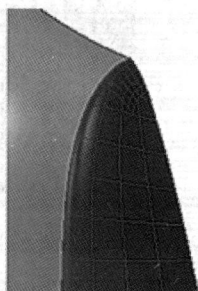

(67) 单击工具栏中的"合并"命令 合并，再单击鼠标中键或单击操控板中的"确定"按钮 ，曲面就合并完成了。

(68) 选中上一步合并的曲面几何体(注意不要选择合并的特征)，单击工具栏中的"镜像"命令 镜像，选择 DTM1 为镜像平面，再单击鼠标中键，曲面镜像就完成了，如图 4-332 所示。

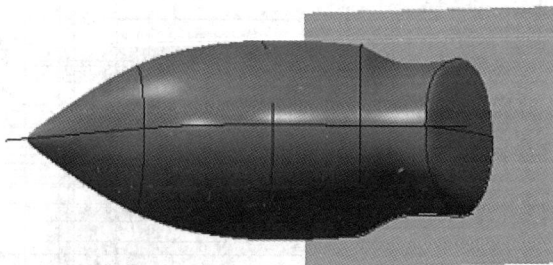

图 4-332　镜像曲面结果

(69) 选择原始曲面与镜像得到的曲面，如图 4-333 所示。单击工具栏中的"合并"命令 合并，再单击鼠标中键或单击操控板中的"确定"按钮 ，则该曲面就合并完成，如图 4-334 所示。

选择这两个面合并

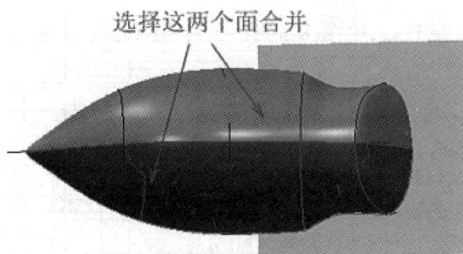

图 4-333　选择这两块曲面

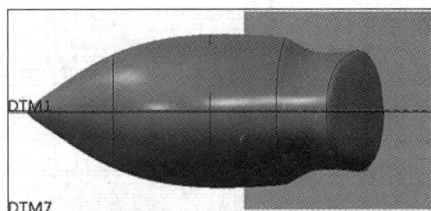

图 4-334　合并完成效果

(70) 单击工具栏中的"填充"命令 ▨填充，选择 DTM7 为草绘平面，则零件就自动转正。

(71) 单击操控板中的"矩形"按钮 ▢矩形，绘制一个矩形，如图 4-335 所示。单击草绘工具栏中的"确定"按钮 ✔，再单击"造型"操控板中的"确定"按钮 ✔，就完成该平面的创建，如图 4-336 所示。

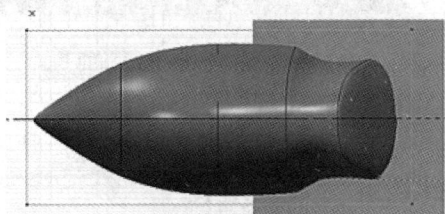

图 4-335　草绘一个矩形

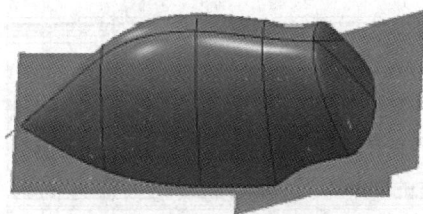

图 4-336　完成曲面创建

(72) 合并曲面。设置过滤器为"几何"，按住 Ctrl 键，依次选中如图 4-337 所示的两块曲面，单击工具栏中的"合并"命令 ⬒合并，再单击鼠标中键或单击操控板中的"确定"按钮 ✔，该曲面就合并完成，如图 4-338 所示。

选择这两块面

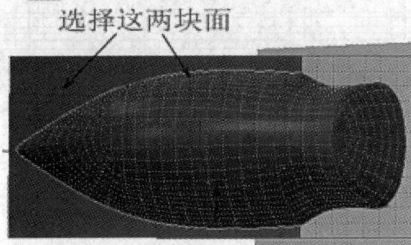

图 4-337　选择这两块曲面

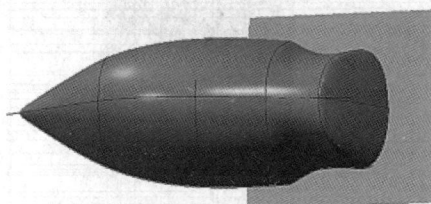

图 4-338　合并完成效果

(73) 再次选中如图 4-339 所示的两块曲面，单击工具栏中的"合并"命令 ⬒合并，单击鼠标中键或单击操控板中的"确定"按钮 ✔，则曲面就合并完成了，如图 4-340 所示。

选择这两块面

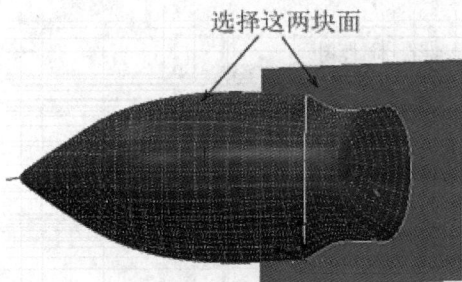

图 4-339　选择这两块曲面

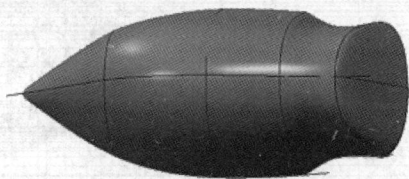

图 4-340　合并完成效果

(74) 隐藏全部的曲线，显示模式改为线框模式，视图方向设置为 FRONT 方向，零件显示如图 4-341 所示。

(75) 单击工具栏中的"草绘"命令 ⌀，选择 DTM1 为草绘平面，绘制如图 4-342 所示的两个椭圆。

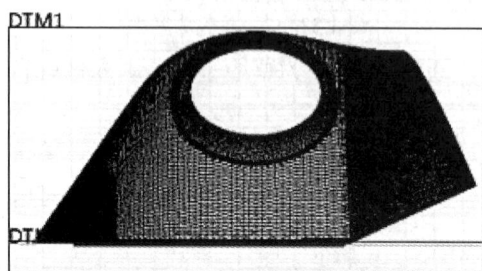

图 4-341　线框显示效果

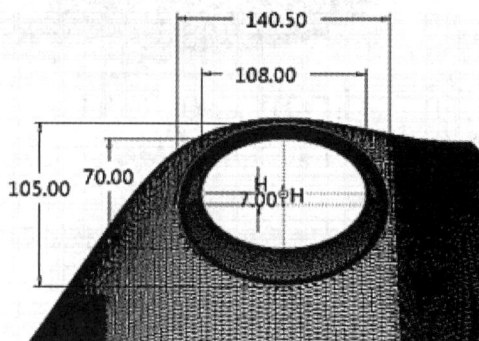

图 4-342　草绘椭圆

(76) 单击操控板中的"确定"按钮 ✔，完成椭圆曲线的创建。

(77) 单击工具栏中的"投影"按钮 ⌀ 投影，选择如图 4-343 所示的投影面，选择上一步创建的大椭圆为投影曲线，投影方向为草绘投影椭圆平面的法向。

(78) 单击操控板中的"确定"按钮 ✔，完成曲线投影，如图 4-344 所示。

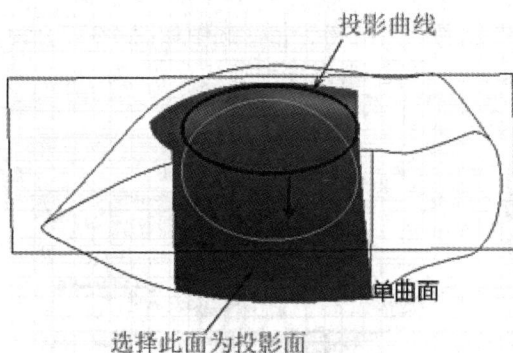

图 4-343　投影曲线

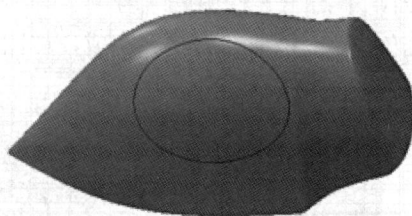

图 4-344　投影完成效果

(79) 用同样的方法创建另一侧曲面上的投影曲线。该曲线与上一投影曲线对称，如图 4-345 所示。

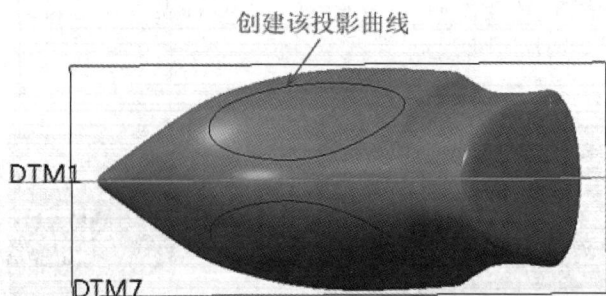

图 4-345　完成另一侧投影曲线

(80) 线框模式显示零件。单击工具栏中的"边界混合曲面"命令 ，按住 Ctrl 键，依次选中如图 4-346 所示的第一方向曲线：第一个投影的椭圆(1)、DTM1 上的小椭圆(2)、第二个投影的椭圆(3)。第二方向曲线链没有，曲面预览显示如图 4-346 所示，可见曲面扭曲变形。

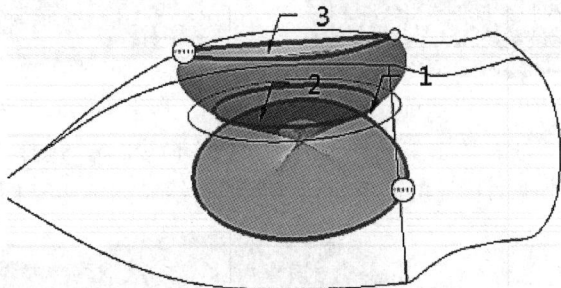

图 4-346　创建混合曲面

(81) 单击"控制点"标签，在打开的标签页里，单击"未定义"，然后依次单击零件上的三个对应点，扭曲变形的曲面就被纠正，如图 4-347 所示。

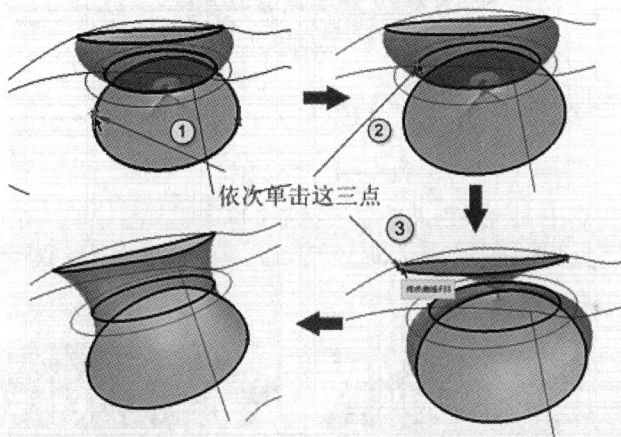

图 4-347　设置控制点

(82) 单击操控板中的"确定"按钮 ，完成单方向曲线混合曲面的创建，如图 4-348 所示。

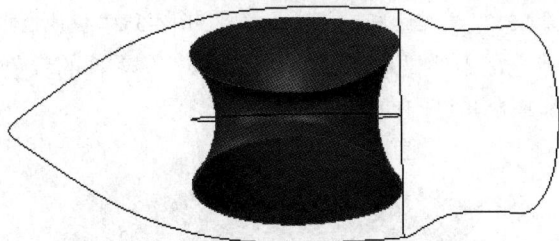

图 4-348　完成曲面创建效果

(83) 合并曲面。设置过滤器为"几何"，按住 Ctrl 键，依次选中上一步创建的曲面和外部整个曲面，如图 4-349 所示。单击工具栏中的"合并"命令 ，再单击鼠标中键或单击操控板中的"确定"按钮 ，曲面就合并完成了，如图 4-350 所示。

选择这两块曲面

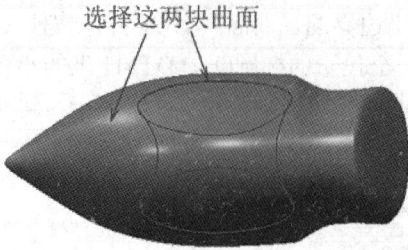

图 4-349　合并曲面

图 4-350　完成合并曲面效果

(84) 显示小平面特征。单击工具栏中的"草绘"命令 ，选择 DTM7 为草绘平面，待平面转正后，参照小平面特征的底部平面轮廓线，绘制如图 4-351 所示的图形。

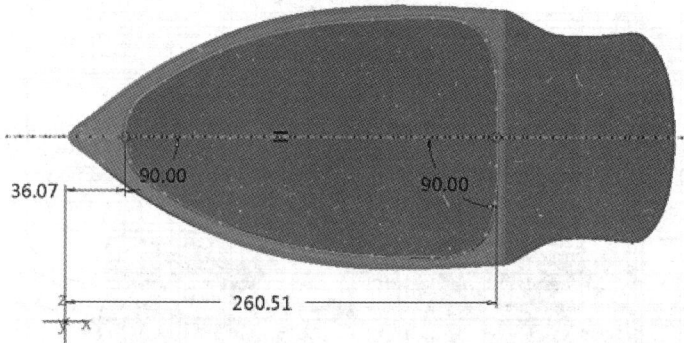

图 4-351　草绘曲线

(85) 在模型树中选中上一步创建的草绘特征，单击工具栏中的"拉伸"命令 ，在操控板中设置拉伸距离为 2.5 mm，如图 4-352 所示。单击"确定"按钮 ，完成特征创建，如图 4-353 所示。

图 4-352　拉伸距离

图 4-353　完成拉伸创建效果

(86) 隐藏小平面特征，零件显示如图 4-354 所示。从零件的颜色可知，上一步拉伸的是实体特征，其余的都是合并过的曲面。

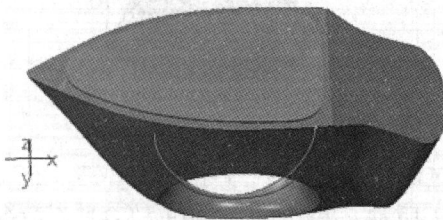

图 4-354　显示实体和曲面

(87) 实体化。选中合并曲面，如图 4-355 所示。单击"实体化"命令 ⬚ 实体化，再单击操控板中的"确定"按钮 ✅，就完成零件的实体化，如图 4-356 所示。

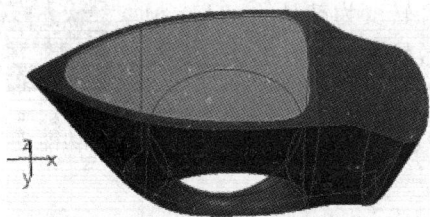

图 4-355　选中全部曲面　　　　　　　　图 4-356　实体化效果

(88) 倒圆角。对零件的各边倒圆角，倒圆角的位置和尺寸如图 4-357 所示。

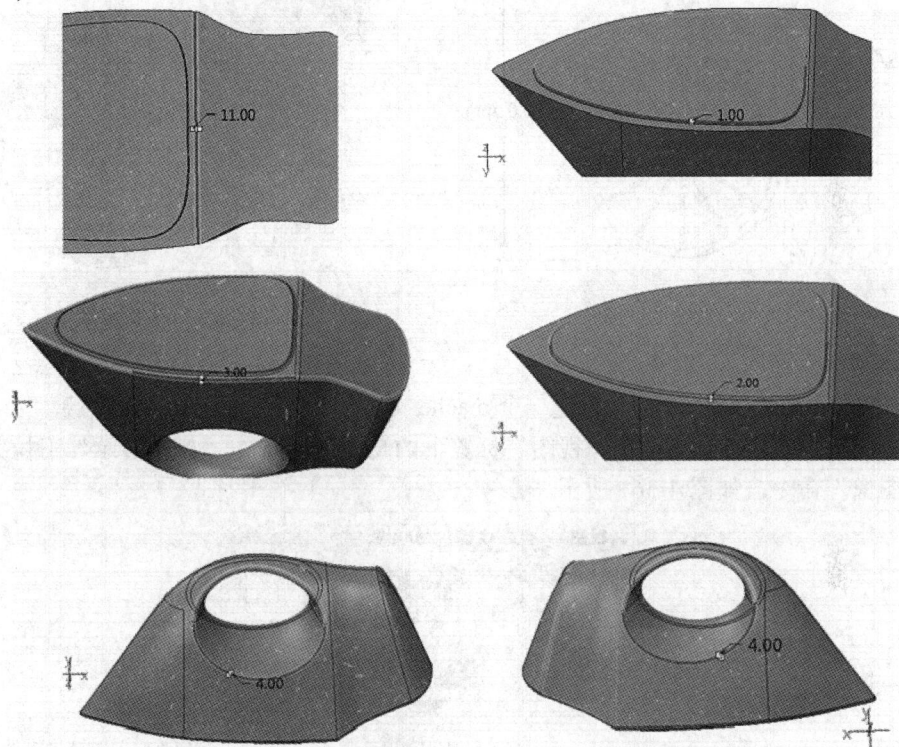

图 4-357　倒圆角的位置和尺寸设置

(89) 整个电熨斗模型创建完成，如图 4-358 所示。

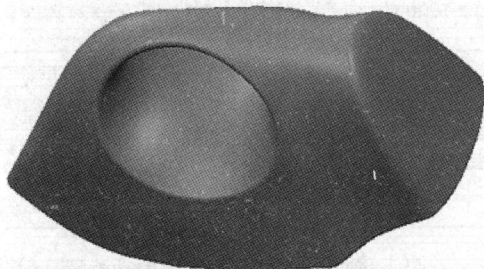

图 4-358　整个电熨斗模型完成效果

4.2.5　马车车标图片的逆向建模——图片逆向

逆向设计除了通过一定的途径将实物、样件转变为产品的 CAD 模型外，另一种就是通过图像、照片获得造型数据，提取模型参数转变为产品的 CAD 模型，还能创新产品。

本节采用马车车标的数码照片，如图 4-359 所示，运用 Creo 强大的造型功能逆向反求其几何模型，效果如图 4-360 所示。

马车车标逆向建模

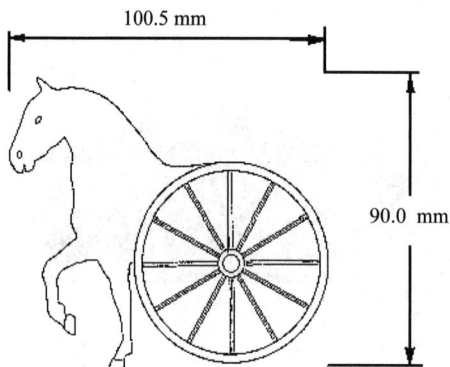

图 4-359　马车车标照片

图 4-360　完成效果图

具体操作步骤如下：

(1) 单击"新建"命令 📄，新建一个 mache 文件。

(2) 单击"视图"标签，在"视图"标签下的功能区，单击"模型显示"下拉菜单，选择"图像"命令，如图 4-361 所示。

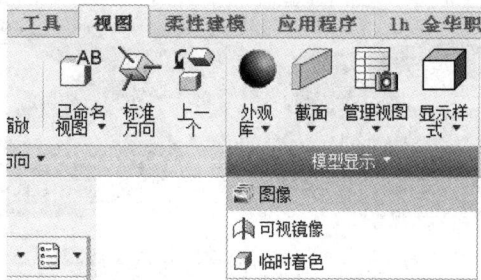

图 4-361　图像命令位置

(3) 出现"图像"标签下的功能区，如图 4-362 所示。

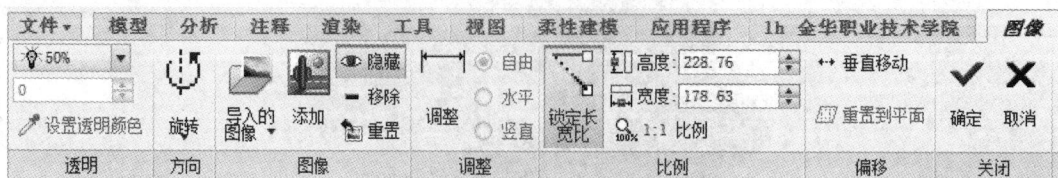

图 4-362　"图像"标签下的功能区

(4) 单击"添加"命令 🖼，选择"FRONT"基准平面为图像放置面，在弹出的对话框中找到图片 mache.png，并单击"打开"按钮，如图 4-363 所示。

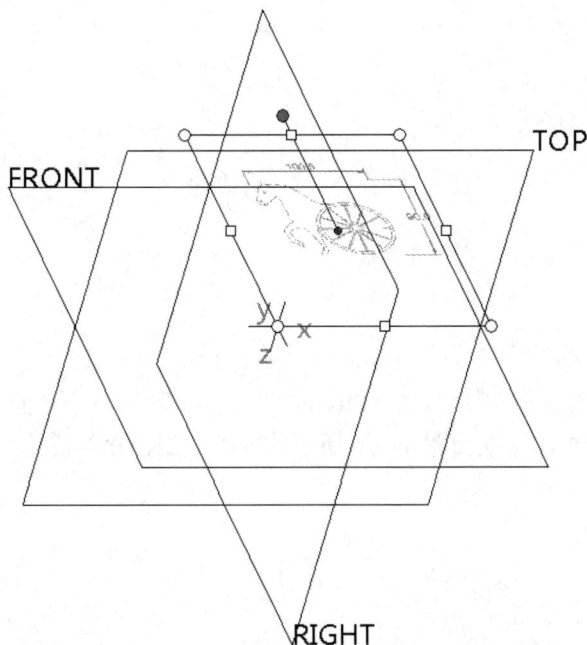

图 4-363　选择"FRONT"基准平面为图像放置面

(5) 图像摆正后如图 4-364 所示。调整图像位置和尺寸，通过目视观察把轮子的轴心放在原点，因为可以无限放大，所以通过目视观察放置可以做到比较精确(不知为什么 Creo 取消了图片位置的精确调整功能，没有 Pro/E4.0 的好用。Pro/E4.0 可以做到精确到小数点以下至少三位数字的微调)。调整好后，单击"确定"按钮 ✔。

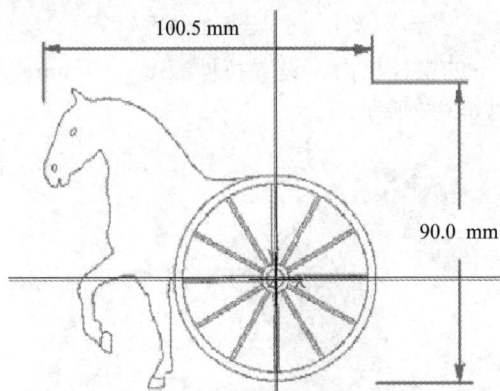

图 4-364　调整图像位置和尺寸

(6) 单击"模型"标签，在"模型"标签下的功能区，单击"草绘"命令 ⌒，选择"FRONT"基准平面为草绘平面，单击"草绘"对话框中的"草绘"按钮，默认参照进入草绘界面。

(7) 通过"圆"命令 ◎圆 以及"样条曲线"命令 ∿样条，绘制如图 4-365 所示的图形后，退出草绘界面。

图 4-365　绘制的曲线

(8) 单击"拉伸"命令![icon]，选择"FRONT"基准平面为草绘平面，进入草绘界面，单击"投影"命令![投影]，选取如图 4-366 所示的曲线，退出草绘界面。

图 4-366　选取的曲线

(9) 在"拉伸"标签下的操控板内，设置拉伸深度为 2 mm，单击"确定"按钮![icon]，结束拉伸命令，结果如图 4-367 所示。

图 4-367　拉伸结果

(10) 单击"拉伸"命令![icon]，选择"FRONT"基准平面为草绘平面，进入草绘界面，绘制如图 4-368 所示的矩形后，退出草绘界面。

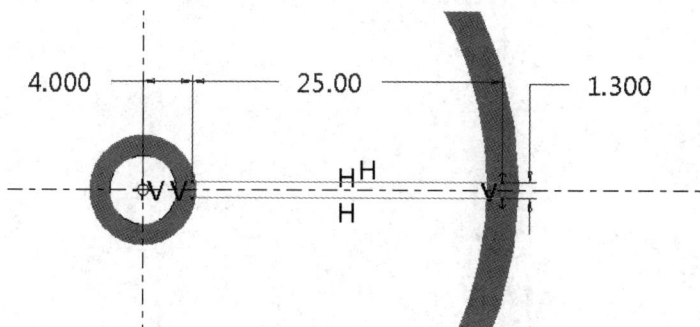

图 4-368　绘制的矩形及尺寸

（11）在"拉伸"标签下的操控板内，设置拉伸深度为 2 mm，单击"确定"按钮，结束拉伸命令，结果如图 4-369 所示。

图 4-369　拉伸结果

（12）在模型树中选中上一步创建的拉伸特征，单击"阵列"命令，在"阵列"标签下的操控板内，单击"尺寸"下拉菜单，选择"轴"，在模型中选择如图 4-370 所示的轴。阵列数目输入"12"，单击按钮，其后的输入栏中输入"360"，单击"确定"按钮，创建出阵列特征，如图 4-371 所示。

图 4-370　选择的轴

图 4-371　阵列结果

（13）单击"拉伸"命令，按下"移除材料"按钮，选择模型上表面为草绘平面，进入草绘界面，单击"投影"命令，选取前面草绘的马眼睛轮廓线图形，如图 4-372 所示，然后退出草绘界面。

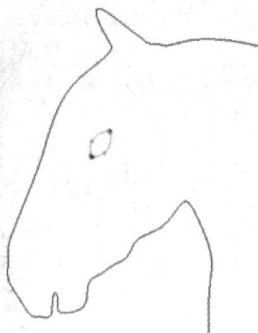

图 4-372　绘制的马眼睛轮廓线

(14) 在"拉伸"标签下的操控板内，设置拉伸深度为 0.5 mm，单击"确定"按钮 ✔，结束拉伸命令，结果如图 4-373 所示。

(15) 单击"拉伸"命令 ⬚，选择模型上表面为草绘平面，进入草绘界面，绘制马眼珠，如图 4-374 所示的一个圆，然后退出草绘界面。

图 4-373　马眼睛创建效果

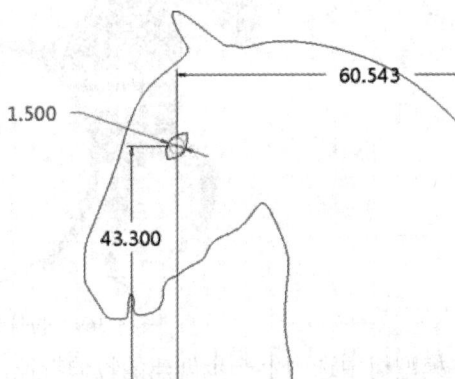

图 4-374　绘制的马眼珠圆曲线

(16) 在"拉伸"标签下的操控板内，设置"拉伸至选定的曲面"按钮 ⬒，选择眼睛的底平面，单击"确定"按钮 ✔，结束拉伸命令，结果如图 4-375 所示。

(17) 单击"拉伸"命令 ⬚，按下"移除材料"按钮 ◪，选择模型上表面为草绘平面，进入草绘界面，单击"投影"命令 ⬚ 投影，选取前面草绘的马鼻孔轮廓线图形，如图 4-376 所示，然后退出草绘界面。

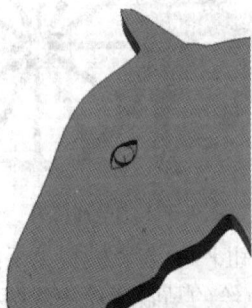

图 4-375　创建的眼珠效果

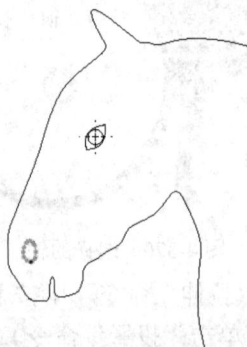

图 4-376　选择马鼻孔轮廓线

(18) 在"拉伸"标签下的操控板内,设置拉伸深度为 0.5 mm,单击"确定"按钮 ✅,结束拉伸命令,结果如图 4-377 所示。

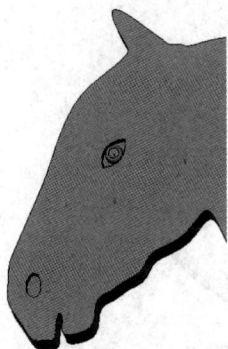

图 4-377　马鼻孔创建效果

(19) 单击"拉伸"命令 📐,按下"移除材料"按钮 📎,选择模型上表面为草绘平面,进入草绘界面,绘制两个矩形图形,如图 4-378 所示,然后退出草绘界面。

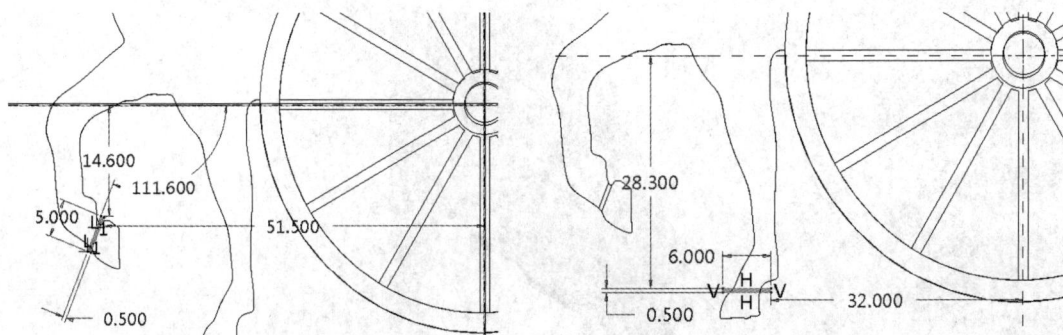

图 4-378　草绘的两个矩形图形及尺寸

(20) 在"拉伸"标签下的操控板内,设置拉伸深度为 0.5 mm,单击"确定"按钮 ✅,结束拉伸命令,创建的马蹄效果如图 4-379 所示。

(21) 倒圆角。单击"倒圆角"命令 🔘倒圆角,选择如图 4-380 所示的 8 条边,圆角半径为 0.2 mm,单击"确定"按钮 ✅。

图 4-379　创建的马蹄效果　　　　　　图 4-380　选择倒圆角的边

(22) 单击"倒圆角"命令 🔘倒圆角,选择如图 4-381 所示的 24 条边,圆角半径为 1.5 mm,单击"确定"按钮 ✅。

(23) 单击"倒圆角"命令 ⟨倒圆角⟩，选择如图 4-382 所示的 24 条边，圆角半径为 0.5 mm，单击"确定"按钮 ✓。

图 4-381　选择倒圆角的边　　　　　　图 4-382　选择倒圆角的边

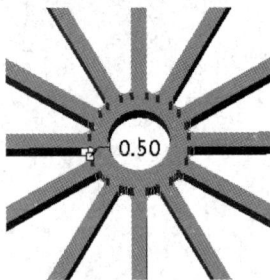

(24) 再次单击"倒圆角"命令 ⟨倒圆角⟩，选择如图 4-383 所示的一条边，圆角半径为 0.3 mm，单击"确定"按钮 ✓。

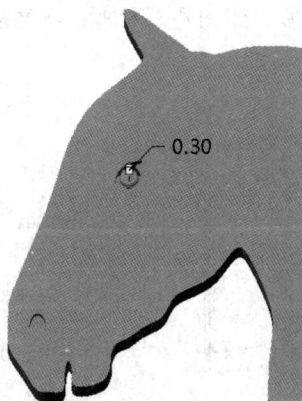

图 4-383　选择倒圆角的边

(25) 在"模型"标签下的功能区，单击"编辑"下拉菜单，选择"扭曲"命令，出现 "扭曲"标签下的操控板，如图 4-384 所示。

图 4-384　"扭曲"标签下的操控板

(26) 单击模型后，操控板中的功能按钮被激活，如图 4-385 所示。

图 4-385　激活"扭曲"命令下的操控板

(27) 单击"雕刻"命令 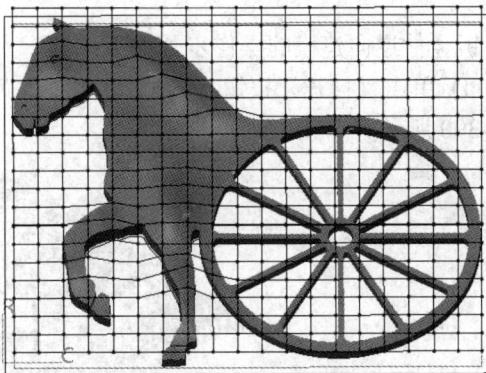，增加"行""列"的值为最大值 20，如图 4-386 所示。此时模型的表面出现网格，如图 4-387 所示。

图 4-386 "雕刻"命令

(28) 用鼠标左键在模型需要高起来的地方向上拖拉其上的网格点，如图 4-388 所示。

图 4-387 显示编辑曲面网格

图 4-388 拖拉的网格点

(29) 最终效果如图 4-389 所示。

图 4-389 最终效果

思考与练习

1. 在 Creo 软件中如何进行坐标变换？

2. 在图片逆向建模时，如何导入图片？如何设置使导入的图片尺寸等于实际尺寸？

3. 进入"独立几何"模块，在"导入原始数据"菜单中，应选择"低密度"还是"高密度"？

4. 下载教材附带的资源，打开对应章节的练习文件，进行逆向建模练习。

任务 4.3　UG 逆向建模

UG 以其丰富、灵活的曲线、曲面创建方式，为逆向建模带来很大的便利，而且 UG 采用的是正向建模的方式，即用点—线—面的创建流程进行创建，故曲面的质量较好。

4.3.1　钣金件的逆向建模

钣金件逆向建模的操作步骤如下：

(1) 单击"打开"按钮🖱，文件类型改为 IGS 类型，找到 banjin.igs 文件并打开，如图 4-390 所示。

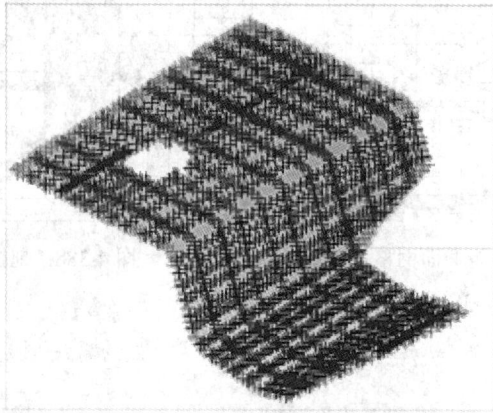

图 4-390　banjin.igs 点云文件

(2) 检查点的放置是否与系统坐标系一致，若不一致，则首先调点。若该点与系统坐标系一致，则跳过调点进行下一步。

(3) 单击"直线"按钮╱，创建四条直线，每个平面一条，如图 4-391 所示。

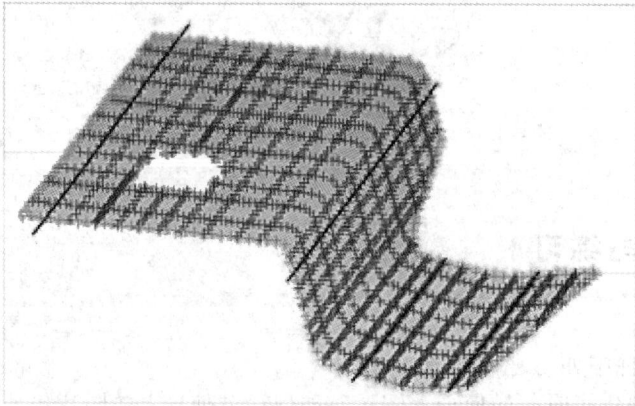

图 4-391　创建四条直线

(4) 单击"拉伸"按钮💧，选择截面线为上一步创建的一条直线，拉伸方向为通过两点指定，创建四块曲面，如图 4-392 所示。

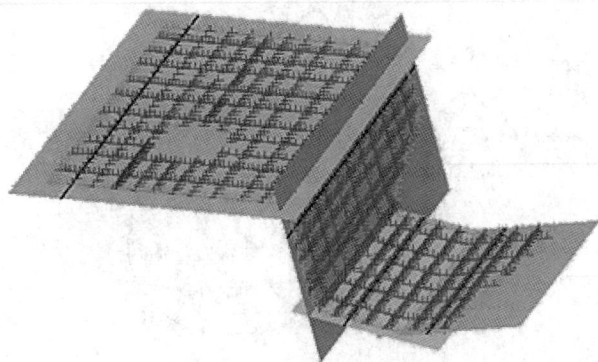

图 4-392　拉伸创建四块曲面

(5) 创建三条边界线和三个基准平面，如图 4-393 所示。

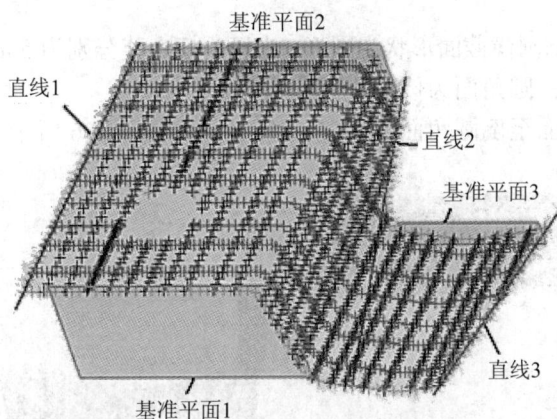

图 4-393　创建三条边界线和三个基准平面

(6) 单击"修剪"命令 ，用上一步创建的曲线和基准平面修剪曲面，如图 4-394 所示。

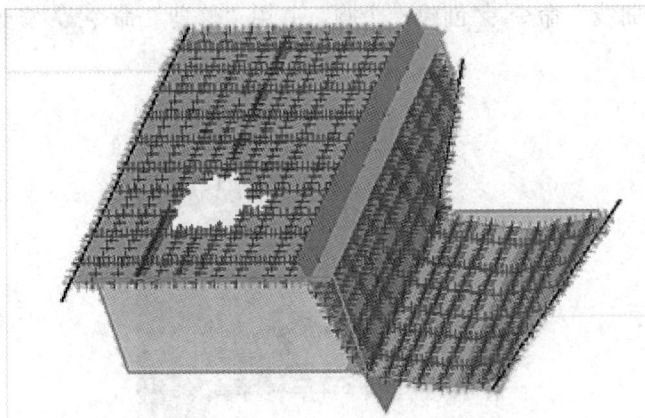

图 4-394　修剪曲面

(7) 测量圆角半径。为了测量圆角的半径值，用"基本曲线"命令 创建三个圆，如图 4-395 所示。单击"测量距离"按钮 ，测量三个圆的半径值，圆半径从小到大分别是 5 mm、12 mm 和 35 mm。

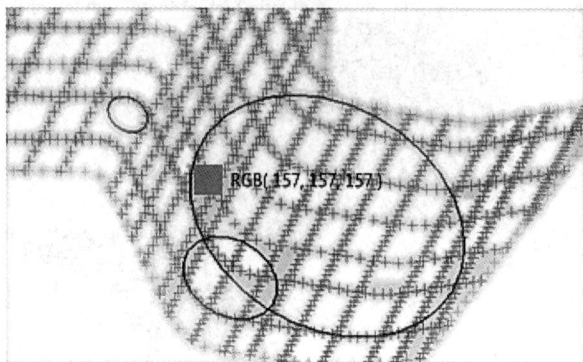

图 4-395　创建三个圆

(8) 单击"面倒圆"命令 🌙，进行面倒圆角。分别倒出三个圆角，半径值分别为 5 mm、12 mm 和 35 mm。

面倒圆角设置：倒圆横截面形状为圆形，半径为恒定值分别为 5 mm、12 mm 和 35 mm。

修剪和缝合选项：圆角面为修剪所有输入面。

勾选"修剪输入面至倒圆角面"，其余按默认，如图 4-396 所示。

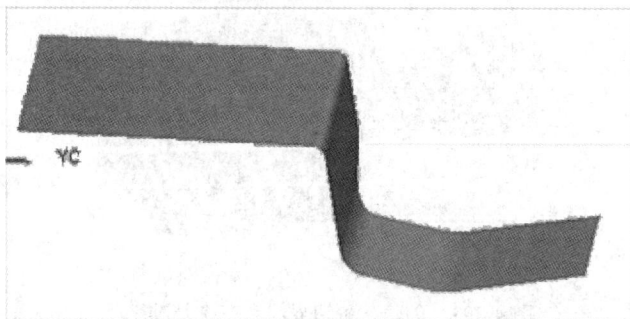

图 4-396　曲面倒圆角

(9) 用"基本曲线"命令 🖊 创建一个圆，并用"修剪"命令 🖱 修剪出一个孔，如图 4-397 所示。

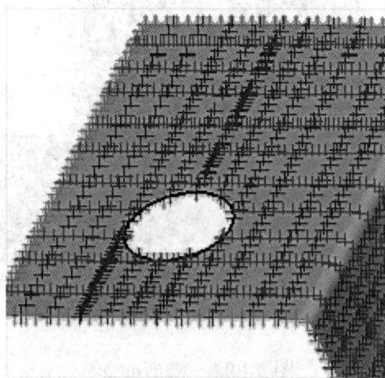

图 4-397　修剪圆孔

(10) 单击"缝合"命令 📖，缝合全部曲面，并用"加厚"命令 🖐 加厚曲面成为实体，如图 4-398 所示。

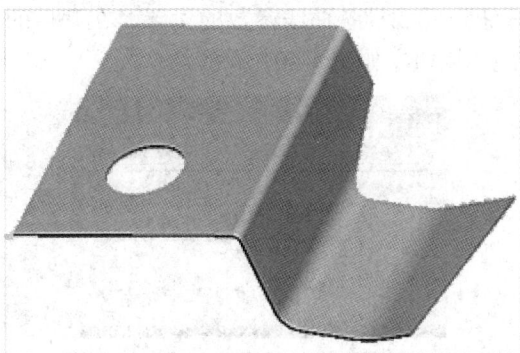

图 4-398　缝合及加厚

4.3.2　曲面的逆向建模

曲面逆向建模的操作步骤如下：

一块曲面的逆向建模

(1) 单击"打开"按钮，打开 cover.prt 文件，如图 4-399 所示。

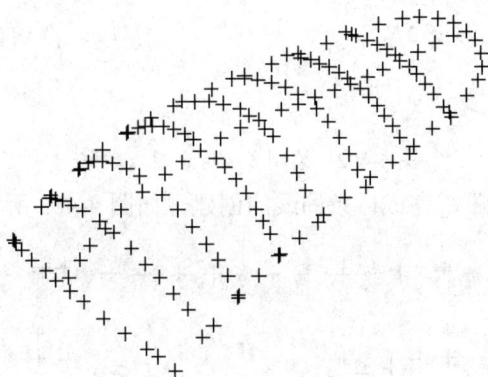

图 4-399　cover.prt 点云文件

(2) 单击"曲线"工具栏中的"样条"按钮，在开启的"样条"对话框中单击"通过点"按钮，系统则开启"通过点生成样条"对话框，在对话框中选择曲线类型为"多段"，设定曲线阶次为 3，如图 4-400 所示。

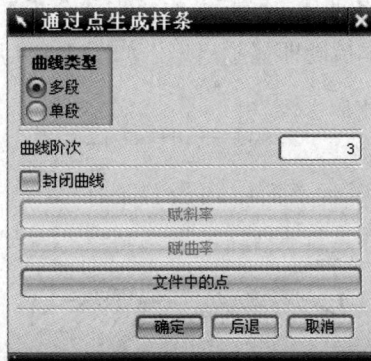

图 4-400　"通过点生成样条"对话框

(3) 单击"确定"按钮，完成样条曲线参数的设置，在开启的"样条"对话框中单击"在多边形内的对象成链"按钮，如图 4-401 所示。

图 4-401　样条参数设置对话框

(4) 在系统提示下绘制如图 4-402 所示的多边形，选取点数据。

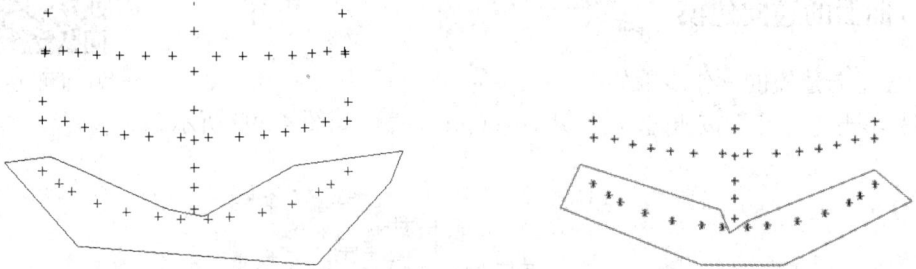

图 4-402　绘制多边形选取点数据

(5) 单击"确定"按钮，完成样条曲线的创建，如图 4-403 所示。

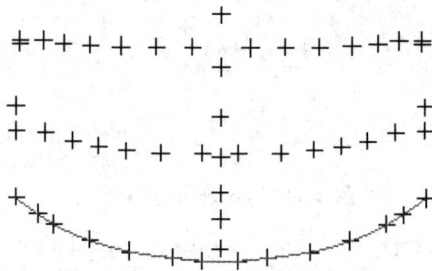

图 4-403　创建的样条曲线

(6) 选取上一步创建的样条曲线，然后单击"形状分析"工具栏中的"曲线分析-曲率梳"按钮，样条曲线的曲率梳随即显示出来，如图 4-404 所示。

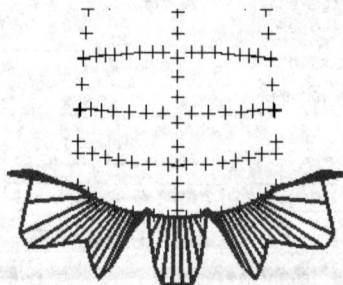

图 4-404　曲线曲率分析

(7) 在样条曲线被选取的情况下，单击"编辑曲线"工具栏中的"光顺样条"按钮 ⌇，开启"光顺样条"对话框，设定光顺因子参数为 10，调整样条曲线的曲率梳，如图 4-405 所示。

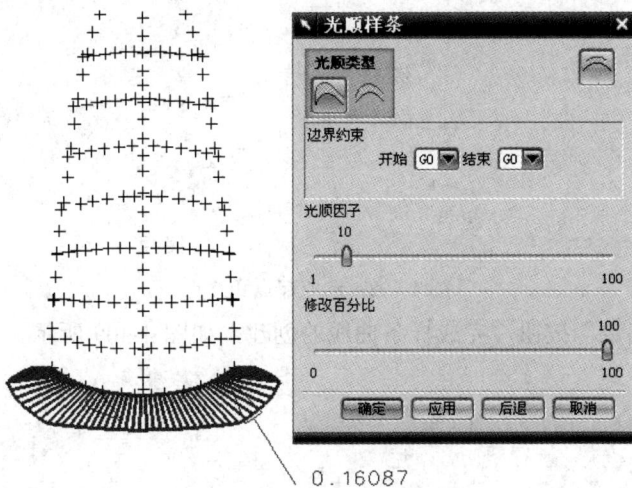

图 4-405　光顺样条对话框

(8) 单击"确定"按钮，完成样条曲线的光顺操作，并取消曲率梳的显示。这样就完成了样条曲线的编辑，如图 4-406 所示。

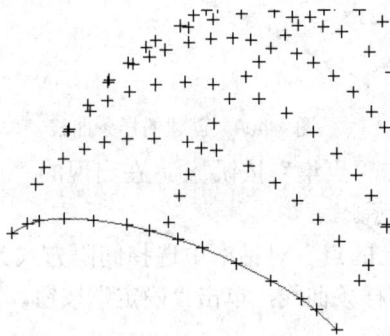

图 4-406　光顺后曲线效果

(9) 单击"曲线"工具栏中的"样条"按钮 ～，在开启的"样条"对话框中单击"通过点"按钮，系统则开启"通过点生成样条"对话框，在对话框中选择曲线类型为"多段"，设定曲线阶次为 3。

(10) 单击"确定"按钮，完成样条曲线参数的设置，在开启的"样条"对话框中单击"在多边形内的对象成链"按钮。

(11) 在系统提示下绘制如图 4-407 所示的多边形，选取点数据。

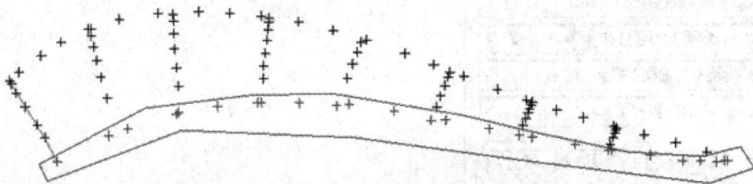

图 4-407　绘制多边形选取的点数据

(12) 在系统提示下选取两点为样条曲线的起点和终点，如图 4-408 所示。

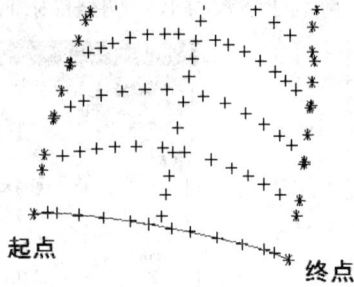

起点　**终点**

图 4-408　选取起点和终点

(13) 单击"确定"按钮，完成样条曲线的创建，如图 4-409 所示。

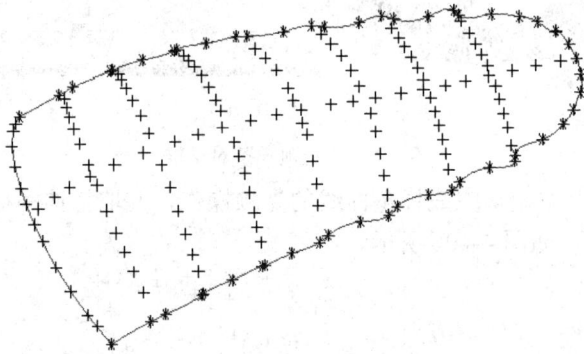

图 4-409　创建的样条曲线

(14) 隐藏所有点，单击"点集"按钮 ⁺⁺₊，在出现的"点集"对话框中单击"曲线上的点"按钮，如图 4-410 所示。

(15) 在出现的"曲线上的点"对话框中选择间隔方式为"等圆弧长"，设定点数为 12，然后选取上一步创建的样条曲线，单击"确定"按钮，完成点集的创建，并删除原来的样条曲线，如图 4-411 所示。

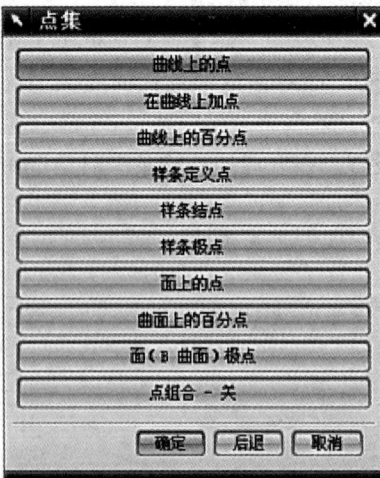

图 4-410　"点集"对话框

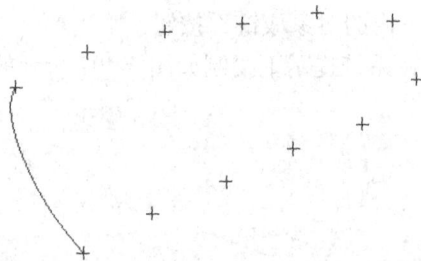

图 4-411　创建的点集

(16) 显示尾部对称面上的一个点，如图 4-412 所示。

图 4-412　显示尾部对称面上的一个点

(17) 单击"曲线"工具栏中的"样条"按钮 ～，在开启的"样条"对话框中单击"通过点"按钮，系统则开启"通过点生成样条"对话框，在对话框中选择曲线类型为"多段"，设定曲线阶次为 3。

(18) 单击"确定"按钮，完成样条曲线参数的设置，在开启的"样条"对话框中单击"全部成链"按钮。

(19) 在系统提示下选取两点为样条曲线的起点和终点。

(20) 单击"确定"按钮，完成样条曲线的创建，如图 4-413 所示。

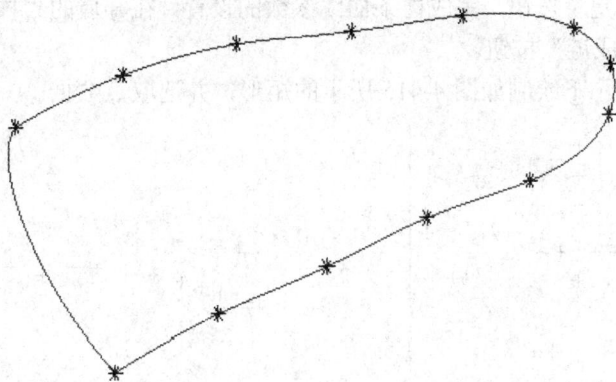

图 4-413　创建样条曲线

(21) 将所有隐藏的点显示出来，可以看出新创建的样条曲线离箭头所指的四个点距离较远，需要进一步编辑。

(22) 单击"编辑曲线"工具栏中的"编辑曲线参数"按钮 ，系统开启"编辑曲线参数"对话框，选取新创建的样条曲线。再在开启的"编辑样条"对话框中单击"编辑点"按钮，系统开启"编辑点"对话框，在对话框中选择编辑点方式为"移动点"。

(23) 单击鼠标左键选取图 4-413 所示的点为要移动的点，系统开启"点"窗口，将要移动的点捕捉到目标点上，则完成了对曲线的编辑。

(24) 用相同的方法移动另外一点到目标点，完成曲线的编辑，如图 4-414 所示。

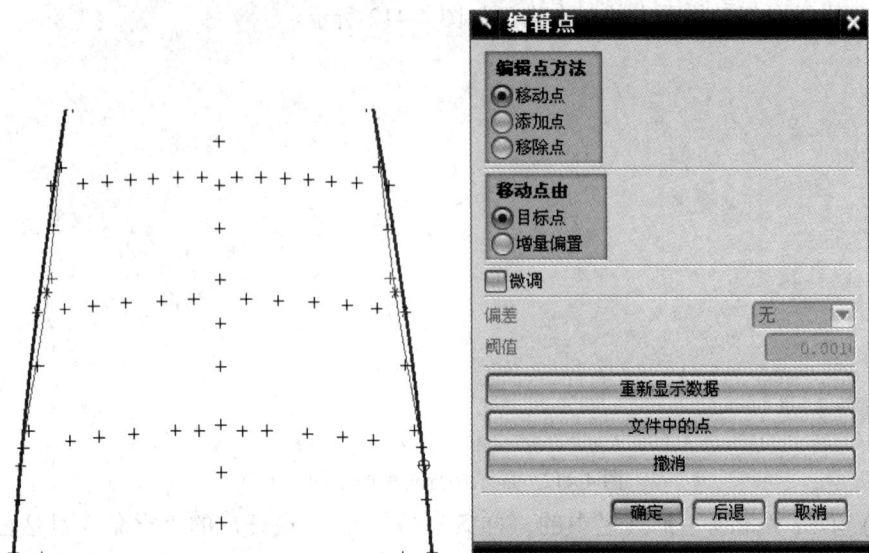

图 4-414　移动另外一点到目标点

(25) 对编辑过的曲线进行曲率梳分析，如果没有问题后，再进行下一步。

(26) 单击"曲线"工具栏中的"样条"按钮～，在开启的"样条"对话框中单击"通过点"按钮，系统则开启"通过点生成样条"对话框，在对话框中选择曲线类型为"多段"，设定曲线阶次为 3。

(27) 单击"确定"按钮，完成样条曲线参数的设置，在开启的"样条"对话框中单击"在矩形内的对象成链"按钮。

(28) 在系统提示下绘制如图 4-415 所示的矩形，并选取点数据。

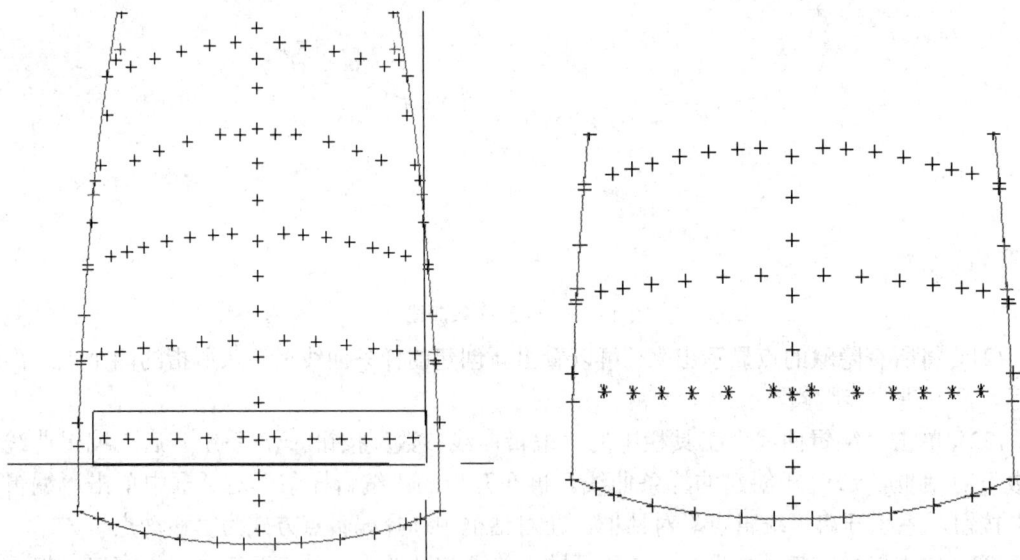

图 4-415　选取的点数据

(29) 单击"确定"按钮，完成样条曲线的创建，如图 4-416 所示。

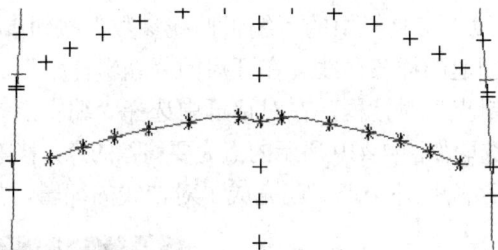

图 4-416　创建的曲线

(30) 单击"曲线长度"按钮 ，在开启的"曲线长度"窗口中选择曲线长度编辑方式为"增量"，在"结束"下拉列表框中选择"对称"选项，延伸方法为"自然"，并设定增量分别为 15，然后选取样条曲线为编辑对象，单击"确定"按钮，结果如图 4-417 所示。

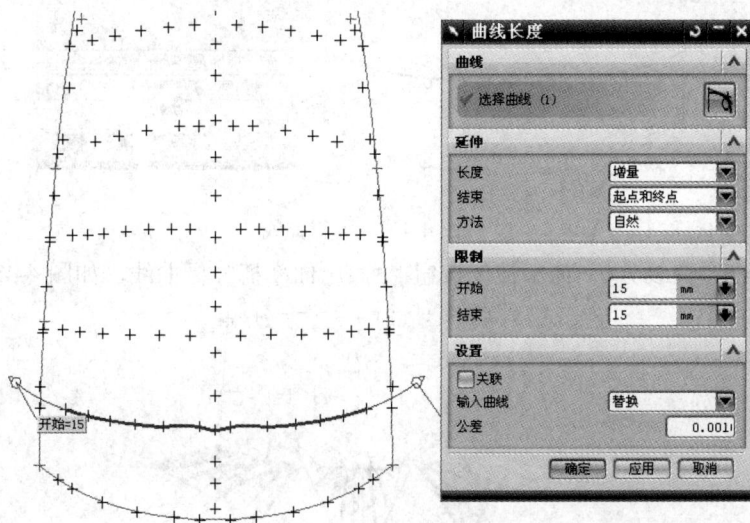

图 4-417　延伸曲线

(31) 在"曲线"工具栏中单击"点"按钮 ，在开启的"点"窗口中选择"交点"选项，然后选择如图 4-418 所示的两条曲线，单击"确定"按钮完成点的创建。

(32) 用同样方法选取另一边的两条曲线，创建另一个点。

(33) 删除延伸后的样条曲线。

(34) 单击"样条"按钮 ，创建样条曲线，起点和终点分别为刚才创建的两个交点，如图 4-418 所示。

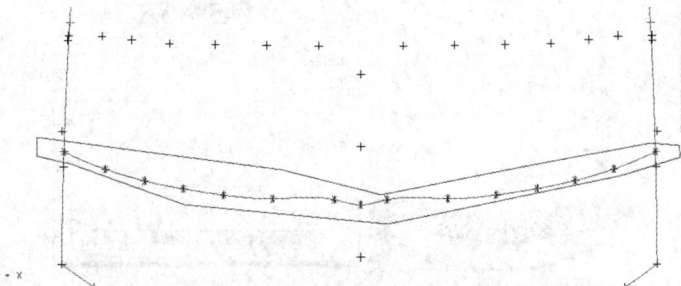

图 4-418　创建样条曲线

(35) 单击"编辑曲线"工具栏中的"编辑曲线参数"按钮，系统开启"编辑曲线参数"对话框，选取新创建的样条曲线。在开启的"编辑样条"对话框中单击"编辑点"按钮，系统则开启"编辑点"对话框，在对话框中选择"编辑点方法"为"移除点"。

(36) 单击鼠标左键选取如图 4-419 所示的点为要移除的点，移除后就完成对曲线的编辑。

(37) 用相同的方法移除另外一点，就完成了对曲线的编辑，如图 4-419 所示。

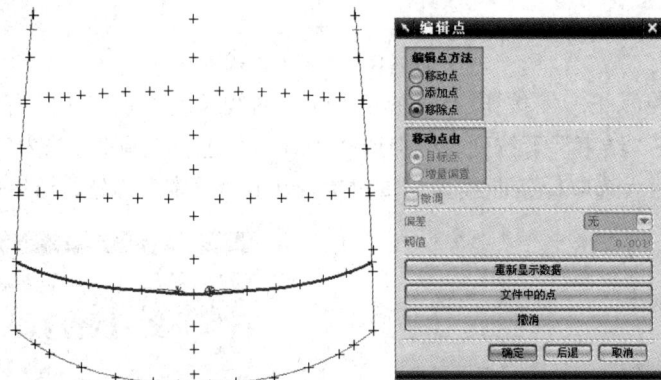

图 4-419　编辑曲线

(38) 单击"曲线分析-曲率梳"按钮，用曲率梳分析曲线，如图 4-420 所示。

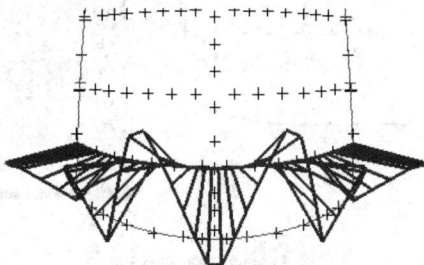

图 4-420　曲率分析

(39) 单击"光顺样条"按钮，设定光顺因子为 20，调整样条曲线的曲率梳，如图 4-421 所示。

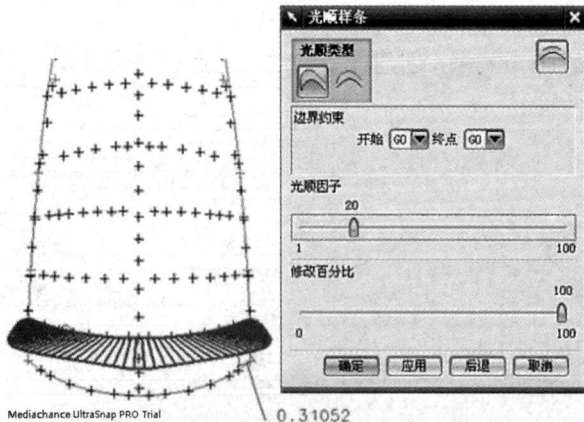

图 4-421　光顺样条

(40) 单击"确定"按钮，完成样条曲线的光顺操作，并取消曲率梳的显示。

(41) 用同样的方法，完成其他 6 条样条曲线的创建，结果如图 4-422 所示。

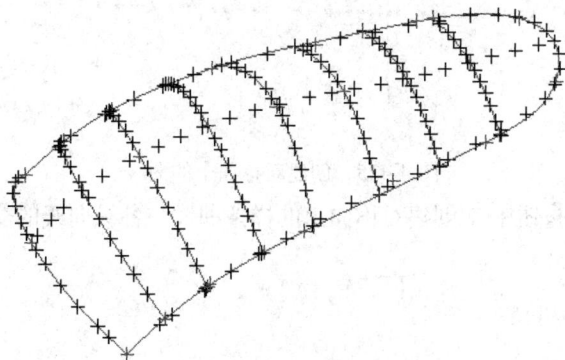

图 4-422　创建 6 条样条曲线

(42) 隐藏点数据，单击"点集"按钮⁺⁺，单击"曲线上的点"，开启"曲线上的点"对话框，选择"间隔方法"为"等圆弧长"，设定点数为 3，然后选取样条曲线，如图 4-423 所示。

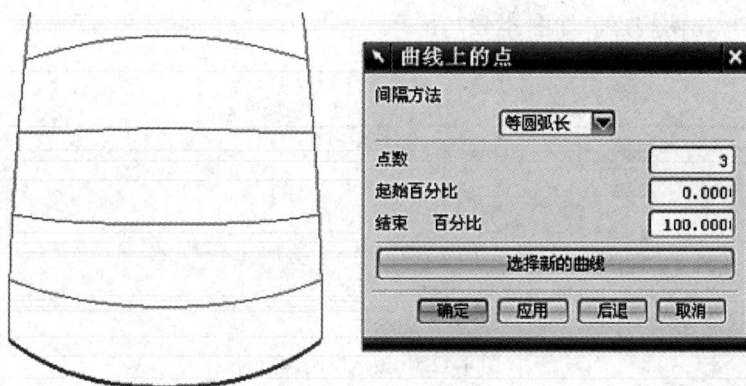

图 4-423　选取的曲线

(43) 单击"确定"按钮，完成点集的创建，并显示对称面上的点，如图 4-424 所示。

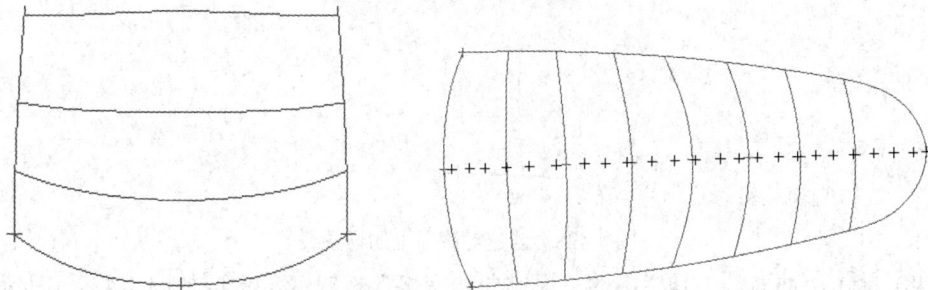

图 4-424　创建的点及显示对称面上的点

(44) 单击"样条"按钮～，创建对称面上的样条曲线，如图 4-425 所示。

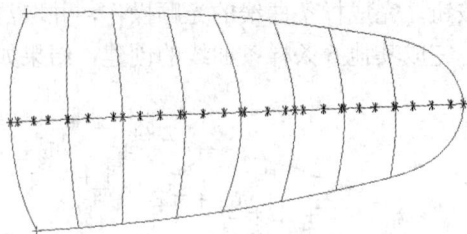

图 4-425　创建对称面上的曲线

(45) 单击"点"按钮 ➕ ，创建对称面上的样条曲线与各纵向线的交点，如图 4-426 所示。

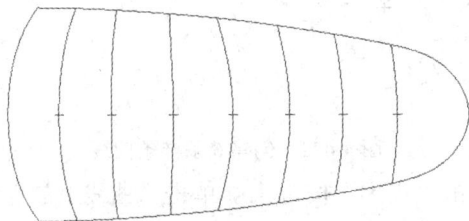

图 4-426　创建样条曲线与各纵向线的交点

(46) 再显示出两端点，如图 4-427 所示。

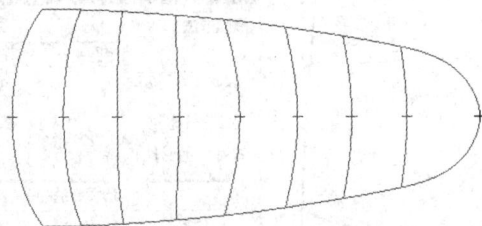

图 4-427　显示出两端点

(47) 单击"样条"按钮 〜 ，创建样条曲线，并删除原来创建的样条曲线，如图 4-428 所示。

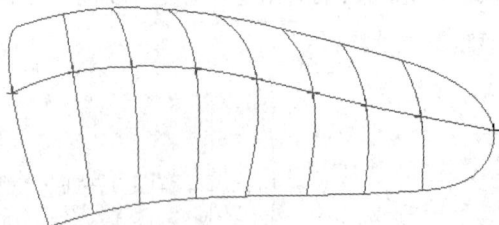

图 4-428　创建对称面上的样条线

(48) 单击"曲面"工具栏中的"通过曲线网格"按钮 ▦ ，选取如图 4-429(a)所示的样条曲线和端点为主曲线串，单击鼠标中键切换到交叉线串的选取模式中，再选取图 4-429(a) 中所示的三条样条曲线为交叉线串，单击"确定"按钮，完成曲面的创建，如图 4-429(b) 所示。

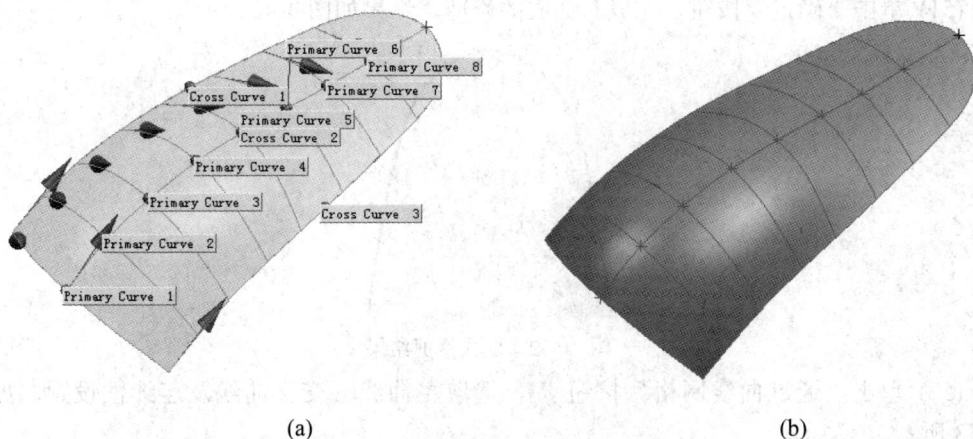

(a)　　　　　　　　　　　　　　(b)

图 4-429　"通过曲线网格"命令创建曲面

(49) 单击"草图"按钮，以 XC-YC 为草绘平面草绘一曲线，如图 4-430 所示。

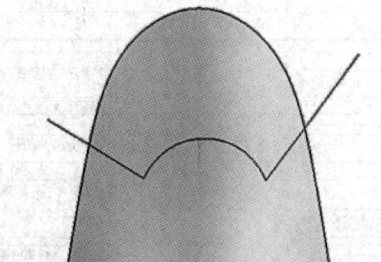

图 4-430　草绘曲线

(50) 单击"修剪的片体"按钮，选取曲面为目标体，草绘曲线为边界对象，设定投影方向为"垂直于曲线平面"，如图 4-431 所示。

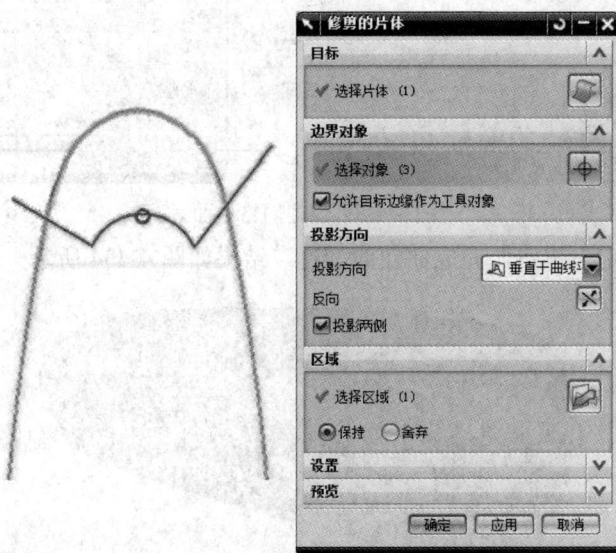

图 4-431　修剪曲面

(51) 单击"确定"按钮，完成对曲面的修剪，结果如图 4-432 所示。

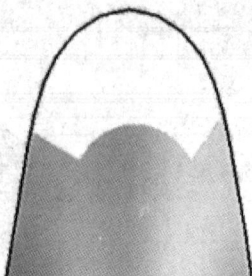

图 4-432 曲面修剪结果

(52) 单击"通过曲线网格"按钮 ⊞，选取主曲线、交叉曲线及连续性设置，如图 4-433 所示。

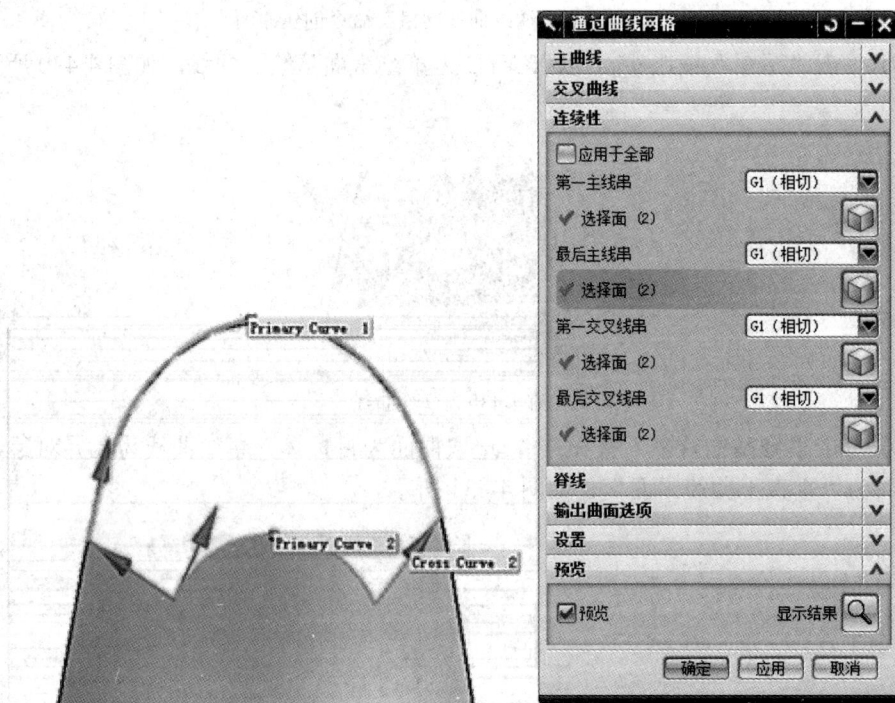

图 4-433 创建网格曲面

(53) 单击"确定"按钮，完成曲面的创建，结果如图 4-434 所示。

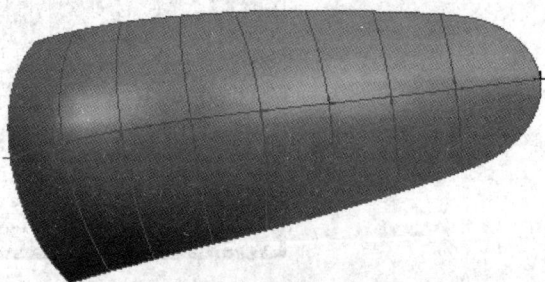

图 4-434 完成曲面创建效果

4.3.3　心形挂件的逆向建模

心形挂件逆向建模的操作步骤如下：

(1) 单击"打开"按钮　，文件类型改为 IGS 类型，找到 zgx.igs
文件并打开。单击"开始"→"建模"，进入零件建模模块，如图
4-435 所示。

心形挂件的逆向建模

图 4-435　心形零件的点云

(2) 检查点的放置是否与系统坐标系一致，若该点云与系统坐标系不一致，则首先要
调点。

(3) 单独显示蓝色的点。单击"基准平面"按钮　，过三点创建一个基准平面，如图
4-436 所示。

(4) 单击菜单"插入"→"基准/点"→"基准 CSYS"，类型选择动态，参考选择绝对，
单击"确定"按钮，创建一个基准坐标系。该基准坐标系包括三根轴、三个基准平面和一
个点(0，0，0)，如图 4-437 所示。

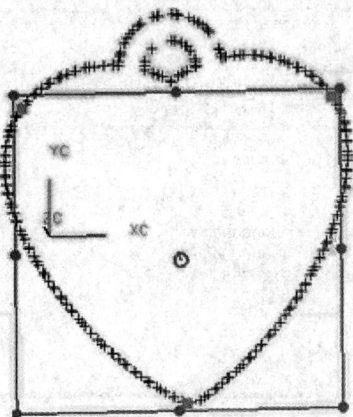

图 4-436　创建一个基准平面

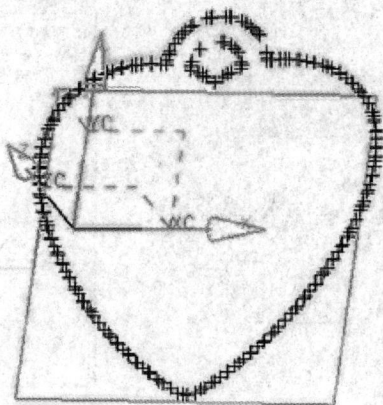

图 4-437　创建基准坐标系

(5) 测量创建的基准平面与 XC-YC 平面的夹角。单击菜单"分析"→"测量角度"，
类型选择按对象，再在绘图区选择两对象，得到基准平面与 XC-YC 平面的夹角值，在测
量角度窗口中勾选"显示信息窗口"，结果如图 4-438 所示。

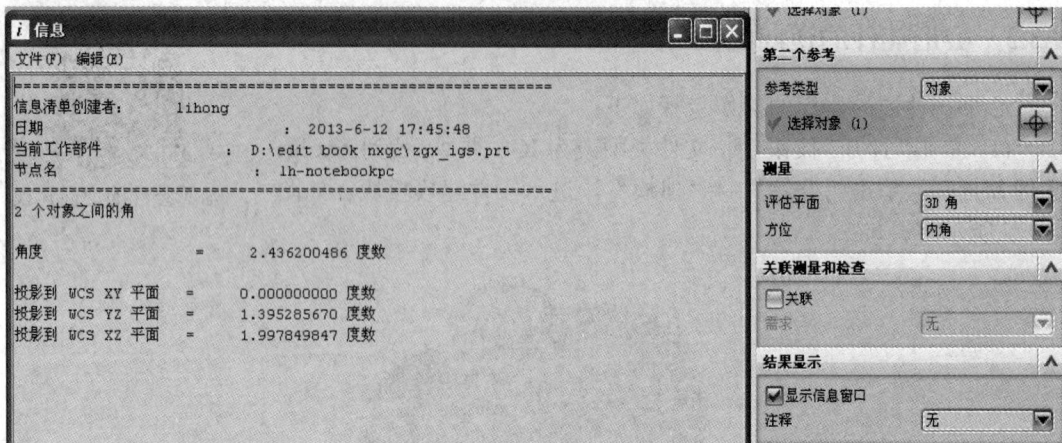

图 4-438　测量角度结果

　　(6) 在信息窗口复制投影到 YZ 平面的角度"1.395285670",然后关闭信息窗口,关闭测量角度窗口,显示全部对象。

　　(7) 单击菜单"编辑"→"变换"→选择全部对象→确定→绕直线旋转→点和矢量→选择点坐标(0, 0, 0)→确定→选择轴为 X 轴→确定→在角度输入窗口粘贴在步骤(6)中复制的角度值,给角度值加负号→确定→移动→确定。(注:若无法判断正负,可以输入任意值,如输入是正值,旋转后再测量角度,若角度变为 0,则说明是对的,若角度反而变大,则说明旋转方向反了,退一步操作,再向相反的方向旋转即可。)

　　(8) 删除基准坐标系,重新创建基准坐标系,测量基准平面与 XC-YC 平面的夹角,结果如图 4-439 所示。在信息窗口复制 XZ 平面角度"1.997257958",关闭信息窗口和测量角度窗口。

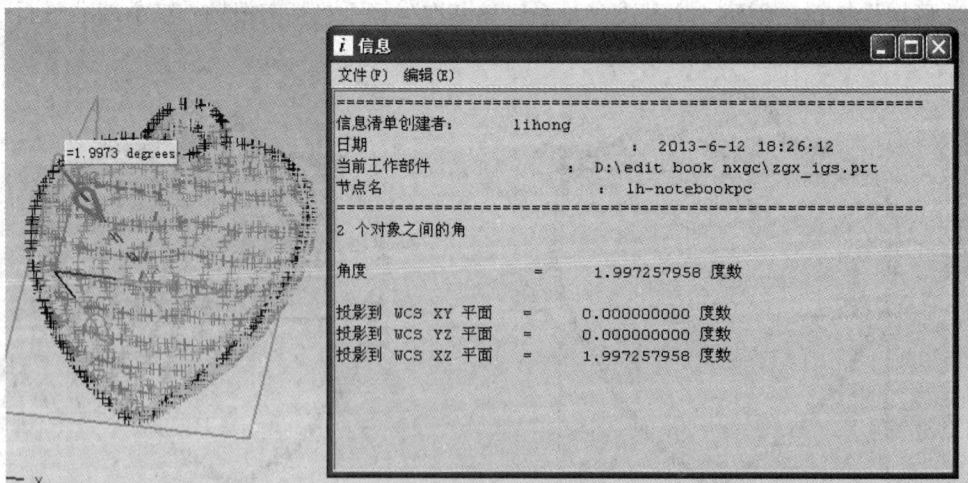

图 4-439　复制与 XZ 平面夹角

　　(9) 单击菜单"编辑"→"变换"→选择全部对象→确定→绕直线旋转→点和矢量→选择点坐标(0, 0, 0)→确定→选择轴为 Y 轴→确定→在角度输入窗口粘贴在步骤(8)中复制的角度值,给角度值加负号→确定→移动→确定。这时,蓝色和橙色的点云放置与 X-Y

平面平行，如图 4-440 所示。

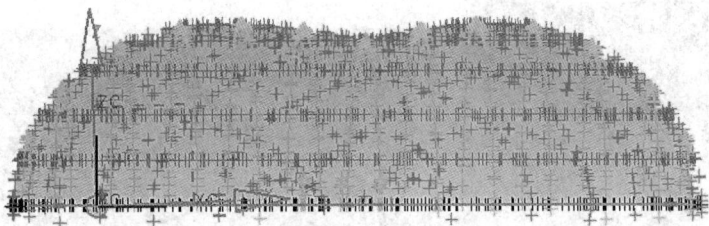

图 4-440 绕 Y 轴旋转   彩图

(10) 单击"基准平面"按钮□，选取通过某一排绿色点中的三个点创建一个基准平面，如图 4-441 所示。单击"测量角度"按钮▨，测量上一步创建的基准平面与 X-Z 平面的角度。然后显示信息窗口，复制投影到 X-Y 平面的角度"3.001825289"，如图 4-442 所示。

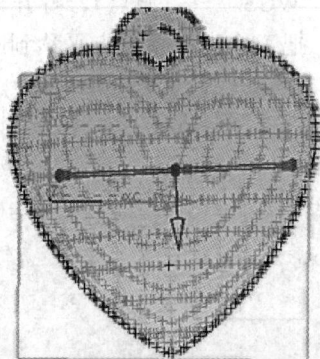

图 4-441 通过三点创建基准平面   彩图

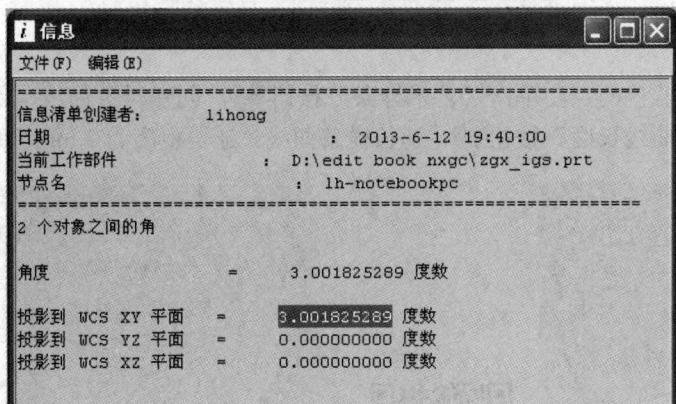

图 4-442 复制与 XY 平面夹角

(11) 单击菜单"编辑"→"变换"→选择全部对象→确定→绕直线旋转→点和矢量→选择点坐标(0，0，0)→确定→选择轴为 Z 轴→确定→在角度输入窗口粘贴在步骤(10)中复制的角度值，给角度值加负号→确定→移动→确定。这时，全部点云与系统坐标对正，如图 4-443 所示。

(12) 隐藏基准坐标系及全部基准平面。用"基准曲线"命令⟨⟩创建一个圆，如图 4-444 所示。

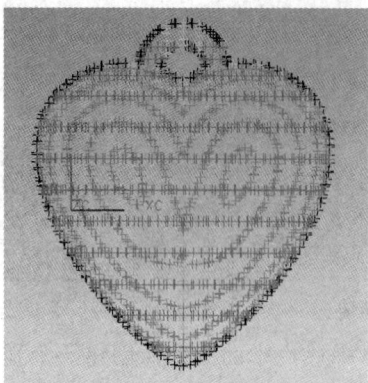

图 4-443　绕 Z 轴旋转　　　　　　　　图 4-444　创建一个圆

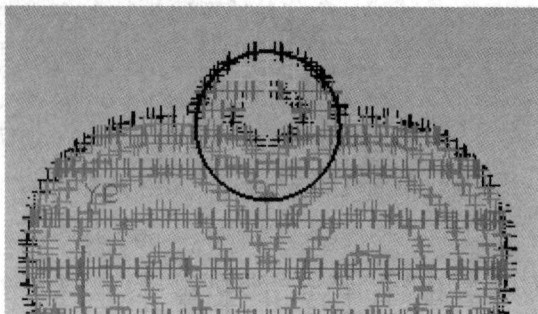

(13) 单击菜单"格式"→"WCS"→"原点",打开一个平移工作坐标系窗口→选中上一步创建的圆的圆心→确定。把工作坐标系原点平移到圆心,如图 4-445 所示。

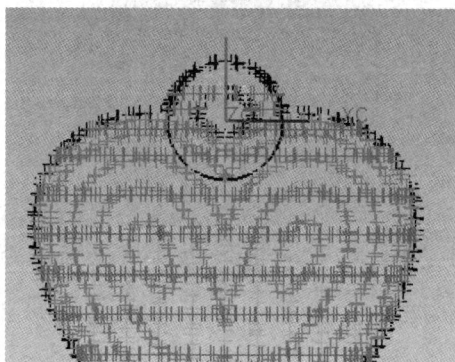

图 4-445　工作坐标系原点平移到圆心

(14) 仅显示蓝色的点。单击"艺术样条"按钮 ，创建样条曲线,如图 4-446 所示。

(15) 单击"曲线长度"按钮 ，延长样条曲线,延长距离为 3 mm,如图 4-447 所示。

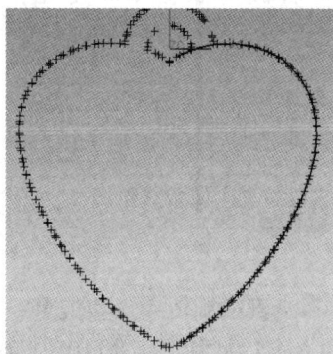

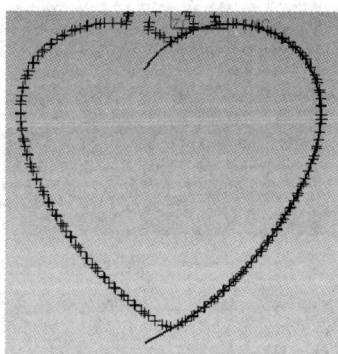

图 4-446　创建样条曲线　　　　彩图　　　　图 4-447　延长 3 mm 距离　　　　彩图

(16) 单击"镜像曲线"按钮 ，镜像上一步创建的曲线,并用"修剪角"命令 修剪掉多余的曲线,用"2 曲线圆角"命令 倒出底部圆角,半径为 1.3 mm,如图 4-448 所示。

（17）单击"分割曲线"按钮 $\int$ ，将底部的圆弧曲线分割为二等份，并删除左边的一半曲线，保留右边的一半曲线，如图 4-449 所示。

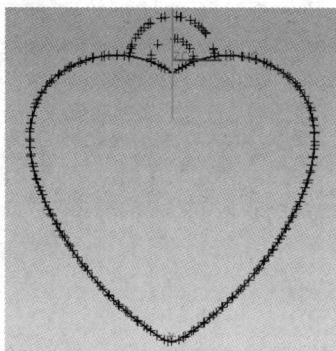

图 4-448　倒圆角曲线

彩图

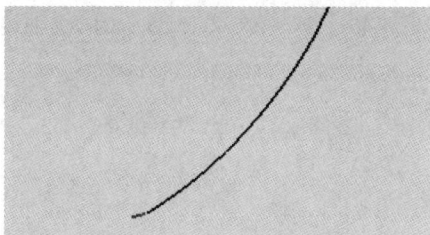

图 4-449　分割圆弧线

彩图

（18）单击"连结曲线"按钮 Ξ ，把右边的两段曲线连接成一段。再单击"拉伸"按钮 $\boxed{\text{Ⅲ}}$ ，创建辅助曲面，拉伸方向为沿 Z 轴负方向，拉伸距离为 2 mm，如图 4-450 所示。

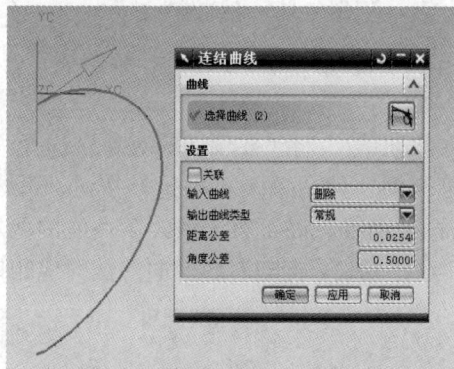

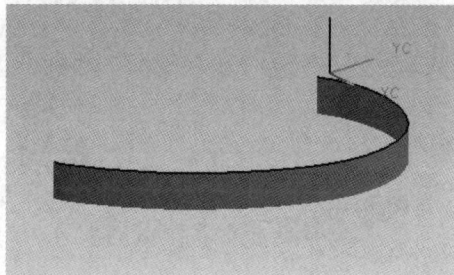

图 4-450　创建辅助曲面

(19) 单独显示天蓝色的点。单击"样条"按钮 ～，在 YC-ZC 平面上创建样条曲线，端点与辅助曲面两端的边设置相切，如图 4-451 所示。注意：创建时，要确保曲线在 YC-ZC 平面上，选择点时可以用"光标位置"，不要捕捉"现有点"。

(20) 单击"拉伸"按钮 ⬚，以上一步创建的曲线为截面，以 X 轴负方向为拉伸方向，拉伸距离为 2 mm，创建辅助曲面，如图 4-452 所示。

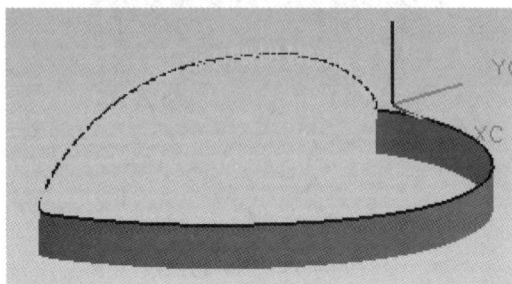

图 4-451　创建 YC-ZC 平面上的样条曲线　　　　彩图

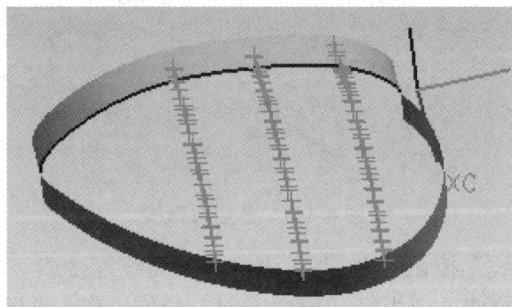

图 4-452　创建辅助曲面　　　　彩图

(21) 单击"平面"按钮 ⬚，将每排绿色点自动捕捉三点，分别创建三个基准平面，如图 4-453 所示。

(22) 单击"截面曲线"按钮 ⬚，将"要剖切的对象"选择两个拉伸出来的辅助平面，"剖切平面"选择三个基准平面，然后单击"确定"按钮，截出三对曲线。单击"艺术样条"按钮 ～，创建三条样条曲线，底下第一条样条曲线的两端都与截面线相切，后面两条曲线与中间曲面的截面线不相切，但与右边曲面的截面线相切，结果如图 4-454 所示。

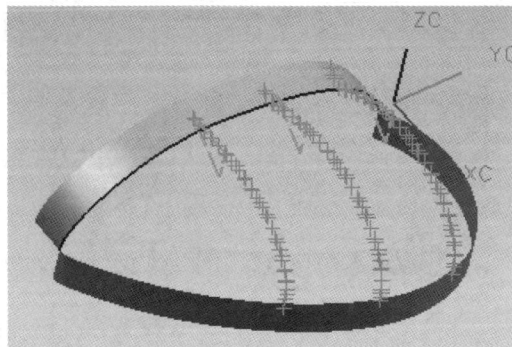

图 4-453　创建三个基准平面　　　　彩图

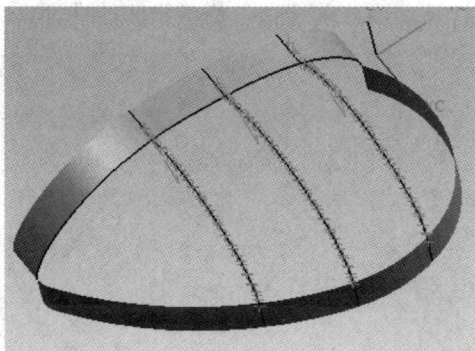

图 4-454　创建出三条曲线

(23) 单击"曲线网格"按钮 ⬚，仅设置 Cross Curve 2 与边界曲面相切，如图 4-455 所示。

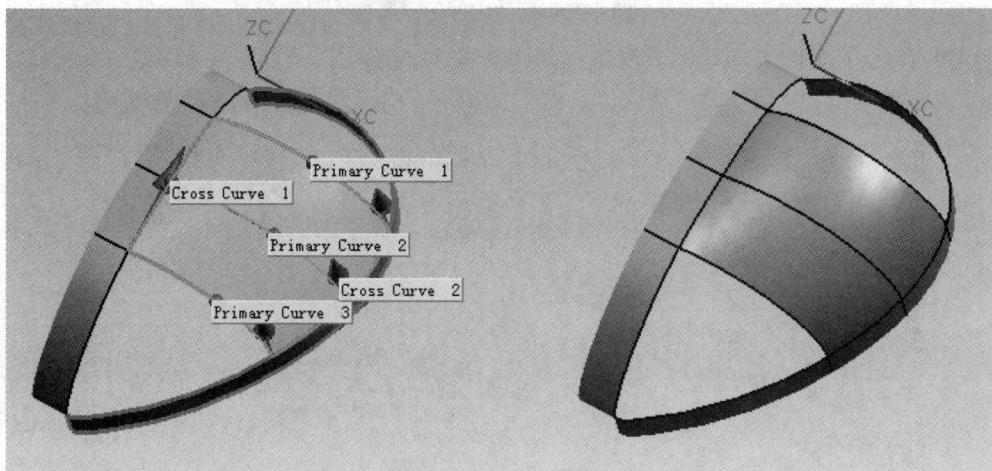

图 4-455　创建曲面

(24) 单击"曲面上的曲线"按钮 ⬚，创建曲面上的曲线，靠心的尖端的曲线端点与截面线相切，另一端点只相连即可，如图 4-456 所示。

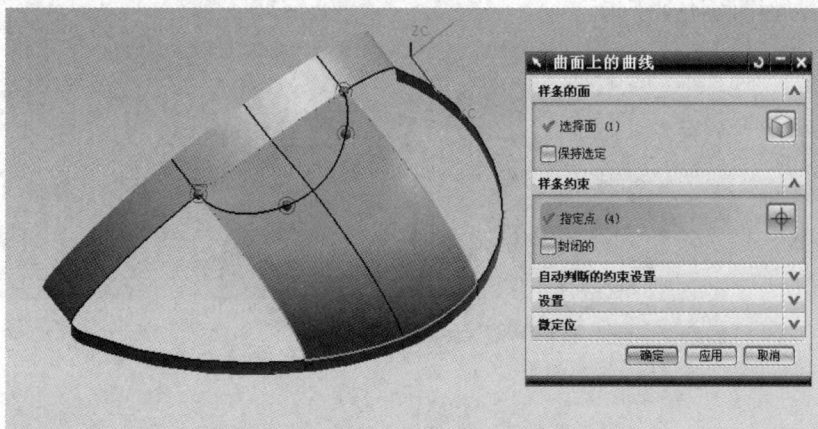

图 4-456　创建曲面上的曲线

(25) 单击快捷键 T，打开曲面修剪窗口，修剪中间的曲面，如图 4-457 所示。

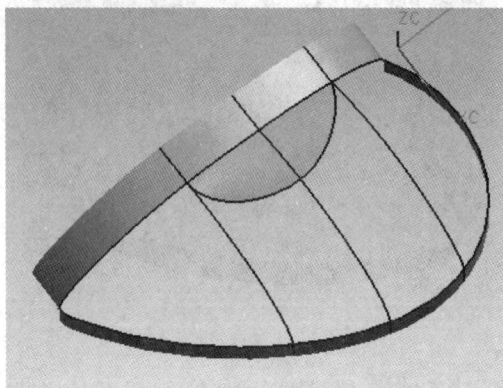

图 4-457 修剪中间的曲面

(26) 在 X-Y 平面上创建三条直线，如图 4-458 所示。

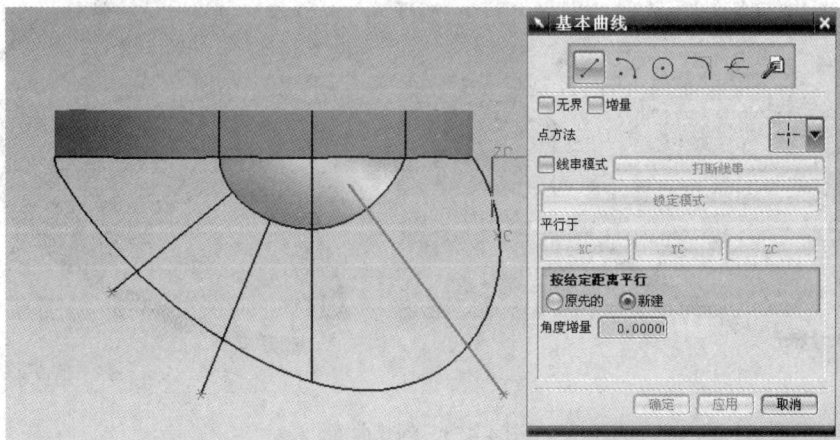

图 4-458 创建三条直线

(27) 单击"拉伸"按钮，以三条直线为截面线，以 Z 轴方向为拉伸方向，拉伸出三个辅助曲面，如图 4-459 所示。

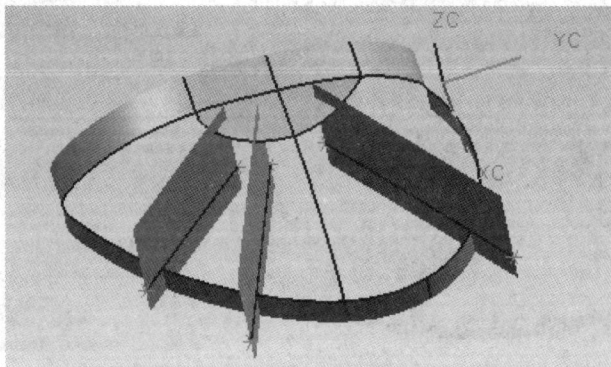

图 4-459 拉伸出三个辅助曲面

(28) 单击"相交曲线"按钮，对于第一组面，选择被剪切出来的曲面和右边的辅助平面，对于第二组面，选择一个拉伸出来的平面，然后单击"确定"按钮，截出一对曲线。同理截出另外两对曲线，结果如图 4-460 所示。

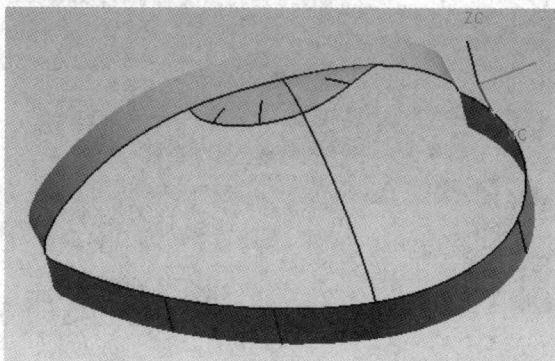

图 4-460　截出三对曲线

(29) 显示三个辅助平面和所有点，选择"基本曲线"命令 ⊘ ，单击内部的"圆弧"按钮 ⌒ ，通过三点创建一系列与辅助面相交的短圆弧，如图 4-461 所示。

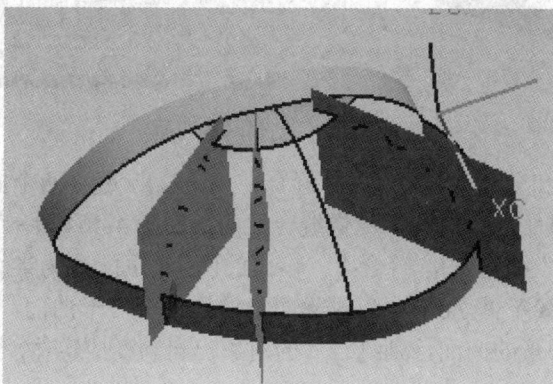

图 4-461　通过三点创建一系列与辅助面相交的短圆弧

(30) 单击"点"按钮 ✛ ，单击内部"交点"按钮 ✕ ，创建短圆弧与辅助面的交点。隐藏辅助面、短圆弧线。再单击"艺术样条"按钮 ～ ，创建三条曲线，端点都与截面线相切，如图 4-462 所示。

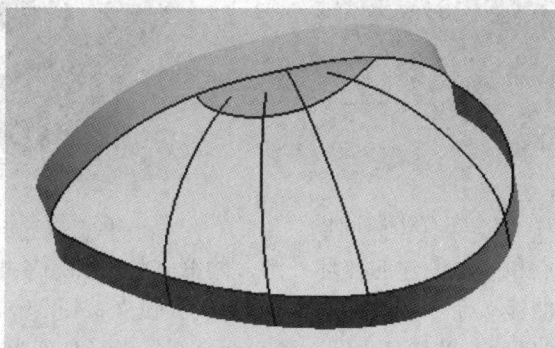

图 4-462　创建三条曲线

(31) 单击"曲线网格"按钮 ▦，创建网格曲面，如图 4-463 所示。

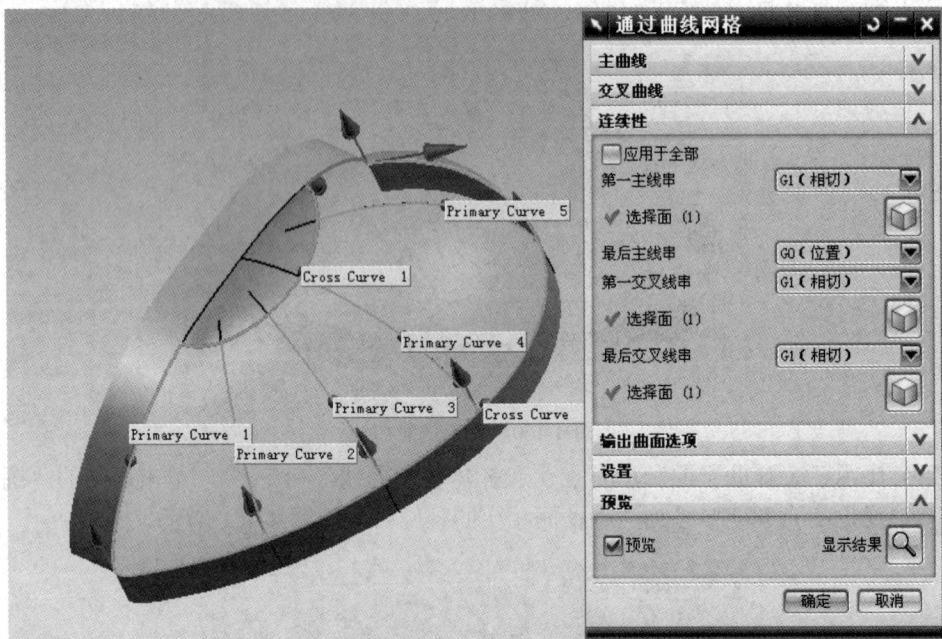

图 4-463　创建网格曲面

(32) 隐藏辅助面和全部曲线。单击"缝合"按钮 ▦，缝合两个曲面。单击"镜像体"按钮 ▦，以 Y-Z 基准平面为对称面镜像缝合曲面，如图 4-464 所示。

(33) 单击"缝合"按钮 ▦，缝合上一步骤的两个曲面，成为半个心形曲面。单击"镜像体"按钮 ▦，以 X-Y 基准平面为对称面镜像这半个心形曲面。再单击"缝合"按钮 ▦，缝合这两个半心形的曲面，则缝合后的对象已自动变成实体，如图 4-465 所示。

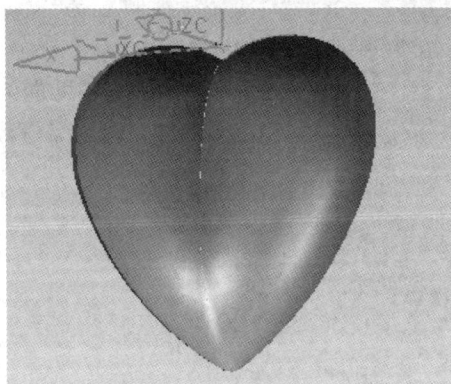

图 4-464　缝合左右对称曲面

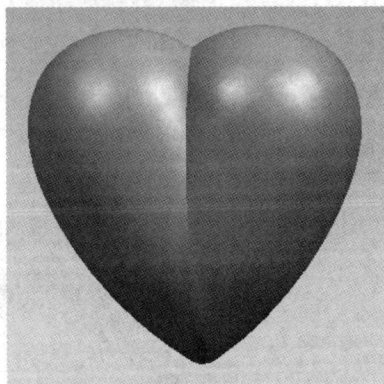

图 4-465　缝合前后对称曲面

(34) 显示蓝色的点和前面创建的挂环外圆，隐藏实体，如图 4-466 所示。

(35) 选择"基本曲线"命令 ✎，单击内部的"圆弧"按钮 ⌒，勾选"整圆"前面的复选框，创建与挂环外圆同心的挂环内圆，测量两个圆的半径分别为 3 mm 和 1.5 mm。再创建一个半径为 2.25 mm 的同心圆，如图 4-467 所示。

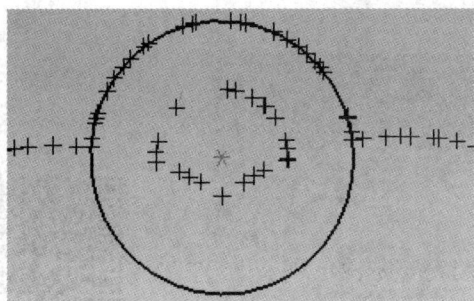

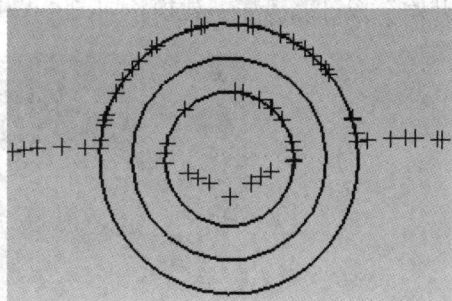

图 4-466　创建挂环外圆　　　　　　图 4-467　创建与挂环外圆同心的挂环内圆及同心圆

(36) 单击菜单 "插入" → "扫掠" → "管道"，路径选择半径为 2.25 mm 的圆，横截面外径为 1.5 mm，内径为 0，单击 "确定" 按钮，结果如图 4-468 所示。

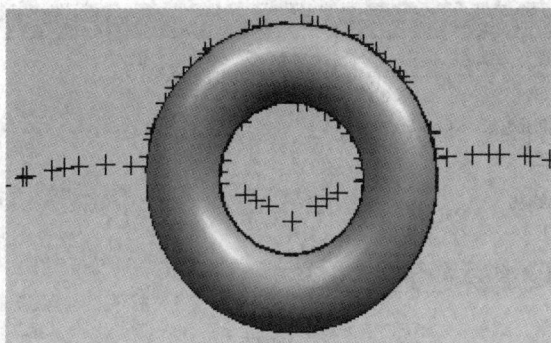

图 4-468　创建管道

(37) 显示所有实体。单击 "求和" 按钮 ，挂环实体与心形实体求和，结果如图 4-469 所示。

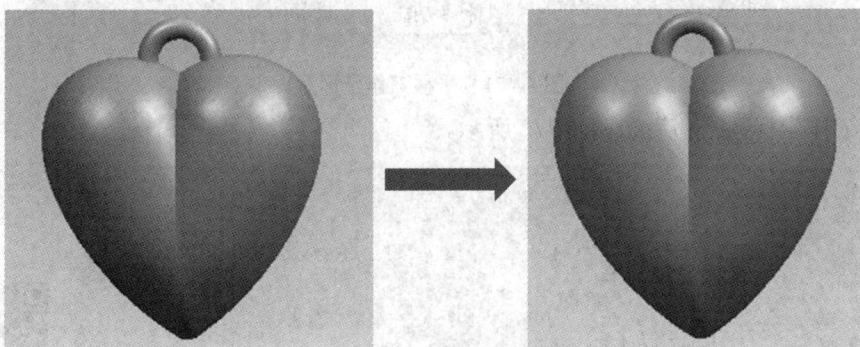

图 4-469　实体求和

4.4.4　茄子的逆向建模

茄子逆向建模的操作步骤如下：

(1) 单击 "打开" 按钮 ，文件类型改为 IGS 类型，找到 qiezi.igs 文件并打开。单击

"开始"按钮 <!-- 图标 --> 开始▾ →建模，如图 4-470 所示。

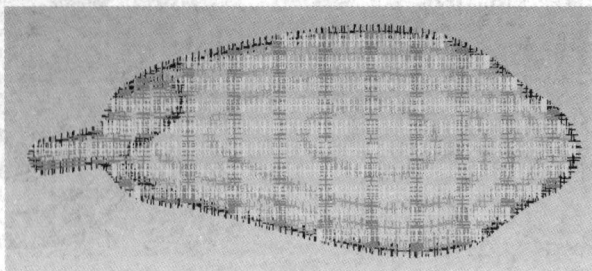

图 4-470　qiezi.igs 点云文件　　　　　　　　　　彩图

(2) 检查点的放置是否与系统坐标系一致，若不一致，则首先要调点，使该点与系统坐标系一致。为了便于观察，平移工作坐标系至某一蓝色的点，操作如图 4-471 所示。

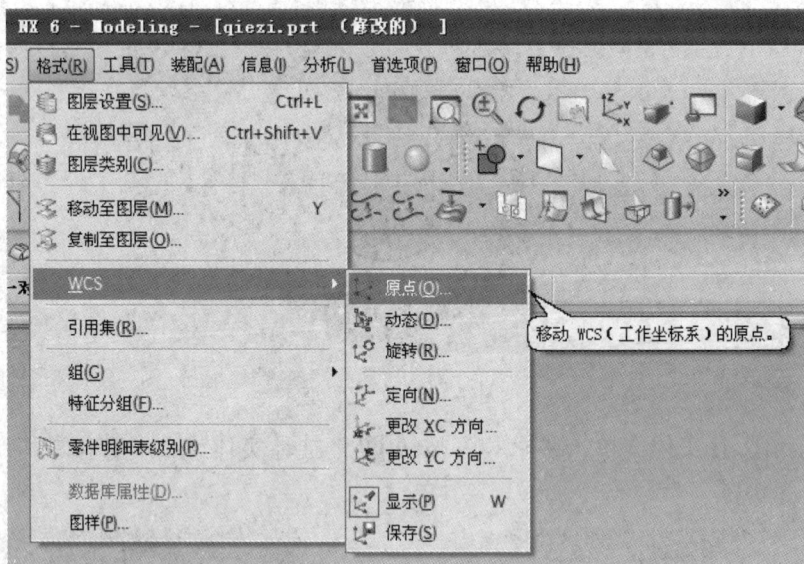

图 4-471　平移工作坐标系

(3) 工作坐标系平移后如图 4-472 所示。

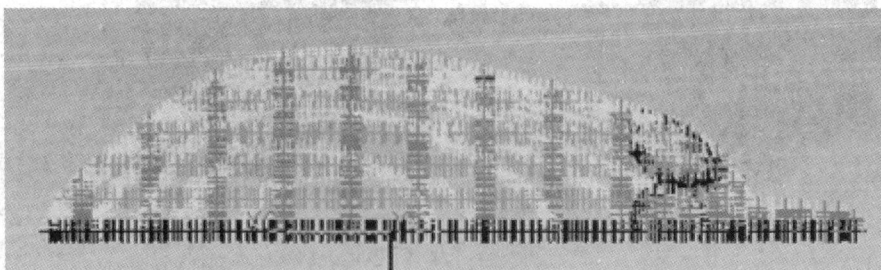

图 4-472　平移工作坐标系后显示　　　　　　　　彩图

(4) 按组合键 Ctrl + Shift + U，显示全部对象，然后按组合键 Ctrl + B，单击"颜色过滤器"，单击"继承"按钮 <!-- 图标 -->，在绘图窗口中选蓝色的点。在"对象"项目里单击"全选"，再单击"确定"按钮，隐藏全部蓝色的点。再按组合键 Shift + Ctrl + B，单独显示蓝色的点，如图 4-473 所示。单击"艺术样条"按钮 ∿，创建样条曲线，如图 4-474 所示。

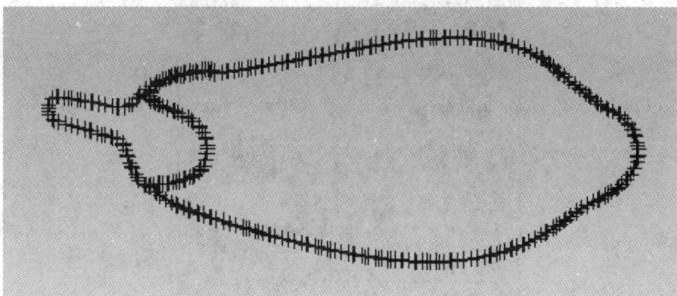

图 4-473 单独显示蓝色的点　彩图

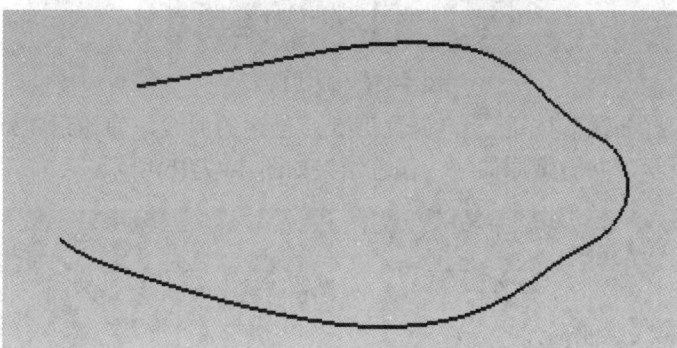

图 4-474 创建样条曲线　彩图

(5) 单击"艺术样条"按钮 ∿，创建另一段样条曲线，如图 4-475 所示。

(6) 单击"投影"按钮 ，把上面两个步骤创建的样条曲线投影到 XC-YC 平面上，并取消关联，"输入曲线"设置为"替换"，如图 4-476 所示。

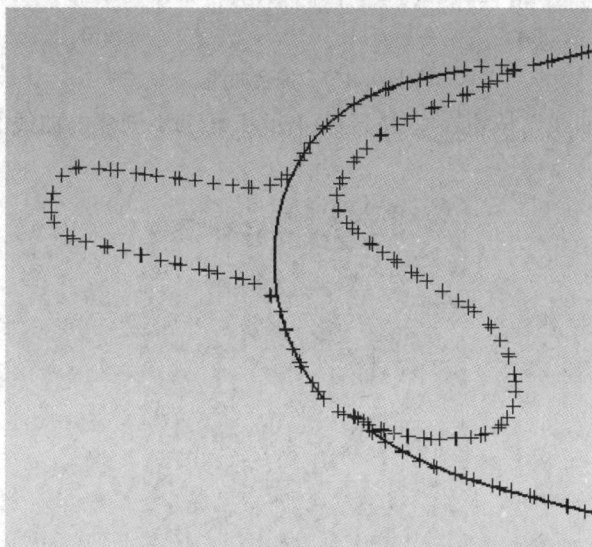

图 4-475 创建另一段样条曲线　彩图

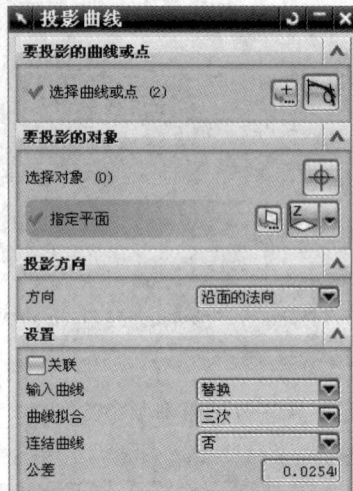

图 4-476　曲线投影

(7) 单击"偏置曲线"按钮 ，偏置第(5)步创建的曲线，偏置距离为 1 mm，偏置方向如图 4-477(a)所示，并隐藏原曲线，偏置结果如图 4-477(b)所示。

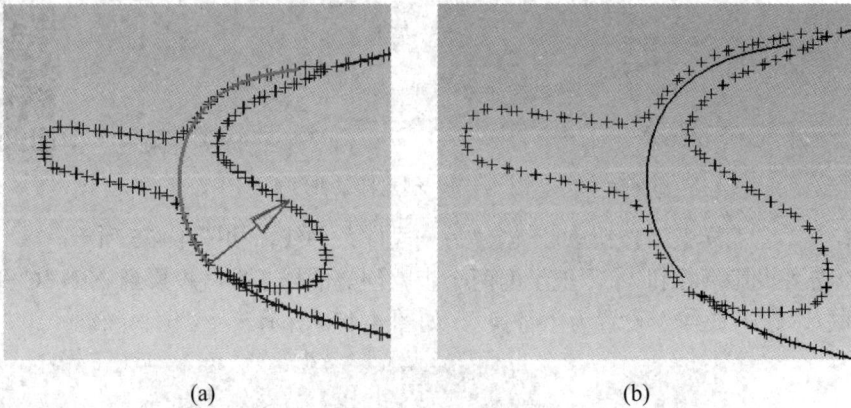

(a)　　　　　　　　　　　　　　(b)

图 4-477　偏置曲线

(8) 单击"桥接曲线"按钮 ，桥接第(4)步和第(7)步创建的曲线的两端，如图 4-478 所示。

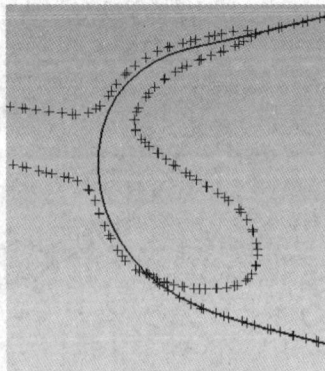

图 4-478　桥接曲线

(9) 单击"连结曲线"按钮，或按图 4-479 所示进行操作，调出"连结曲线"对话框，并按提示进行操作连结曲线，结果如图 4-479 所示。

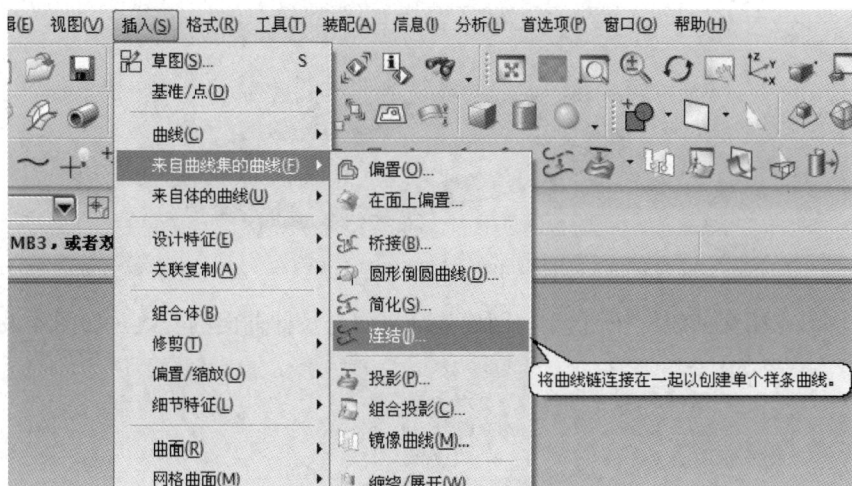

图 4-479　连结曲线

(10) 单击"拉伸"按钮，取连结后的曲线为截面线，以 Z 轴方向为拉伸方向，创建辅助曲面，如图 4-480 所示。

(11) 单独显示中间一列黄色的点，如图 4-481 所示。

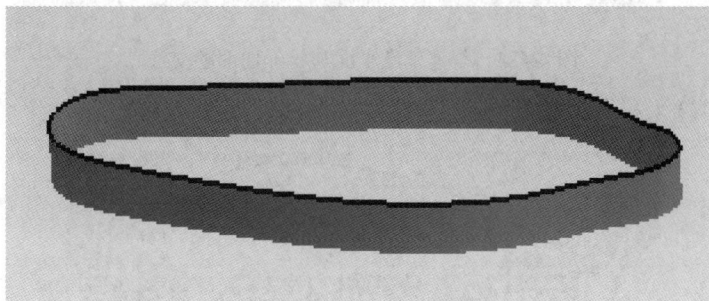

图 4-480　创建辅助曲面

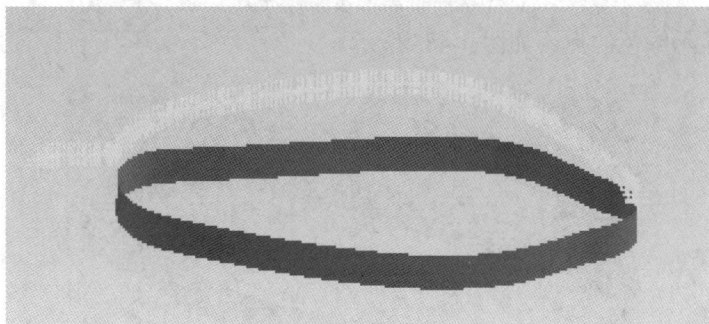

图 4-481　显示黄色的点　　　　　彩图

(12) 单击"平面"按钮，创建基准平面，如图 4-482 所示。(注：若没有按钮，可将鼠标箭头放在工具栏区域，单击鼠标右键→"定制"→"命令"→"插入"左边的

"+"号→选中"基准/点"→在右边命令栏单击"　平面"按钮，按住鼠标左键不放，拖到工具栏即可。)

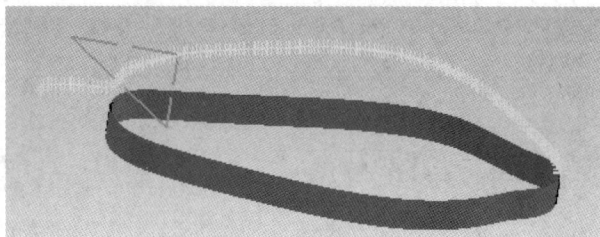

图 4-482　创建基准平面

(13) 单击"相交曲线"按钮　，创建基准平面与拉伸曲面的交线，如图 4-483 所示。

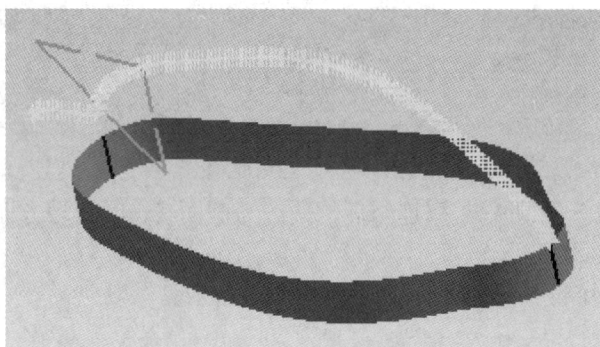

图 4-483　创建基准平面与拉伸曲面的交线

(14) 单击"艺术样条"按钮　，创建样条曲线，如图 4-484 所示。

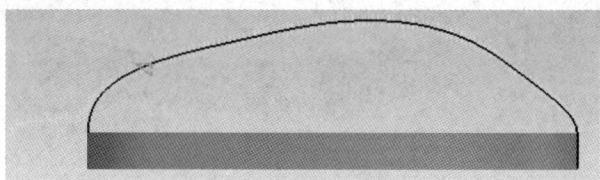

图 4-484　创建样条曲线

(15) 单独显示绿色的点，如图 4-485 所示。

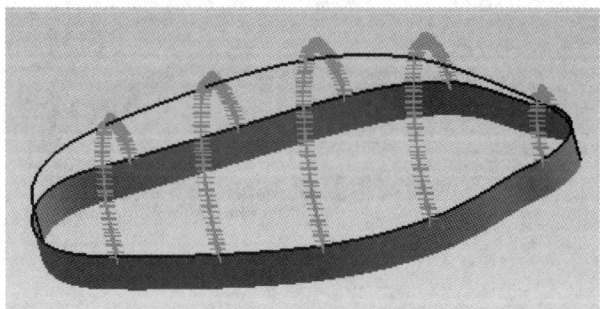

图 4-485　显示绿色的点

(16) 单击"平面"按钮 ，创建基准平面，如图 4-486 所示。

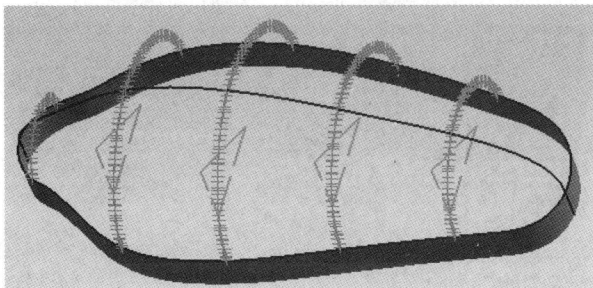

图 4-486　创建基准平面

(17) 单击"截面曲线"按钮 ，或单击菜单"插入"→"来自体的曲线"→"截面"，选择第(10)步创建的拉伸平面和第(14)步创建的样条曲线为"要剖切的对象"，选择第(16)步创建的 5 个基准平面为"剖切平面"，创建基准平面与拉伸曲面的交线及创建基准平面与中间样条曲线的交点，如图 4-487 所示。

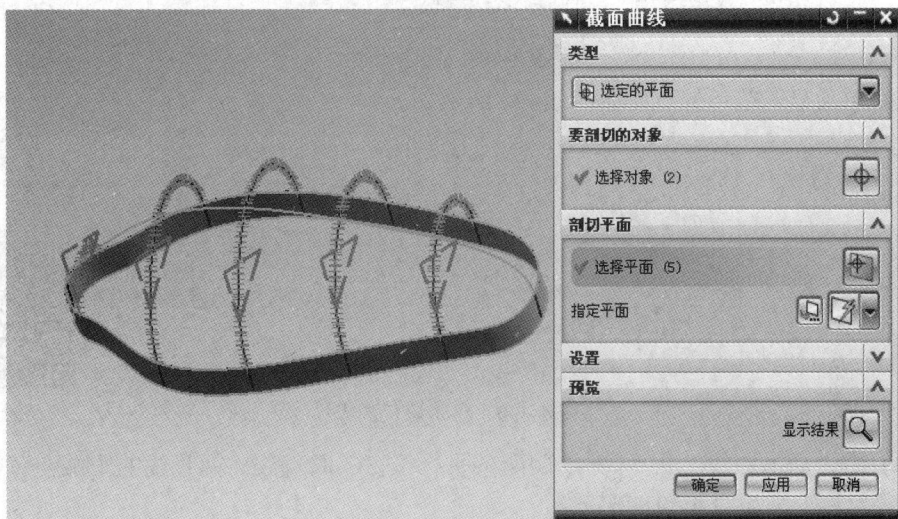

图 4-487　创建截面曲线

(18) 单击"艺术样条"按钮 ，创建 5 条样条曲线，如图 4-488 所示。

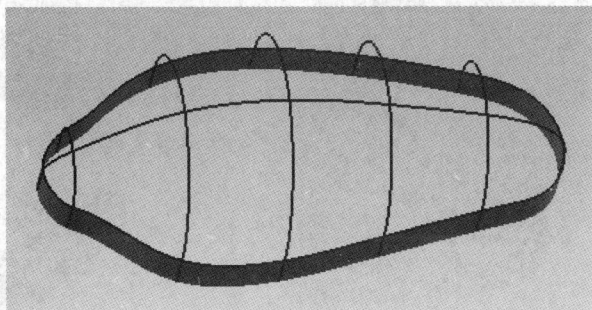

图 4-488　创建 5 条样条曲线

(19) 单击"通过曲线网格"命令 ，创建曲面，如图 4-489 所示。

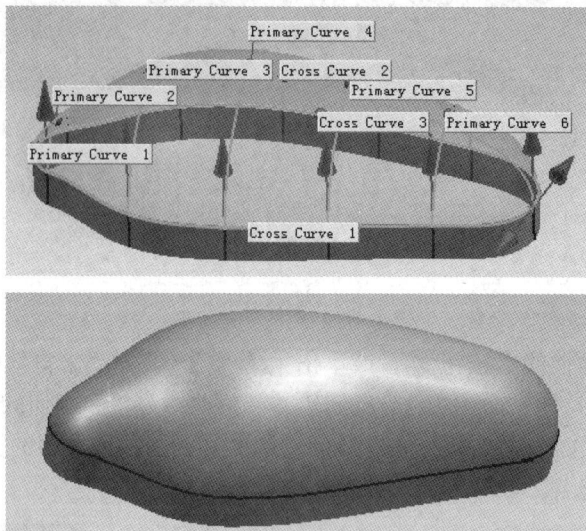

图 4-489　创建曲面

(20) 单独显示蓝色的点，如图 4-490 所示。

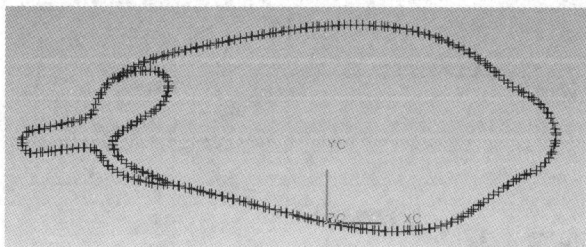

图 4-490　显示蓝色的点　　　　　　　　彩图

(21) 用"基本曲线"命令 绘制两条平行于 ZC 的直线。两直线的一端点位于拉伸面的上边界线上，如图 4-491 所示。

(22) 单击"艺术样条"按钮 ，绘制样条曲线。曲线端点始于上一步创建的一直线的端点，并结束于另一直线的端点。曲线的两端都与直线相切，如图 4-492 所示。

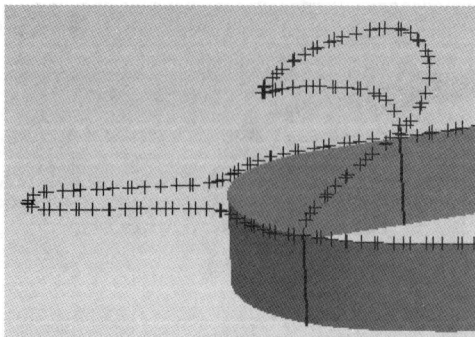

图 4-491　绘制两条平行于 ZC 的直线　　　　图 4-492　绘制样条曲线

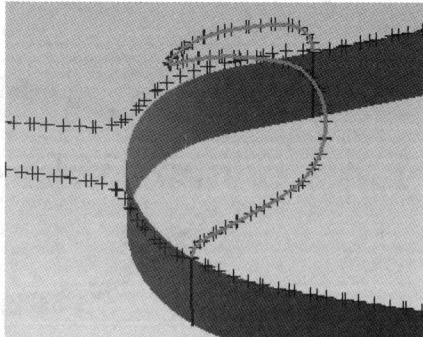

(23) 单击"分割面"按钮 ◈，用上一步创建的曲线分割曲面，把茄子曲面分割成两块，如图 4-493 所示。

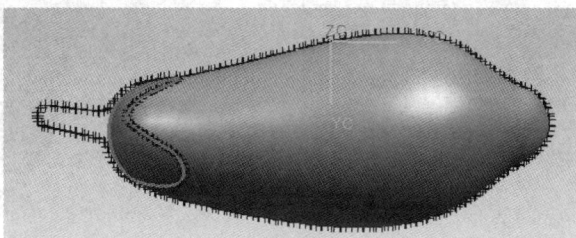

图 4-493　分割曲面

(24) 单击"偏置曲面"按钮 ▦，把图 4-493 所示的红色曲面部分往外偏置 1 mm，如图 4-494 所示。

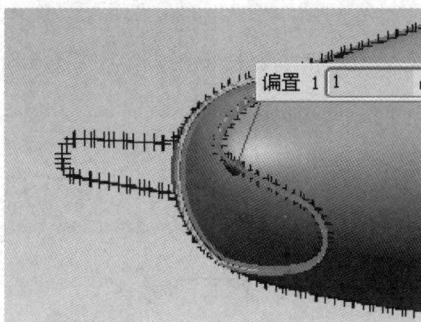

图 4-494　偏置曲面　　　　　　　彩图

(25) 单击"修剪曲面"按钮 ▩，目标栏选择第(19)步创建的曲面，边界对象栏选择第(22)步创建的曲线，投影方向为垂直于面。然后，修剪曲面，保留曲面大的部分，如图 4-495 所示。

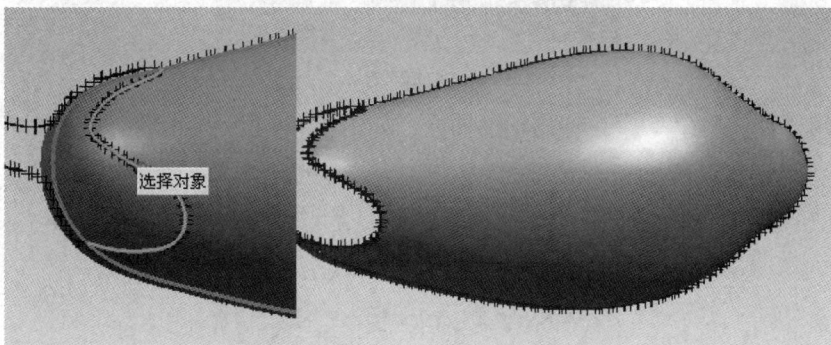

图 4-495　修剪曲面

(26) 单击"在面上偏置曲线"按钮 ▨，选中曲面的边界为偏置曲线，偏置距离为 5 mm。注意：要勾选"延伸至面的边缘"，以防下一步操作时可能出现无法修剪的故障，结果如图 4-496 所示。

(27) 单击"修剪的片体"按钮 ▧，用上一步创建的曲线修剪叶子曲面，结果如图 4-497 所示。

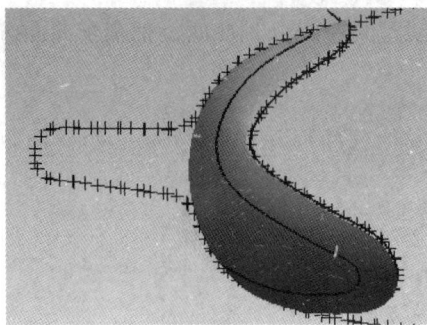

图 4-496   在曲面上偏置曲线   图 4-497   修剪曲面

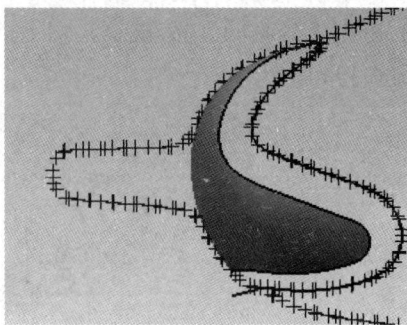

(28) 单击"艺术样条"命令 ，分别绘制出其中一端相切于边缘曲线的两条艺术样条曲线，如图 4-498 所示。

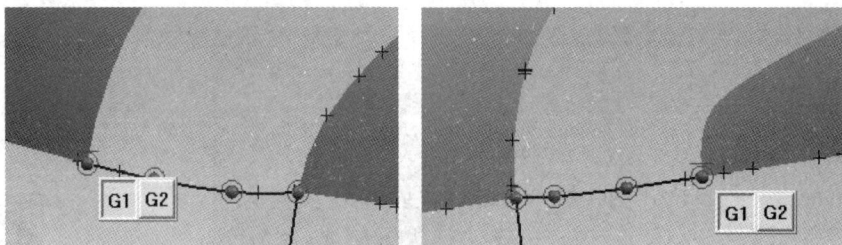

图 4-498   创建两条样条曲线

(29) 用"拉伸"命令 拉伸出辅助曲面，如图 4-499 所示。

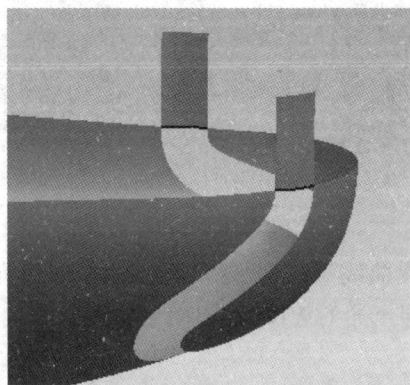

图 4-499   拉伸出辅助曲面

(30) 单击"通过曲线网格"命令 ，创建连接曲面。其中的 3 边相切于 3 个曲面，如图 4-500 所示。

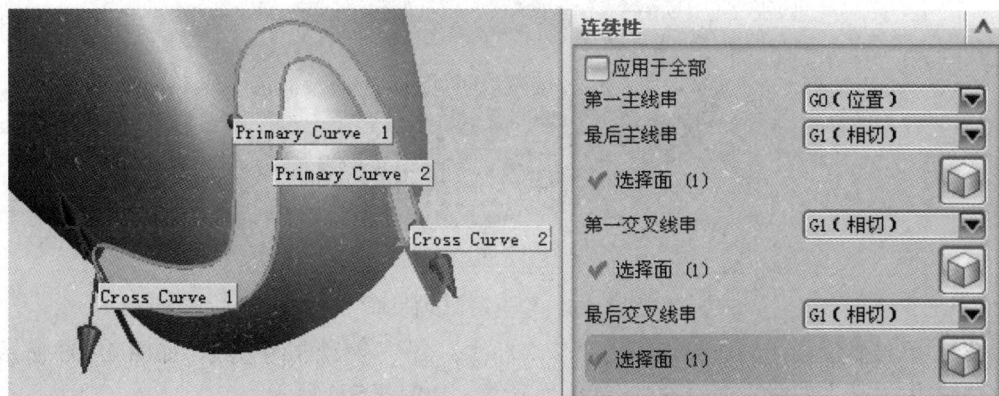

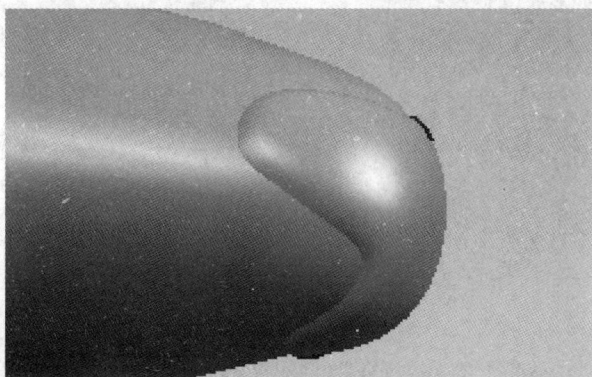

图 4-500　创建连接曲面

(31) 单击"缝合"按钮 ，缝合茄身和叶子曲面，如图 4-501 所示。

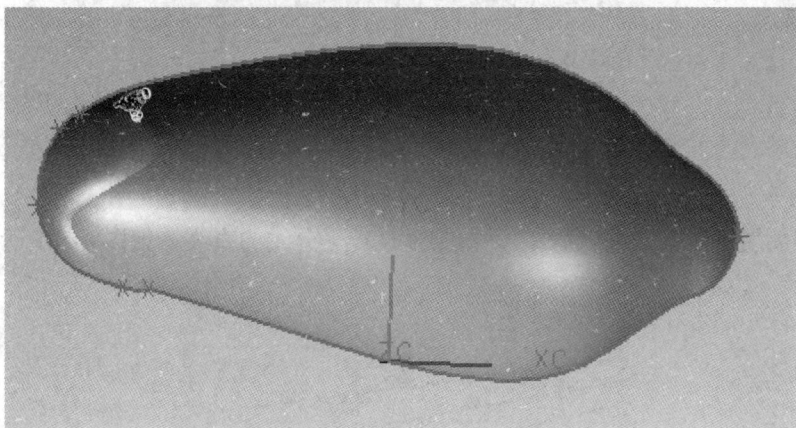

图 4-501　缝合茄身和叶子曲面

(32) 插入一基准 CSYS，位置与工作坐标系重合。单击"镜像体"命令 ，以 XC-YC 平面为对称面，镜像出下半个茄身曲面，并用"缝合"命令 缝合两半曲面，此时实体已经创建，结果如图 4-502 所示。

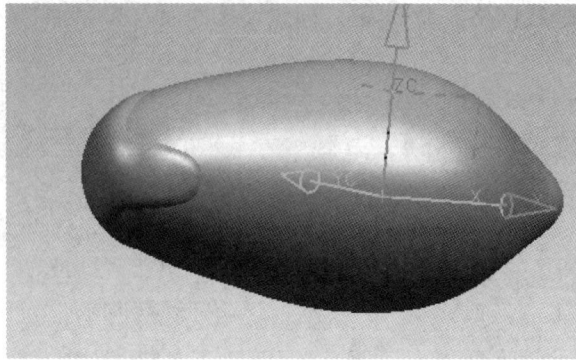

图 4-502　缝合两茄身曲面

(33) 单独显示蓝色的边界点，用"基本曲线"命令 🔍 绘制两直线，如图 4-503 所示。

(34) 用"基本曲线"命令 🔍 绘制角平分线，如图 4-504 所示。

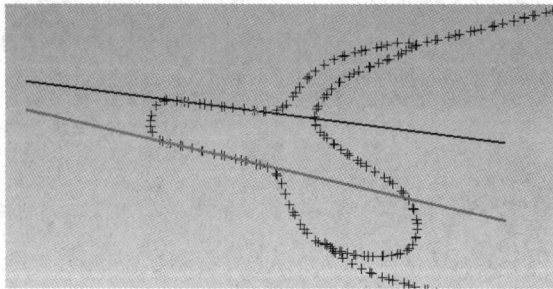

图 4-503　绘制两直线

彩图

角平分线

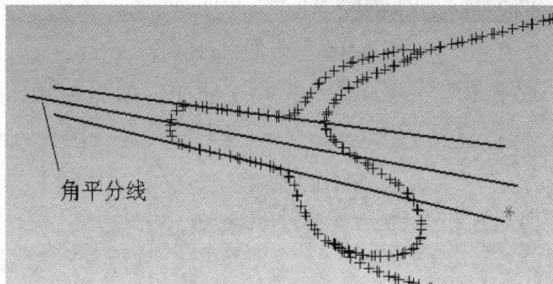

图 4-504　绘制角平分线

(35) 继续用"基本曲线"命令 🔍 绘制垂直角平分线的直线，如图 4-505 所示。

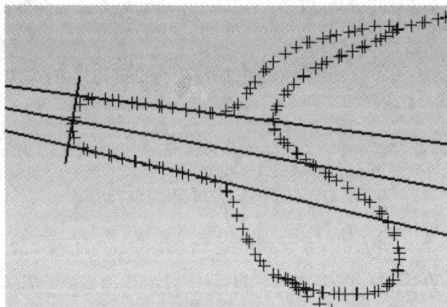

图 4-505　绘制垂直角平分线的直线

(36) 单击"修剪拐角"命令 ✛，修剪两条相交直线的多余部分，修剪后的效果如图 4-506 所示。

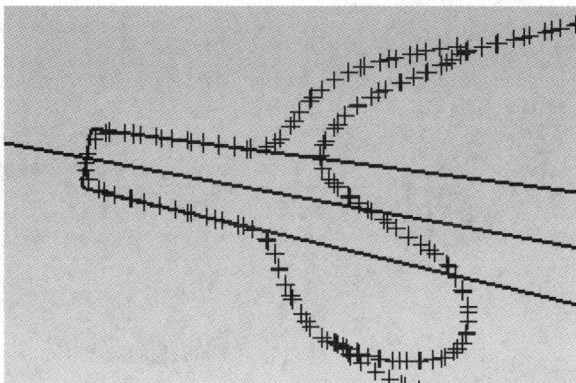

图 4-506　修剪曲线

(37) 单击"旋转"命令 🛡，以修剪过的一条叶柄轮廓直线为截面线，以角平分线为旋转轴创建出旋转体，如图 4-507 所示。

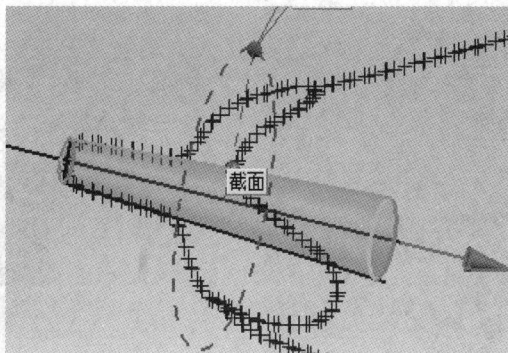

图 4-507　创建出旋转体

(38) 仅显示全部实体，如图 4-508 所示。

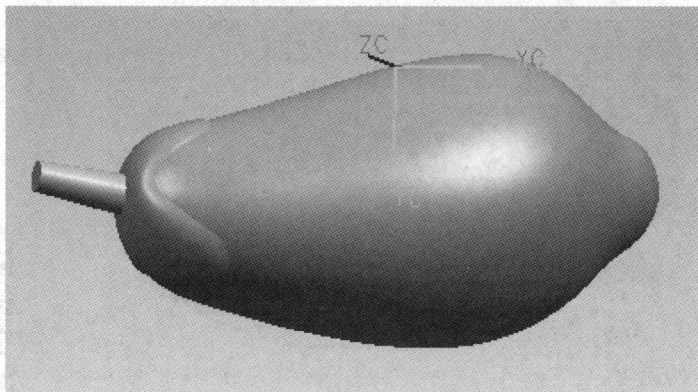

图 4-508　仅显示全部实体

(39) 茄身实体和叶柄实体求和。单击"求和"按钮 ，选择茄身实体为目标体，叶柄实体为刀具体，单击"确定"按钮，结果如图 4-509 所示。

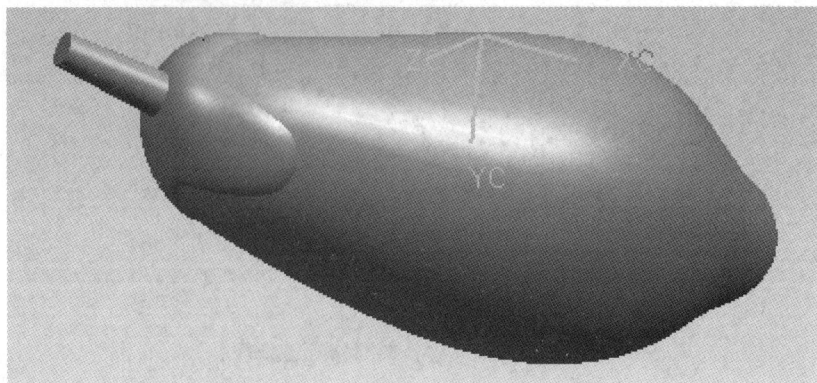

图 4-509　茄身实体和叶柄实体求和

(40) 单击"边倒圆"命令 ，对叶柄实体头部倒圆角，圆角半径为 3 mm，对叶柄与茄身连接处倒圆角，圆角半径为 5 mm，如图 4-510 所示。

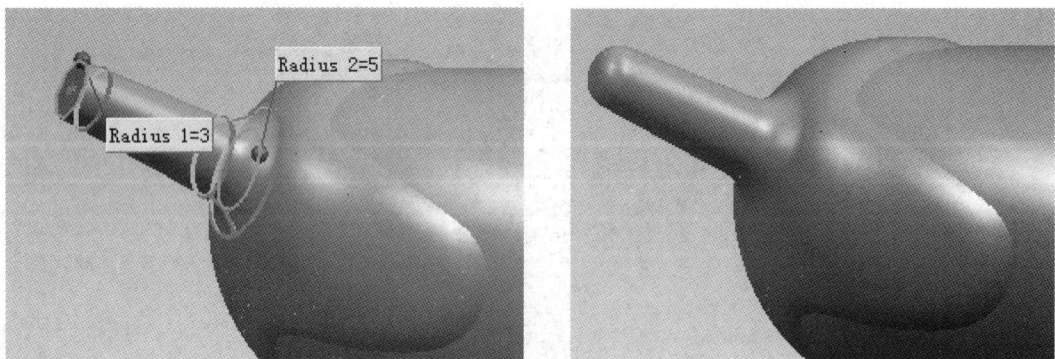

图 4-510　倒圆角

(41) 单击"编辑对象显示"按钮 ，修改对象颜色，最后效果如图 4-511 所示。

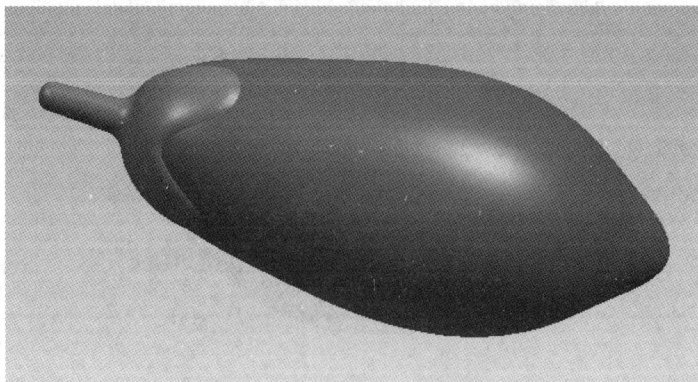

图 4-511　着色对象显示效果　　　　　　　　　　　彩图

思考与练习

1. 在 UG 中如何通过坐标变换调整零件，使零件的基准与系统坐标系平行或垂直？

2. 两曲面缝合时若不成功，提示间隙太大，如何通过公差设置使缝合成功？

3. 下载教材附带的资源，打开对应章节的练习文件练习，熟练掌握"桥接曲线""曲线长度""偏移曲线""曲面上曲线"等命令。

4. 下载教材附带的资源，打开对应章节的练习文件，进行逆向建模练习。

附 录　应 用 拓 展

T样条曲面在卡通动物人物逆向建模中的应用

逆向建模是通过给定样件，对样件进行复原、仿制的技术。逆向建模在企业里应用广泛，新产品、新技术的开发都离不开对现有产品的逆向。在模仿的基础上加以改进就是创新，创新和模仿的关系就是继承和发展的关系。因此，逆向和正向是交织在一起的，逆向建模与正向建模一样都是非常重要的技术。

现阶段对复杂零件的逆向建模存在工作量大、速度慢、对技术人员要求高、建模效果不佳等问题。而且，逆向创建的曲面效果不好，会有波纹，严重的会有扭曲、裂纹，进而难以实现缝合或加厚出实体模型，这样就会带来诸多不便。因为曲面表示的模型，无法表示实体内部的很多重要信息，如材料性能、密度等。如果要进行有限元分析，就必须将边界曲面模型转变为样条实体模型，因为曲面模型无法直接进行有限元分析。再比如用三维 CAD 软件中的模具设计模块进行模具设计，也需要提供实体模型。所以，复杂零件的逆向建模能否找到一种高效便捷的创建实体的建模方法，是大家都在研究的课题。

1. 现有卡通动物人物逆向建模方法

1) 逆向建模方法一

以点—线—面—体的建模思路创建模型。通过三坐标测量得到稀疏的网格点云，或通过三维扫描仪扫描得到密集点云后转化得到稀疏的网格点云，然后用正向三维 CAD 软件构建曲线，再构建 NURBS 曲面，最后把曲面转化为实体。

下面以人头的建模为例，用 UG 软件建模，介绍此方法的建模过程。图 F-1(a)～(f)所示为人头的大致建模过程，即获得网格点云→构建所需的曲线→构建脸部曲面→构建头部曲面→构建耳朵部位曲面→创建实体。

这个方法中构线有四百多条，构面有二百多块，光耳朵部位就多于四十七块面，所以建模所需的时间很长。构建曲线时，可用的参照点很多，选择通过的参照点为人为选择的点，曲线的精度受人的技术水平影响很大，对技术人员的要求比较高。复杂的自由曲面，都是需要分片处理的，采用多个裁剪曲面才能完整表达整个复杂曲面。每个面片之间并不是真正无缝的，只是满足一定误差要求下的闭合。在 CAD/CAM 软件间传递时，可能会出现明显的裂缝等问题，也会出现最终无法形成样条实体。可以说非常费时费力，不方便施行。

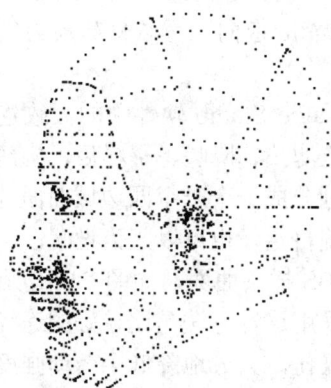
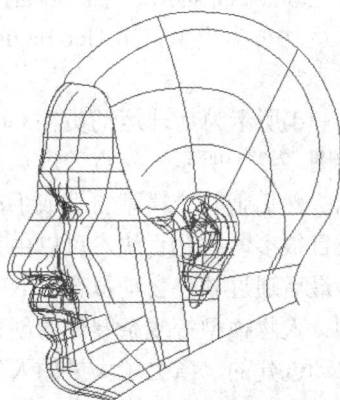

(a) 网格点云　　　　　　　　　　　(b) 创建曲线

(c) 构建脸部曲面　　　　　　　　　(d) 构建头部曲面

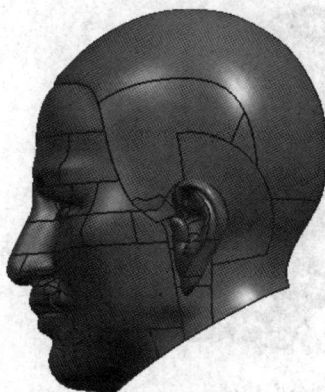

(e) 构建耳朵部位曲面　　　　　　　(f) 整体着色效果图

图 F-1　稀疏点逆向建模

2) 逆向建模方法二

通过三维扫描仪扫描得到密集点云，用 Geomagic Studio、Geomagic Design、Imageware

等逆向工程软件处理点云，构成三角网格面，再继续用逆向工程软件拟合成 NURBS 曲面。

下面以足球运动员为模型，用 Geomagic Studio 逆向工程软件建模为例介绍此方法的建模过程。

如图 F-2(a)~(d)所示为足球运动员在 Geomagic Studio 软件中的大致建模过程。首先是导入点云，如图 F-2(a)所示。对点云进行杂点滤波、降噪、稀释后，构建三角网格面，如图 F-2(b)所示。然后把整个模型自动或手动划分成一个一个四边域曲面片，如图 F-2(c)所示。曲面片数目很多，有几百块，可以由系统自定，也可以人为设置，不过不需人工一个一个去创建，最后通过软件自动拟合出 NURBS 样条曲面，如图 F-2(d)所示。

像卡通动物、人物模型等复杂零件的创建采用这种方法是比较好的途径。因为构建模型的曲面片是自动创建的，省去了大量的人工操作，大大地降低了劳动强度。但自动拟合出来的样条曲面效果不好，会有波纹、扭曲、裂纹，严重的时候拟合出的零件会出现缺失，根本无法使用，如图 F-2(d)所示，人物的左脚有一缺失。当然，如果四边域曲面片划分得好，也能构建出完整、良好的模型的，但这就需要比较高的技巧，与技术人员的技术水平有很大关系，划分四边域曲面片也很费时费力。

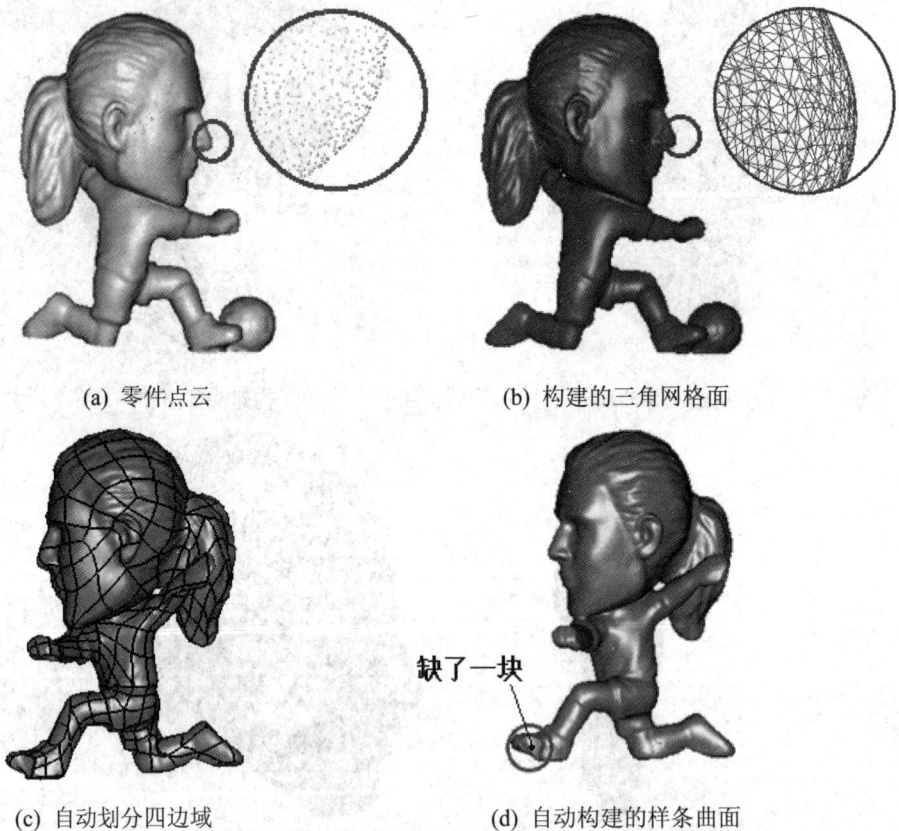

(a) 零件点云　　　　　　　　　　　　　(b) 构建的三角网格面

(c) 自动划分四边域　　　　　　　　　　(d) 自动构建的样条曲面

图 F-2　卡通人物 Geomagic Studio 逆向建模

2. T 样条曲面简介

T 样条是 2003 年提出的最新建模技术，在继承了传统非均匀有理 B 样条(NURBS)建模优点的同时解决了困扰 CAD 领域长达二十余年的曲面拼接难题。T 样条是一种基于

NURBS 的新建模技术，简单地可以称之为 NURBS 的细分建模工具，可以完全兼容 NURBS。T 样条曲面结合了 NURBS 和细分表面建模技术的特点，可以被看作是一种 NURBS 曲面。

虽然 T 样条和 NURBS 很相似，但 T 样条允许控制点序列不必遍历整个表面就中断。控制网格终止点的结构类似于字母"T"(这就是 T 样条名字的由来)。T 样条建模和 NURBS 建模相比，可以极大地减少模型表面上的控制点数目，可以进行局部细分和合并两个 NURBS 面片等操作。T 样条曲面具有很强的局部特征表达能力，可以将复杂形状的模型表达在单张曲面里，即模型的复杂形状可以通过统一的解析式来表达。T 样条也使得各个面片之间更容易融合，使建模操作速度和渲染速度都得到提升。

T 样条还可以通过节点插入算法被转换为 NURBS 曲面，反之，NURBS 曲面也可以用不含 T 节点的 T 样条来表示。从理论上讲，T 样条可以完成 NURBS 能够实现的一切功能。T 样条因为是基于 NURBS 的，所以具有 NURBS 的基本特性，T 样条模型转换为 NURBS 曲面可以做到非常精确。简单地说，就是原来 NURBS 能够建模的 T 样条都可以，原来 NURBS 解决不好的拼接问题，T 样条也可以用最少的数据量完美地解决。

T 样条比起张量积 NURBS 曲面，具有许多特性：

(1) T 样条并非张量积生成，不必要求每一行控制顶点的数量都相同，仅当必要时才对模型添加细节。这样可以保证用最少的控制顶点表达复杂的曲面，不会造成顶点冗余。

(2) T 样条曲面是一种解析曲面，可以将复杂形状的模型表达在单张曲面里，模型的复杂形状也可以通过统一的解析式表达。不像 NURBS 曲面，需要多张曲面才能表达一个复杂形状。

(3) T 样条曲面无须经过裁剪和拼接等费时的操作，更容易编辑复杂的自由曲面。不像 NURBS 曲面，需要多张曲面经过裁剪和拼接才能完成一个复杂曲面的表达。

(4) T 样条曲面是水密的，不会出现明显裂缝等问题，方便 CAD/CAM 之间的数据交换。

(5) 保留和 NURBS 曲面的兼容性，可以把 T 样条曲面转成 NURBS 曲面，而且速度相当快。

3. 基于 T 样条曲面的逆向建模法

基于 T 样条曲面的诸多特性，提出基于 T 样条曲面的逆向建模法。该方法能大大地加快建模速度，提高建模质量。具体建模方法如下：

(1) 获取三维扫描点云。

(2) 创建三角网格面。

(3) 将三角网格面转化为四边面网格。

(4) 把四边面网格转换为 T 样条曲面。

(5) T 样条曲面转换为 NURBS 样条曲面。

4. 造型实例

在 Geomagic Studio 软件里完成足球运动员从点云到三角网格面的创建，文件另存为 STL 格式，假设文件名为：footballman.stl，如图 F-3(a)所示。在 ReMake 软件里，单击 load a model 导入 footballman.stl，单击 export model，选择 export as:obj(quads)，单击 export，设置好导出位置，单击"保存"按钮，即可导出 footballman.obj 类型的四边面网格文件，如图 F-3(b)所示。在 fusion360 里，单击"造型"进入"造型"模块，单击"插入"→"插入网格"，导入 footballman.obj，单击"实用程序"→"转换"，转换类型选择：四边形网格转换 T-Spline，把 footballman.obj 转换为 T 样条曲面，如图 F-3(c)所示。再单击"实用程序"→"转换"，转换类型选择：T-Spline 转换为 BRep，把 footballman 转换为 BRep 曲面，如图 F-3(d)所示。

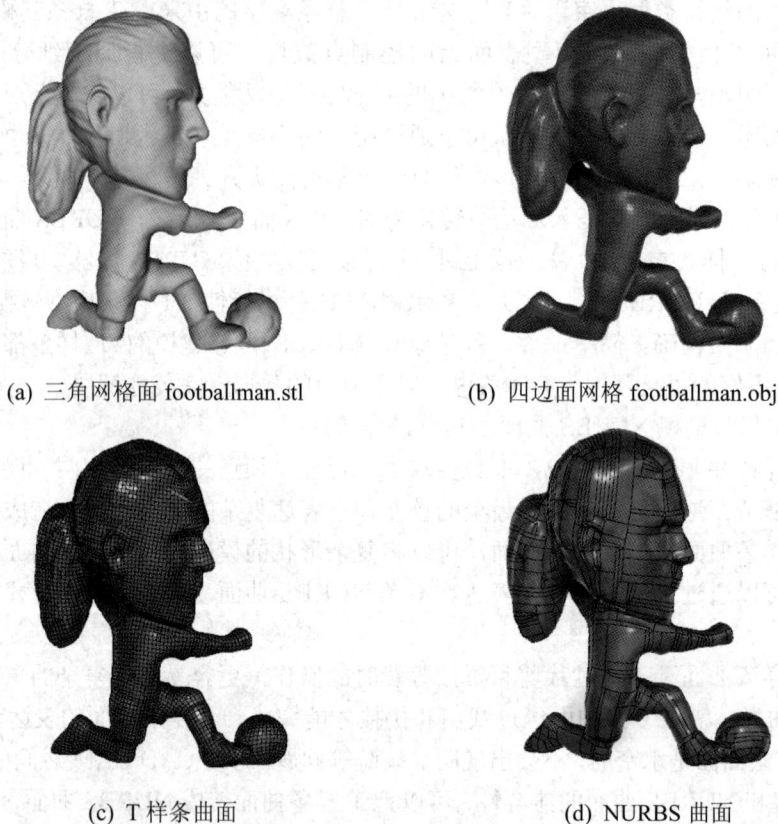

(a) 三角网格面 footballman.stl　　　　(b) 四边面网格 footballman.obj

(c) T 样条曲面　　　　　　　(d) NURBS 曲面

图 F-3　卡通人物 T 曲面逆向建模

因为 T 样条曲面是水密的、封闭的曲面，导出 igs 格式文件，它就是实体的，也可直接导出 stp 格式的实体文件。通过检验以上创建的人物实体数模，人物创建完美，无任何缺陷。以上操作步骤，对技术人员要求很低，模型的创建基本上是由软件自动转化而成，技术人员只要学会操作过程就能创建出完美的数模，大大降低了建模的难度、时间和劳动强度。

5. 结论

通过以上实例可以得出，用这个方法逆向创建不规则的、具有复杂曲面的零件，比如卡通人物、动物等，可以大大提高整个实体模型的建模速度和质量。

参 考 文 献

[1] 王中. 复杂船体曲面的 T 样条表征应用研究. 中国造船，2015, 56(1): 168-173.

[2] 赵向军. 网格曲面 T 样条分片重建. 工程图学学报，2009, 6:22-29.

[3] 薛翔. T 样条曲面造型技术的研究. 南京：南京航空航天大学博士学位论文，2014.

[4] 刘晓宇. Pro/ENGINEER 逆向工程完全解析. 北京：中国铁道出版社，2010.

[5] 凌超. UG NX 6.0 逆向设计. 北京：机械工业出版社，2009.